# 沃顿商学院
# 最受欢迎的思维课

# GIVE AND TAKE

## Why Helping Others Drives Our Success

[美] 亚当 · 格兰特（Adam Grant）_ 著
王　非 _ 译　卓海冰 _ 校译

中信出版集团·北京

图书在版编目（CIP）数据

沃顿商学院最受欢迎的思维课 /（美）亚当·格兰特著；王非译 . -- 2 版 . -- 北京：中信出版社，2018.6（2025.9 重印）

书名原文：Give and Take: Why Helping Others Drives Our Success

ISBN 978-7-5086-8853-4

I. ①沃… II. ①亚… ②王… III. ①成功心理－通俗读物 IV. ① B848.4-49

中国版本图书馆 CIP 数据核字（2018）第 071059 号



沃顿商学院最受欢迎的思维课

著　　者：[美] 亚当·格兰特
译　　者：王　非
校　　译：卓海冰
出版发行：中信出版集团股份有限公司
（北京市朝阳区东三环北路 27 号嘉铭中心　邮编　100020）
承 印 者：北京通州皇家印刷厂

开　　本：880mm×1230mm　1/32　　印　　张：12　　字　　数：271 千字
版　　次：2018 年 6 月第 2 版　　印　　次：2025 年 9月第 28 次印刷
京权图字：01-2014-0422
书　　号：ISBN 978-7-5086-8853-4
定　　价：68.00 元


服务热线：400-600-8099
投稿邮箱：author@citicpub.com

# 本书所获赞誉

在这个朝气蓬勃的时代，这也许是一本至关重要的书。如马尔科姆·格拉德威尔（Malcolm Gladwell）的佳作一样，这本书富有洞见、妙趣横生，深刻地影响了我们规划职业生涯、处理人际关系、教育下一代，以及管理机构的方式。这本书如同一颗宝石，带给读者愉快的阅读体验。同时，它还打破了贪婪是成功的必经之路这一神话。

——罗伯特·萨顿（Robert Sutton），著有《论浑人》（*The No Asshole Rule*）、《好老板，坏老板》（*Good Boss, Bad Boss*）

这本书可以挑起你的兴奋神经——这是一部较为罕见的作品，打破了你对世界运行方式的一贯看法。读完最后一页之后，你大脑中燃烧的火焰可以持续好几周。

——丹尼尔·H. 平克（Daniel H. Pink），著有《全新思维》（*A Whole New Mind*）、《驱动力》（*Drive*）

这本书充满了能够改变人生的深刻见解。它不仅是一本精彩的书，也是一种全新的、闪亮的世界观。亚当·格兰特是这个时代伟大的社会科学家之一，他的这本书非同凡响，定能成为畅销书籍。

——苏珊·凯恩（Susan Cain），著有《安静：内向性格的竞争力》（*Quiet*）

这本书披荆斩棘，抛弃市场上的陈词滥调，为成功的艺术和科学提供了一个全新的视角。亚当·格兰特利用合作与互惠的理念，为实现目标创造了一个独一无二、不可或缺的工具箱。

——威廉·兰黛（William P. Lauder），雅诗兰黛股份有限公司执行总裁

这本书读起来趣味盎然，信息量丰富，有望成为职场领导力和管理方面的经典书籍。它改变了我对人际关系和职场关系的理解，鼓舞我成为一个更体贴的朋友和同事。

——杰夫·阿什比（Jeff Ashby），美国国家航空航天局航天飞机指挥官

在这本书中，亚当·格兰特列举了许多令人信服的证据，开创性地刷新了我们对于商业成功以及生活成就的个人认识。读者不仅可以从案例中的角色身上寻求激励，还会被亚当认真投入的精神所感动。这是一本可读性强的书。

——罗伯特·西奥迪尼（Robert Cialdini），著有《影响力》（*Influence*）

这本书精彩纷呈、有理有据、振奋人心，揭示了“好人笑到最后”的道理。多年来，我一直认为，慷慨自会生财。格兰特引人注目的研究及其激励人心的写作风格不仅充分体现了这一点，也为我们提供了可践行的智慧和方法，让我们可以更高效地利用这个原则。这本书掷地有声，启发我们去持久地做一些有意义的事。

——戴维·艾伦（David Allen），著有《搞定：无压工作的艺术》（*Getting Things Done*）

本书汇集了尖端的研究、具体的案例以及深刻的见解，其结论发人深思、令人惊喜，告诉我们应该如何与他人交往，进而推动我们走向成功

和快乐。这本书非同一般，可读性强，终将会取得巨大的成功。

——格雷琴·鲁宾（Cretchen Rubin），著有《幸福计划》（*The Happiness Project*）、《幸福之家》（*Happier at Home*）

生活的一大秘密在于，那些最成功的人往往都是那些付出最多的人。这是一部雅致而清晰的著作，充满了强有力的证据以及令人回味的事例。亚当·格兰特向我们展示了付出的原因和方式，值得推荐！

——威廉·尤里（William Ury），著有《积极说“不”》（*The Power of a Positive No*）、合著《谈判力》（*Getting to Yes*）

为什么好人先走在前头——亚当深知其缘由。这本书会带给读者很大的惊喜。

——丹尼尔·吉尔伯特（Daniel Gilbert），著有《哈佛幸福课》（*Stumbling on Happiness*）

对于那些渴望创造一个有意义的、可持续性强的环境的领导者来说，这本书非常具有启发意义。亚当向我们展现了慷慨待人如何能够推动领导者走向成功、提升组织表现。他的作品就像他的课堂一样引人入胜，令人愉悦。

——肯尼斯·弗雷泽（Kenneth Frazier），美国制药企业默克公司董事长兼CEO（首席执行官）

这是一本精彩的书。亚当·格兰特颠覆了人们对于成功和出人头地的传统看法。书中的故事和研究进一步揭示了成功背后令人震惊的驱动力，同时，它也为自我升华提供了有用的方法。

——拉斯洛·博克（Laszlo Bock），谷歌人力资源负责人这本书改变了人们认为“付出者弱，获取者强”的普遍看法。格兰特向我们展示了助人行为的重要性，同时鼓励我们积极地去帮助别人。

——丹·艾瑞里（Dan Ariely），著有《怪诞行为学》（*Predictably Irrational*）

这本书向我们展示了与同事和顾客相处的新方法，以及扩展业务的新渠道，为我们走向成功之路指明了方向。

——托尼·谢家华（Tony Hsieh），美国鞋类销售 B2C（企业对终端消费者）网站 Zappos.com 的 CEO，著有《奉上幸福》（*Delivering Happiness*）

这本书将会改变你对成功的看法。可是在美国，我们常常屈服于一种世界观，认为如果每个人以狭隘的自利主义行事，一切都会蓬勃发展。亚当·格兰特用可靠的研究和精彩的故事向我们揭示了走向成功的另一种更好的方法。

——伦尼·门东卡（Lenny Mendonca），麦肯锡公司董事长

作为积极心理学的后起之秀，亚当·格兰特将科学与商业的成功和失败进行了天衣无缝的联结，让我们相信，在合作的世界中，付出是取得长期成功的秘诀。阅读时，你会发现你正在重新审视自己的生活。静心阅读之后，你可以将它分享给你在这个世界上最关心的人。

——马丁·塞利格曼（Martin Seligman），美国心理学家，积极心理学创始人之一，著有《活出最乐观的自己》（*Learned Optimism*）、《持续的幸福》（*Flourish*）

关于成功，这本书呈现了一个突破性的新视角。亚当·格兰特为我们开启了一扇窗，让我们看到了能够提高一个机构里各级部门效率的创新原

则，而且，这些原则可以立刻投入行动之中。这不仅是一本精彩的读物，它还启发我们去创造一个更令人满意、更富有创造力的职场环境，更和谐的顾客关系以及更高的利润。

——奇普·康利（Chip Conley），生活之乐（Joie de Vivre）酒店公司创始人，著有《巅峰：马斯洛赋予伟大公司的魔力》（*Peak*）、《如何控制自己的情绪》（*Emotional Equations*）

这本书改变了成功的游戏规则。阅读之后，医生、经理、教师和老板在行医、管理、教学和领导方面的做法都会有所改变。它营造了一个人人向好的社会。看看这本书，用它改变你的生活和工作方式吧。

——巴里·施瓦茨（Barry Schwartz），著有《选择的悖论》（*The Paradox of Choice*）、《遗失的智慧》（*Practical Wisdom*）

这本书为获得更大的商业成功设立了一个新的行为标准，为如何实现多方共赢的成功提供了一个全新的视角。亚当·格兰特用深刻的见解和精彩的故事表达出了他对创造一个人人共赢、人人获益的世界的极大支持。这本书具有非常大的感染力，让你想要多付出、少获取。

——约亨·塞特兹，彪马（PUMA）前CEO和董事长

这本书是一个很好的礼物。亚当·格兰特使出了三个撒手锏：如小说般精彩的故事、从严谨科学中得出的深刻见解，以及推动个人和机构利用这些见解获取成功的建议。这本书可以同时对商业和生活产生强烈的影响。

——特蕾莎·阿马比尔（Teresa Amabile），著有《激发内驱力》（*The Progress Principle*）

亚当·格兰特的这本书具有标志性的意义，它深刻探讨了成功人士取得非凡成就的原因。亚当向我们介绍了许多了不起的人，用他们的事例证明了一个与普遍看法相反的观点：攀向成功阶梯顶峰的最佳方法就是带上身边的人一起走向成功。此书向我们指明了 21 世纪通往成功的道路。

——玛利亚·艾特尔（Maria Eitel），耐克基金会（Nike Foundation）总裁兼 CEO

在充斥着陈词滥调的商业文学时代，亚当·格兰特开辟了新的领域。这本书帮助读者了解如何在帮助他人的同时，提高自己的效率。它为提升见解和成就提供了一个新的框架。推荐！

——乔希·林克纳（Josh Linkner），ePrize 创始人兼 CEO，底特律风投公司合伙人，著有《创新五把刀》（*Disciplined Dreaming*）

罗伯特·萨顿的《论浑人》为企业文化的营造提供了视角，而这本书则从个人角度去谈商业和生活成就。格兰特呈现了有理有据的案例，告诉我们慷慨的行为可以让一个人处于领先地位，这一点令人喜出望外。

——道格拉斯·斯通（Douglas Stone）、希拉·汉（Sheila Heen）合著《高难度谈话》（*Difficult Conversations*）

亚当·格兰特是一个奇才。在其研究领域中，他曾获得多项卓越的研究奖项以及教学奖项，他的作品改变了人们看待世界的方式。如果你想知道成功背后真正的驱动力，这本书正是你的选择，会让你赞叹不已。如果你想让世界变得更好，如果你想创造更好的生活，读读这本书吧！

——泰勒·本-沙哈尔（Tal Ben-Shahar），著有《幸福的方法》（Happier）

这是我这几年读过的非常有吸引力、有见地的几本书之一，在这本书中，亚当·格兰特的论证铿锵有力，呈现了获取成功的一个非同寻常的途径。这本书堪称经典，对于在办公室或家庭中想要提高效率、提升快乐情绪的人来说值得一读。

——诺亚·戈尔茨坦（Noah Goldstein），著有《是！》（*Yes!*）

这本书非常好，每一页都有精彩的见解。读完让我想把学到的东西立刻运用到生活当中。书中的知识不仅可以让你成为一个更优秀的人，还可以让你有能力为他人、为自己做好事。

——拉比·约瑟夫·捷卢什金（Rabbi Joseph Telushkin），著有《犹太文化》（*Jewish Literacy*）、《犹太道德准则》（*A Code of Jewish Ethics*）

亚当·格兰特是第一位定义数字时代人际关系变化的人，他用实验证据支撑了他的观点。在这本书中，他极为出色地向我们展示了，在高度联系的世界里，获得长期成功的根源在于为你身边的人创造成功的机会。这本书不仅具有启发意义，还具有广泛的可行性，真是不可多得的一本好书！每年，你都会想着翻出来重新读一读。

——保罗·萨夫（Paul Saffo），世界经济论坛战略远见理事会成员

# 目　录

# 推荐序 1

## 好人成功学——付出与获取的经济学

文 / 李翔　资深媒体人、得到 App 总编辑、

《趋势：商业巨变时代的 300 条建议》作者

现实难免让人愤世嫉俗。

比如，你是否认为成功者都是工于心计、不惜牺牲他人利益的自私者?

如果你这么认为，那么你有可能误解了现实传递给你的信号。至少，在沃顿商学院教授亚当·格兰特看来你是这样。

亚当·格兰特按照人们在工作和人际交往中的风格，把人分成三种：获取者、付出者和互利者。获取者以自我为中心，总是在评估自己能获得什么；付出者以他人为中心，倾向于帮助别人；互利者的风格则是，想要在付出和收益之间取得平衡。

获取者，即使帮助他人，也是精于算计的，会努力使自己的

收益超过付出的成本。付出者，对成本—收益的分析是：只要别人的收益超过自己付出的成本，就愿意帮忙，而且还有可能会不计回报地帮助别人。互利者，强调的是公平，投桃报李，大部分人估计都会认为自己属于这种风格。

看多了各种权谋论，估计很多人会认为，获取者最容易成功，因为他们更能够不择手段地追求自己的利益。付出者更像是无用的好人。

但是亚当·格兰特的研究结果表明：付出者从长远来看最可能成功。而且，付出者的成功还有溢出效应，就是也能让其他人跟着成功。

亚当·格兰特说："付出者、获取者和互利者都有可能获得成功，但是，当付出者取得成功时，他们的成功可以扩散到别人身上。一个获取者取得成功，通常意味着另一个人的失败。研究表明，人们会嫉妒成功的获取者，并会想办法把他们'绊倒'。相反，付出者的成功会产生一种涟漪效应，让他们身边的人更容易成功。"

不要以为这只是一个学者在书斋里做出的书呆子式的结论。

亚当·格兰特教授大名鼎鼎，他是沃顿商学院最年轻的教授，是几本畅销书的作者，还是包括 Facebook（脸书）在内的大公司求助的对象，一些硅谷公司的高管，比如谢丽尔·桑德伯格（Sheryl Sandberg）①，都对他赞赏有加。格兰特的这本书，用了超过 10 年的时间，研究了从谷歌到美国空军等各种各样的组织现实。

① 谢丽尔·桑德伯格，Facebook 首席运营官，曾任克林顿政府财政部长办公厅主任、谷歌全球在线销售和运营部门副总裁。

那么，为什么付出者最容易成功呢？格兰特给出了自己的解释。

第一个原因是，付出者会收获更多人际关系上的帮助。

因为大家都愿意跟付出者做朋友，会疏远获取者，也更愿意帮助付出者，而不是获取者。

如果人们的交往与合作只有一次，从此之后老死不相往来，可能获取者的确会在交往中占到便宜。但是，现实世界不是这么运转的。无论我们跟同事还是跟合作伙伴的交往，都是多次发生的。在博弈论里，这叫“重复博弈”。

除此之外，大多数情况也不是只有一方能赢的零和游戏，而是双赢和多赢的。

如果现实只是一锤子买卖，显然获取者会成功，付出者会血本无归。但是，一方面现实是重复博弈，另一方面现实中不总是零和游戏，在这两个前提下，以付出作为主要风格的人，就能获得回报，取得成功。

有“硅谷人脉王”之称的里德·霍夫曼就说过：“如果你帮助别人，你可以快速地提升自己的名望，拓展更多的可能性。而当我们看到一个获取者时，我们会将他们排斥在自己的关系网之外，限制自己的信任和帮助，以此来保护自己。”

此外，付出者与获取者和互利者相比，更容易激活一段已经休眠的关系。

想象一下，有一天，一个许久没有跟你联系的人突然联系上你，说他搬到了你在的城市。这时候，如果你想到他以前是多么乐于助人，还帮过你，你会因重新跟这样一个人联系上而很高兴；但是，如果是一个获取者，估计你就会想，还是客气一下算了。

第二个原因是，人们更愿意和付出者合作，而不是总想占便宜的获取者。

合作对一个人的成功至关重要，在大多数领域，个人都很难通过“独狼”策略取得成功。

有两项研究说明了这一点。

第一项研究里，两位教授用了两年时间，追踪了203名心脏外科医生在43家医院完成的38 577台手术。这种手术名叫“冠状动脉旁路搭桥术”，手术较危险，病人死亡率平均在3%左右。因此，一位优秀医生的重要性可想而知。

但是，研究发现，即使一位医生在一家特定医院表现很优秀，他也没有办法把自己的成功带到另一家医院。原因是，主刀医生的成功和配合他的护士、麻醉师等有很大关系。团队的互相熟悉，能提高手术的成功率。也就是说，为了降低病人死亡的风险，医生最好还是跟自己熟悉的特定的手术团队一起工作。

第二项研究是针对证券分析师的。研究结果同样是，明星证券分析师的“表演”，高度依赖于自己的同事。如果明星证券分析师单独跳槽，他们的表现就会下降，而且会维持5年左右。

如果成功高度依赖于团队合作，那么显然自私的获取者在这方面就占不到便宜，因为其他人不愿意跟他合作。

相比之下，付出者更能从团队其他成员身上看到潜力，倾向于相信团队。根据心理学上著名的“自我实现”理论，这些团队成员也会受到鼓舞，更有可能变得优秀。团队越优秀，对付出者的帮助就越大，付出者成功的概率也就会越高。

第三个原因是，付出者更能避免“过度投资”。

“过度投资”是一种常见行为，它指的是，对某种失败行为的投入升级。一旦人们在最开始投入了时间、精力或资源，那么当情况变糟时，他们就更有可能持续加大投入。当一项投资得不到回报时，即使期望价值是负数，人们仍然会继续投资。

格兰特教授介绍了一项研究，这项研究显示：当银行客户拖欠贷款时，当初批准贷款的银行经理更不愿意选择放弃，总会试着拯救一下；当批准问题贷款的经理离开银行之后，新来的经理更有可能会把这笔贷款当作坏账处理。

为什么会这样？至少有 4 个原因：①沉没成本，我们很难忽视已经投入进去的东西；②预期后悔，如果不再给一次机会，未来可能会后悔；③更多投入，然后取得好结果；④担心自己看起来像个傻瓜。

获取者因为更加自我，所以更倾向于为自己做出的错误决定辩护，并继续投入；付出者的自我更小一些，他们更关心的是其他人和自己的组织，所以更愿意承认自己的错误。

除了以上列出的这 3 个原因之外，格兰特教授还列举了一些其他原因。比如，付出者的心态更加开放。因为付出者没有那么自我，也就没有那么好强，不想处处证明自己比别人厉害，因此，更能听进去他人的建议，也愿意看到别人发挥他们的长处。再比如，获取者会担心暴露自己的弱点，付出者因为更感兴趣的是提供价值和帮助，所以也不会在乎其他人攻击自己的弱点，因此更坦率诚实，也更能赢得尊重。

总之，亚当·格兰特最终想要证明的是，并不像通常人们所想的那样，获得成功的人都是一些工于心计、不惜牺牲他人利益的获取者；好人，也就是付出者，也能获得成功，而且成功的概率更大。

格兰特教授的这本书，或许能改变你对什么样的人更容易成功的看法。

# 推荐序 2

## 教育改变命运，我们改变教育

文 / 郑毓煌　清华大学经济管理学院市场营销系博士生导师、营创学院院长

因为在清华大学经济管理学院任教和创办互联网商学院营创学院的原因，我经常获得一份特殊的“福利”：每当有商业类的新书问世，中信出版集团就经常会把新书寄给我，并邀请我提前阅读并为新书撰写推荐文字。然而，因为时间关系，我很少为图书写序。但这一次，我欣然应邀为“全球知名商学院经典课程系列”丛书写序，原因只有一个：我打心底希望，这套来自哈佛商学院和沃顿商学院这两家全球最著名商学院的优秀课程作品能够惠泽更多中国人，特别是中国的企业家、创业者和职场人士群体。

哈佛商学院和沃顿商学院无疑是全球最著名的两家商学院。经常有这么一个说法：哈佛大学是全美所有大学中的一项王冠，

而王冠上那璀璨夺目的明珠，就是哈佛商学院。建于1908年的哈佛商学院以案例教学法闻名全球，哈佛商学院的案例也被全球所有商学院广为使用。据统计，在美国500家最大公司里担任最高职位的经理中，有1/5毕业于哈佛商学院。

沃顿商学院是美国第一所大学商学院，创立于1881年，比哈佛商学院还早27年。自1881年创建之后，沃顿商学院创造了许多商学院历史上的第一：1881—1910年沃顿商学院出版了第一本商业教科书；1921年沃顿商学院设立了全球第一个MBA（工商管理硕士）学位……甚至，由于沃顿商学院名声太大，很多中国人只知道沃顿商学院而不太熟悉其所在的大学“宾夕法尼亚大学”（美国常春藤八大名校之一）。

今天的中国太需要这两所全球顶级商学院的优秀课程和优秀著作了。为什么这么说呢？

首先，社会对商业知识和智慧的需求正在急剧扩大，迫切需要我们在浩瀚书海之中甄别真正优秀的商业著作。在今天的中国，创业大潮正如火如荼地展开，然而，传统的顶尖商学院由于门槛太高，大多数中小企业家、创业者和职场人士往往不敢奢望能够进入哈佛商学院、沃顿商学院、清华经管学院、北大光华管理学院等国内外顶尖商学院进一步学习和深造。在这种情况下，很多中小企业家往往被一些质量差的培训机构误导，前几年流行的成功学就是这样的一个例子：成百上千的企业家到了培训现场，发现却只是充满鸡血和洗脑的营销课程。即使是购买商业类书籍，很多中小企业家往往也被诸如“如何快速成交”“如何达成一个亿小目标”等耸人听闻的标题吸引。而随着智能手机和社交媒体的普及，大多数人的时间都花在微信上，都在“碎片化”“标题化”地阅读各种阅读量十万以上的文章，却再也没有时间认真去读完一本真正的好书。而个人通过品读一本书得到的独特体验以及系统性思考是快餐式文化消费不可比拟的。

其次，培养良好的求知习惯须趁早，优秀的教育和书籍对每个人的成长至关重要。我自己就是一个“教育改变命运”的受益者。出生于福建农村的我，10 周岁之前由于在乡下小学读书，连普通话都不会说。真正帮我改变命运的，是我的母亲。为了给我带来更好的教育机会，母亲放弃了在乡镇企业里待遇较好的工作而调到“清水衙门”的县城图书馆，我才能转学到城里读书，并开始有机会大量阅读各种图书。也正因此，我才从一个玩泥巴的乡下小孩，慢慢变成一个爱学习、爱读书的孩子，并在后来如愿考入全县最好的中学，考入清华大学和哥伦比亚大学。正因为有了这番经历，回到清华任教之后，我一直希望能够用所学帮助更多的人。

再次，“全球知名商学院经典课程系列”能让每个求知者通过阅读，机会平等地获得优质教育的机会。传统的知名商学院教育，由于学费高昂，门槛极高，只能惠及少数人。正是在这种背景下，在“教育改变命运，我们改变教育”的理想下，2017 年初我创办了营创学院和营创读书会，立志打造一所人人都上得起的哈佛商学院，全年推出 50 本商业著作的原创作者精华解读音视频，并在 2018 年初面向中小企业家和创业者们推出了“用 1% 的学费，上清华 + 北大 + 全球知名师资的线下 EMBA（高级管理人员工商管理硕士）”项目，获得了社会的积极反馈。同样，中信出版集团这套书的付梓可以让千千万万的读者有机会抵达最前沿的商学院的通识课程精华，也将成为渴求学习顶尖商学院课程读者们的福音。因为，正是这些优秀商业著作的传播，才让更多人获得优秀的商业知识和智慧。

今天，中信出版集团即将出版的《沃顿商学院最受欢迎的谈判课》《沃顿商学院最受欢迎的思维课》《哈佛商学院最受欢迎的营销课》《哈佛商学院最受欢迎的领导课》这一系列丛书无疑是商业知识和智慧的明珠。这四本书都源于哈佛商学院和沃顿商学院这两所全球知名商学院里备受学生欢迎的课程，其作者也都是哈佛商学院和沃顿商学院里在营销、领导力、谈判、思维等各商业和心理学领域的资深教授。我相信，这一系列丛书不仅会带给读者优秀的商业知识和智慧，更会将看起来遥不可及的知名商学院教育带给成千上万的读者。而这，也正是中信出版集团、营创学院和我本人一直努力的共同目标。

# 推荐序 3

## 认知升级是最好的投资理财

文 / 成甲 《好好学习：个人知识管理精进指南》
作者、北京京都风景生态旅游规划设计院联合创始人

上大学时，教我人类文化学的老师说过的一句话让我一直记忆深刻："我们生活的真实世界，是我们认为的真实世界。"确实，我们理解的世界真相，不过是我们头脑中的认知对这个世界加工后的投影罢了。从这个角度看，"世界因你而不同"是非常有哲理的一句话：因为每个人头脑中的认知工具都不一样，因此大家看到的世界也不一样。同样一件事情，是机会还是困难，针对这个问题哪有什么"客观真相"，无非是人们自己认知加工后产生了的不同判断。

我的一个团队常年为那些想要进入文化旅游业投资的企业做咨询顾问，我也因此认识了形形色色的企业家。这些企业家总体

来说都有一个特点，就是腰包鼓鼓、志气满满。这也难怪，因为旅游业投资往往涉及了基础设施，所以要求的投资额就比较大，没点儿资本底气的，还真没法进入这个行业。因此，参加这个游戏的人，不能说都是人中龙凤吧，也起码都是各行业中大众定义的“成功者”。可是，这些年过去了，我回过头看看，除去个别运气和时机都很好的企业成功了，其余大部分企业的成功，究其原因，多半都与企业家本人的认知水平紧密相关。其中原因也不难理解，旅游业这些年发生了剧烈的变化，游客从过去“被旅行社组织”转变为“自由选择休闲度假方式”，结果导致行业竞争范围扩大，从过去的“旅游圈内竞争”，变成了一个几乎涉猎各个领域的无边界战场。在这种情况下，一个企业如果没有开阔的视野，深刻的认知，就算刚开始可以靠着“有钱有权有资源”的背景热闹一时，可是在激烈的战斗中，少了敏锐的判断和战略眼光，最终还是难以生存下去——而这种变化，不仅仅存在于旅游行业，未来越来越多的行业都将变得战场边界模糊。这也意味着，未来，几乎没有人能够靠着狭隘的认知走向成功。

在这种情况下，如果从投资的角度看世界，在这个时代，恐怕没有什么投资比投资认知更重要了。

而这也正是我一直致力于研究思维模型，提升认知深度的原因——这不仅仅因为我工作的旅游行业有这样的要求，更因为这是一种活在未来的能力通行证。深刻的认知已经不是决定成功的因素之一了，而是决定成功的先决条件。而我们一旦拥了更高的认知水平，我们就可以把这种能力用在几乎所有事情上——事业发展、公司战略、投资布局、家庭关系等等。更重要的是这种高认知能力还有利滚利的复利效应：活得越久，受益越多——这应该是世界上最好的高收益、无风险、终身分红型人寿理财保险了。

当然，想要提升认知，就需要有供我们学习的优质内容。而我们的时间有限，学习的试错成本很高，选择学习什么内容就很重要。因此，我很重视学习内容的来源。当然，如果不考虑现实条件，最好的学习方式应该是和该领域内一流的大师合作，耳濡目染地沉浸式学习。可惜这种机会对大多数人而言是可遇不可求的。因此，退而求其次，读大师写的书就成了性价比最高的学习方式了。可是，现在读书也不容易，各个出版社每年出版的书籍浩如烟海，我们要从中找出优质内容的过程就很花时间。这真是一个可悲的现状。

值得高兴的是，这次中信出版集团推出的“全球知名商学院经典课程系列”图书，在我看来，就是一个帮我们从书海中选择经典、节约时间的举措。一直以来，我都很欣赏和信赖中信出版社的眼光，我的第一本书《好好学习：个人知识管理精进指南》也选择在中信出版社出版。而这次，中信出版社更是把哈佛、沃顿这样的世界一流商学院的顶级内容引进出版，为努力想要提升认知的朋友们点亮了一盏航灯，在通往更高认知的道路上为他们提供了优质的学习素材。

这次出版的书籍包括《沃顿商学院最受欢迎的谈判课》、《沃顿商学院最受欢迎的思维课》、《哈佛商学院最受欢迎的营销课》和《哈佛商学院最受欢迎的领导课》，这些都是非常经典的通识书籍。

比如《沃顿商学院最受欢迎的谈判课》讨论的是日常生活中

最常见的沟通场景——“谈判”。国内大多数讲谈判的书籍都集中在沟通策略、表达方式和技巧方面，而作者斯图尔特·戴蒙德却在这些“技巧层面”的基础上，从更深刻的角度理解谈判，那就是重视情绪和感受对谈判的影响。当我们大多数人以为谈判是一个理性斗争的过程时，却忽略了一个更基本的道理：哪有独立于情绪的纯理性呢？事实上，越是在激烈交锋的谈判中，双方的情绪感受和本能反应对谈判的走向就越会产生更大的影响。正是基于这种理解，作者总结出一整套极其有效、适用于任何人和任何情境的谈判技巧。

而《沃顿商学院最受欢迎的思维课》则是沃顿商学院最年轻的终身教授亚当·格兰特的代表作。这本书讨论了一个大众极为关心的话题，即：我们如何获得成功？（原书英文名为：GIVE AND TAKE:A Revolutionary Approach to Success，第一版书名为《沃顿商学院最受欢迎的成功课》。）像这种讨论“成功”的话题，在国内很容易归类为励志、打鸡血的“成功学”，无非是教我们要相信自己、要勤奋努力等等。然而，心理学背景出身的格兰特却另辟蹊径，将个人的成功放在了更大的社会网络关系中来理解，把这个问题的答案从个体的努力扩展到了如何与社会网络相处的高度。从这个视角看问题，作者把人们在社会人际网络中的角色分为三类：付出者、获取者和互利者。通过大量的研究，作者得出了一个革命性的结论：最善于付出的人才是最成功的人。这可能是格兰特教授教给我们最不同的成功学吧。

《哈佛商学院最受欢迎的营销课》则是营销领域的一个另类。在大多数营销书籍告诉你营销的方法时，扬米·穆恩似乎在以哲学家的视角忧虑地看着这个世界：你们这些公司学习一样的营销方法、互相模仿，彼此在激烈的竞争中变得越来越像，难道这就是我们要的营销吗？不，作者告诉我们，越是在激烈的营销中，我们越要保持清醒：差异化，差异化，差异化！在同一个思维框架内逐渐改进方案产生不了真正的好创意，只有跳出第一条曲线才能打造出真正的差异化品牌。

《哈佛商学院最受欢迎的领导课》讨论的则是另一个经典的话题：人人都可以成为领导者吗？领导力是每个人都需要的能力，然而很多人把领导力视为天赋或某种特质，不过这本书的作者卡普兰教授给出的答案却是：如果你用正确的方法，在清晰的框架内进行训练，人人都可以成为领导者，而这个领导力框架又由包括愿景和要务、时间管理和工作授权等七个方面的关键问题构成。如果你想训练自己的领导力，那么这本书显然是一本可供选择的经典。

读一本好书，就是在与一个大师进行思想的交流。我特别期待中信出版集团能够在这些书之外出版更多的通识经典书，让我们能够更快地跟随全球顶级大师的脚步，在认知升级的道路上加速前进！

# 第一章 丰厚的回报

## 付出大于获取有什么风险和好处

付出和获取的原则，就是外交策略——得寸进尺。

——马克·吐温，作家，美国幽默大师

这是一个周六的下午，阳光明媚，地点是在硅谷。两位父亲站在球场边观看各自女儿的足球比赛，心中都充满了自豪感。很快，他们聊起了工作。个儿高的那位叫丹尼·夏德尔（Danny Shader），他创业多次，曾先后任职于美国网景、摩托罗拉和亚马逊。夏德尔身强力壮，长着深色头发。如果你愿意，他可以和你聊一整天的生意经。快 40 岁的时候，他创办了自己的第一家公司。他喜欢称自己为“互联网中的老手”。他喜欢创建公司，现在正开始自己的第四次创业之旅。

夏德尔很快就喜欢上了身边的另一位父亲——在风投公司工作的戴维·霍尼克。他身高 5

英尺[①]4英寸[②]，深色头发，戴着眼镜，蓄着山羊胡。霍尼克爱好广泛：他收集各种版本的《爱丽丝梦游仙境》（*Alice in Wonderland*），在大学里他还开创了自己的专业——计算机音乐。接下来，他获得了一个犯罪学的硕士学位，然后又拿了一个法学学位。在一家法律公司起早贪黑地工作了一段时间之后，他去了一家风险投资公司工作。接下来的10年时间里，他听取创业者们的推介，决定是否为他们投资。

当足球赛中场休息时，夏德尔对霍尼克说："我正在酝酿一个项目，你想不想了解一下？"霍尼克专攻互联网企业，看起来他是夏德尔理想的投资人。两个人对此都有兴趣。大多数推介自己想法的人都是初次创业，没有成功的记录；相反，夏德尔是位一流的创业者，不止一次创业成功。1999年，他首次创办的网站Accept.com被亚马逊以1.75亿美元收购。2007年，他的第二家公司Good Technology（好耶科技），被摩托罗拉以5亿美元收购。基于夏德尔过去的光辉战绩，霍尼克很想听听他接下来想干什么。

足球赛之后的几天，夏德尔开车前往霍尼克的办公室，推介他的新想法。接近1/4的国人没法上网购物，因为没有银行账户或信用卡，夏德尔提出了一个有创意的方法以解决这个问题。霍尼克是最早听到这个想法的几位风投资本家之一，他立刻就爱上了它。接下来的一周里，他带夏德尔去见自己的合伙人，并给了夏德尔一份风投协议：他想要投资夏德尔的公司。

虽然霍尼克出招迅速，但夏德尔还是占据着优势地位。霍尼

① 1英尺≈30.48厘米。——编者注

② 1英寸≈2.54厘米。——编者注

克知道，由于夏德尔的名气以及这个点子的含金量，会有许多投资人叫嚷着要和他合作。“你不太可能是唯一一个给创业者开出风投协议的投资人，”对此，霍尼克解释说，“你要与美国最好的风投公司竞争，努力说服创业者来拿你的钱，而不是他们的钱。”

对于霍尼克来说，要想把这笔投资落实，最好的办法是给夏德尔设置一个决策期限。如果霍尼克给出优厚的条件，且考虑期限很短，那么他会有机会让夏德尔在见其他投资人之前就签署协议。许多风投资本家都会采取这种办法，为自己增加筹码。

但是，霍尼克并没有给夏德尔设置期限。实际上，他相当于鼓励夏德尔找其他投资人推销其想法。霍尼克认为，创业者需要时间来评估各类选择方案，所以从原则上讲，他不会给出咄咄逼人的提议。“你可以花尽可能多的时间，做出正确的决定。”他这样说。虽然霍尼克希望夏德尔最终会认为与自己签约才是最好的选择，但他还是把夏德尔的利益放在自己的利益之前，给夏德尔足够的空间来考虑其他选择。

不出所料，夏德尔就是这样做的：他花了几周的时间向其他投资人推介自己的想法。在这段时间里，霍尼克希望自己仍然是最有力的竞争者，所以他给夏德尔送去了他最宝贵的资源：一张包含了 40 位推荐人的名单，这些推荐人可以见证霍尼克作为投资人的能力。霍尼克知道，创业者对于投资人的要求和我们一般人对财务顾问的要求差不多：有能力，值得信赖。如果创业者和一个投资人签约，投资人就会加入董事会，提供专业建议。霍尼克的推荐人名单体现了 10 年来他在各个创业者身上付出的心血。霍尼克知道，名单上的这些人可以为他的能力和品格提供担保。

几周之后，霍尼克的电话响了，是夏德尔打来的，准备向他宣布最终的决定。

“很抱歉，”夏德尔说，“我将与另外一个投资人签约。”

霍尼克给出的条款和其他投资人几乎一样，因此他的40位推荐人名单本应给他带来优势。与这些推荐人交谈之后，夏德尔明白，霍尼克确实是一个很好的人。

但是，正是这种慷慨大方的精神导致了霍尼克的失败。夏德尔担心，霍尼克会花更多的时间鼓励他，而非挑战他。霍尼克可能不够强硬，没法帮助夏德尔创办一家成功的公司，而与他签约的那位投资人，则是一位杰出的顾问，善于质疑创业者，推动公司向前。夏德尔是这样考虑的：“也许我应该让一个更愿意挑战我的人加入董事会。霍尼克太友善了，我不知道他在董事会中会怎样。”给霍尼克打电话的时候，他解释说：“我的心建议我与你合作，但我的大脑建议我与他们合作。我决定听从大脑的建议。”

霍尼克感到崩溃，甚至开始怀疑自己。“我是不是一个笨蛋？如果我当初施加了压力，也许他会接受我的条款。我花了10年的时间塑造名声，就是为了防止失败。为什么会变成这样？”

霍尼克用惨痛的代价得到了教训：好好先生只能被甩在后面。

真的是这样吗？

人们普遍认为，成功人士拥有三个共同点：动机、能力和机遇。如果想要获得成功，我们需要把努力、才华和运气结合起来。夏德尔和霍尼克的故事告诉我们，还有第四样东西，尽管非常关键，却经常被忽视：成功在很大程度上取决于我们怎样和别人打交道。每当我们在工作中和另一个人打交道时，我们都要做出一个选择：究竟是尽可能多地索取价值，还是不计回报地贡献价值？

作为一名组织心理学家和沃顿商学院的教授，我花了超过10年的时间，在谷歌和美国空军等各类机构中研究这些选择。这些研究表明，付出和获取的权衡对于成功有着超乎想象的影响。在过去的30年里，通过一系列开创性的研究，社会科学家已经发现，人们的人际交往风格存在着巨大的差异——对于获取多少、付出多少，每个人的比例都不一样。为了说明这些偏好，接下来我会介绍两类人，他们在工作中的交往模式分别处于两个极端。我管他们分别叫作获取者（taker）和付出者（giver）。

获取者有一个非常典型的特点，他们喜欢得到比自己所付出的更多的东西。他们让交互的天平向自己这一端倾斜，把自己的利益置于他人的利益之上。获取者相信世界是一个你死我活的竞技场。他们认为，为了获得成功，自己必须比别人做得更好。为了证明他们的能力，他们推销自己，并确保自己的努力获得足够的认可。一般的获取者并不残忍，也不会做背后捅刀子的事，他们只是小心翼翼、自我保护。"如果我不首先照顾自己，那么就没人会顾及我的利益。"获取者会这样想。如果霍尼克是一名获取者，他会给夏德尔设置一个期限，把自己落实投资的愿望凌驾于夏德尔对时间的渴望之上。

但是，霍尼克恰恰是获取者的对立面：他是一个付出者。在工作场合，付出者的数量相对较少。他们把交互的天平向另一端倾斜，相比于自己得到的，他们愿意付出更多。获取者通常是以自我为中心的，评估别人能提供给自己什么；付出者则是以他人为中心的，关注他人能从自己这里能得到什么。这些偏好并不是金钱方面的：无论是慈善捐款的数额，还是向雇主索要的赔偿金，付出者和获取者并没有什么不同，他们的区别在于对他人的态度，以及采取的行动。如果你是一个获取者，你就会有策略地帮助他人，让自己的收益超过自己所付出的成本。如果你是一个付出者，你对于成本—收益的分析会有所不同：只要别人的收益超过自己所付出的成本，你就愿意帮忙。或者，你甚至可能根本就不考虑成本，不计回报地帮助他人。如果你在工作中是一名付出者，你会慷慨地分享你的时间、精力、知识、技能、想法和关系，让别人尽可能多地从中受益。

也许有人认为，付出者的头衔应该留给那些大公无私的英雄，比如特蕾莎修女或圣雄甘地。但是，做一名付出者并不需要超常的牺牲，你只需要关注他人的利益，比如伸出援手、提供教导、分担荣耀或是帮助别人拓展关系。但在工作场合之外，这类行为极为普遍。根据耶鲁大学心理学家玛格丽特·克拉克（Margaret Clark）的研究，大多数人在亲密关系中表现得像一个付出者。在婚姻和友谊中，我们只要有机会就会付出，不求任何回报。

但是在工作场合，付出和获取变得更加复杂。在职场上，大多数人都不是单纯的付出者或获取者，而是采取第三种风格——我们变成了互利者，努力达成付出和收获的平衡。互利者基于公平的原则行事：在帮助别人的时候，他们也寻求回报，以此来保护自己。如果你是一个互利者，你会信奉等价交换，你的人际关系充斥着公平的交易。

付出、获取还有互利，是社会交往的三种基本风格，但它们之间的界限并不清晰。你可能会发现，在不同的工作关系角色中，你会从一种交往风格切换到另一种。[①]你可能在协商工资时是一个获取者，而在指导后辈时是一个付出者，在与同事分享经验时则是一个互利者。这种转变并不奇怪。但有研究显示，在工作中，大多数人会形成一种主要的交互风格，这种交互风格代表了他在大部分时候，和大多数人是如何打交道的。与努力、才华及运气一样，这种风格对于我们的成功至关重要。

实际上，交互风格对于成功的影响是非常清楚的。如果让你猜一猜，哪一类人在成功的阶梯上会垫底，你会猜哪一类——获取者、付出者还是互利者？

在职场中，这三种风格各有优势和局限。但是，有一种风格的人会比其他两种付出更多。基于戴维·霍尼克的故事，你可能会预测付出者的结果最差——你是对的。研究表明，付出者在成功的阶梯上处于垫底的位置。在各种重要的职业中，付出者处于劣势地位：他们帮助别人发展得更好，但在这个过程中他们牺牲了自己成功的可能性。

在工程领域，效率和产出最低的工程师属于付出者。在一项

---

① 加州大学洛杉矶分校的人类学家阿兰·费斯克（Alan Fiske）发现，在每种文化中，人们都会混合付出、获取和互利——从北美到南美，从欧洲到非洲，从澳大利亚到亚洲，都是如此。费斯克曾在西非与布基纳·法索的一个叫摩西（Mossi）的部族一起生活，他发现那里的人也会在这三种行为之间切换。如果你想搬到他们的村子里，他们会自然地给你土地，不求任何回报。但是在市场上，摩西人更倾向于获取，凶狠地砍价，争取最好的价格。在种植食物方面，摩西人则更像是互利者：每个人都被期望做出平等的贡献，食物也平均分配。

研究中，160 名来自加州的工程师评价了彼此之间提供和获得的帮助，最不成功的，正是那些付出大于回报的人。在完成任务、技术报告和绘图方面，这些付出者的记录最差——更不要提犯下的错误、错过的期限，还有浪费的金钱。因为他们要停下手头的事情帮助别人，所以常常没法完成自己的工作。

同样的模式也出现在医学院中。比利时的一项研究调查了 600 多名医学院的学生。对于付出类的句子，如“我热爱帮助别人”和“我预先考虑并满足别人的需要”，那些成绩最差的学生表现出了不寻常的认同。付出者帮助同学学习，分享他们已经知道的东西，却没有填补自己的知识空白，这让他们的同学在考试时占据了优势。销售人员的情况也是如此。我曾经研究过北卡罗来纳州的销售人员，发现获取者和互利者的年度销售额要比付出者高 2.5 倍。付出者如此关心客户的利益，以至于不愿意积极地推销。看起来，在不同的职业中，付出者都过于关心别人，过于信任别人，太过愿意为了他人的利益牺牲自己的利益。甚至有研究表明，与获取者相比，付出者的收入少了 14%，其成为犯罪受害者的概率高 1 倍，并且其强势性和支配性的程度比获取者低 22%。因此，付出者是最有可能在成功阶梯上垫底的人。那么，谁位于顶端——是获取者还是互利者？

都不是。换一种方式看数据，我发现了令人惊讶的结果：位于顶端的还是付出者。

正如我们所看到的，效率最低的工程师是付出者。但是，如果看看那些效率最高的工程师，数据显示，他们也是付出者。在加州的工程师中，完成工作数量最多和质量最好的人，正是那些一直为同事付出多于要求回报的人。表现最差和表现最好的人都是付出者，获取者和互利者更可能处于中间位置。

这种模式在其他地方也适用。在比利时医学院的学生中，成绩最差的人中付出者的比例最高，但是那些成绩最好的学生也是如此。在医学院的课程中，付出者的分数比其他学生的分数要高出 11%。甚至在销售中，我发现业绩最差的付出者的业绩比平均水平的销售人员高 25%——但是那些最高效的销售人员也是如此。表现最好的人是付出者，他们的年度销售额比获取者和互利者要高出 50%。付出者占据了成功阶梯的底端和顶端。在各种职业中，如果你仔细观察交互风格和成功的关系就会发现，付出者更有可能成为冠军（champs）——而不仅仅是笨蛋（chumps）。

猜一猜戴维 · 霍尼克最终会成为哪一个？

丹尼 · 夏德尔和其他投资人签约之后，内心备受煎熬。“我们刚刚敲定了一笔大买卖，现在本应庆祝才对。为什么我并不感到开心？我为我的投资人感到兴奋，他非常聪明、才华横溢，但我失去了和霍尼克合作的机会。”夏德尔希望找到办法，让霍尼克也加入进来，但这里有一个问题：如果让霍尼克加入，夏德尔和投资人必须将公司的一部分所有权卖给他，这会削弱他们自身的所有权。

夏德尔认为这样做的成本对他来说是值得的。在融资结束之前，他邀请霍尼克来投资他的公司。霍尼克接受了邀请，投资了一笔钱，获得了该公司的一部分所有权。他开始参加董事会议，夏德尔则被他的能力所折服，因为他能够推动夏德尔从新的方向去考虑问题。“我看到了他的另一面，”夏德尔说，“这些东西当初只是被他的友善掩盖了。”在一定程度上，多亏了霍尼克的参谋，夏德尔的创业成功了。该公司名叫 PayNearMe（就近支付），它的业务模式能让那些没有银行账户或信用卡的美国人同样实现网上购物；他们先用条码或卡片来付款，之后再到相关网点支付现金。夏德尔与 7–11 连锁店还有灰狗长途汽车公司[①]建立了广泛的合作关系，来为其客户提供这种服务。在一年半的时间里，PayNearMe 每个月的盈利增长超过了 30%。作为投资人，霍尼克从中获得了一小笔分红。

霍尼克也把夏德尔加入了他的推荐人列表中，这件事的价值甚至超过了买卖本身。如果有创业者打过电话来，询问关于霍尼克的事情，夏德尔会告诉他们：“你可能只是觉得他是个不错的家伙，但他远不止如此。他是一个非凡的投资人：工作很努力，非常有勇气。他既可以挑战你，同时也可以支持你，而且他的回应速度非常快，这是投资人最好的品质之一。任何重要的事情，他都会飞快地回复你，不管白天还是晚上，不管是几点钟。”

霍尼克的收益不只限于 PayNearMe 的这笔买卖。目睹了霍尼克如何为人处世之后，夏德尔非常欣赏他对于企业家利益的重视，于是开始为他介绍其他的投资机会。有一次，在与 Rocket Lawyer（火箭律师）公司[②]的 CEO 会面之后，夏德尔推荐霍尼克作为投资

① 灰狗长途汽车公司（Greyhound），美国最著名的全国性长途汽车服务公司，在各城市间提供长途巴士服务，因便宜方便而深受欢迎，标志为一条奔驰的灰狗。——译者注

② Rocket Lawyer 公司一家在线法律服务网站，为用户提供线上法律咨询、创建法律文件等服务。——译者注

人。当时这位 CEO 已经收到了另一个投资人给出的风投协议，但霍尼克最终还是赢得了这次投资。

尽管霍尼克承认，做一名付出者有自己的劣势，但他还是相信，这是他在风投行业取得成功的重要动力。霍尼克估计，大多数风投资本家开出的协议中，有一半最后都能完成签约，“如果你能敲定一半的生意，你的表现就很不错了”。但是，在 11 年的风投生涯中，霍尼克向创业者开出了 28 份协议，其中 25 份都被接受了。夏德尔是仅有的三个拒绝霍尼克的人之一。89% 的创业者都接受了霍尼克的投资。多亏他的投资和专业建议，这些创业者的一系列创业都成功了，其中一家公司在 2012 年的第一个交易日，其市值已为 3 亿美元，其他的则被谷歌、甲骨文（Oracle）[①]、Ticketmaster[②] 和 Monster[③] 收购。

霍尼克勤奋工作，才华横溢，更不要提他的运气有多好——在女儿的足球比赛中站在了场边正确的位置，这在他与丹尼·夏德尔的交易中起到了重要的作用。但是，真正帮他锁定胜利的，是他的人际交往风格。此外，他不是唯一的赢家，夏德尔也胜利了，还有他后来向霍尼克推荐的那些公司。作为一名付出者，霍尼克为自己创造了价值，同时也让别人有更大的机会分享价值。

---

① Oracle，全球最大的企业级软件公司，提供数据库、工具、应用等方面的服务。——译者注

② Ticketmaster，全球最大的娱乐票务和营销公司之一。——译者注

③ Monster，美国最大的招聘网站。——译者注

在本书中，我希望传达这样一种观点——我们通常低估了像霍尼克这样的付出者的成就。尽管许多人称他们为“笨蛋”或“垫脚石”，但他们实际上能够取得巨大的成功。为了弄清楚为什么付出者占据了成功阶梯的顶端，我会向你介绍许多令人惊讶的研究成果和案例。这些案例告诉我们，“付出”这种行为要比大多数人所想象的更加强大，而且风险较小。我向你介绍的许多成功的付出者，他们有不同的职业，包括咨询顾问、律师、医生、工程师、销售人员、作家、企业家、会计、教师、理财顾问，还有体育主管。他们并没有像许多人设想的那样，先获得成功，再回馈社会。他们的经历告诉我们，正是那些将付出放在首位的人，在未来才最有可能取得成功。

但是，我们也不会忘记那些处于成功阶梯末端的工程师和销售人员。一些付出者确实变成了失败者和垫脚石，我希望能搞清楚，他们和那些成功者的区别在哪里。问题的关键不在于付出者的天赋或能力，而在于他们采取的策略，以及做出的选择。为了解释清楚付出者应该如何避免被甩在最后，我将破除两种流行的错误观念，证明付出者并不一定都是和蔼可亲的，也不一定都是无私的。每个人都有自己的目标，都希望获得成功，而且事实上，成功的付出者与获取者和互利者相比，更有雄心壮志。他们只是采取了一种不同的方式来追求自己的目标。

这就引出了我的第三个目标，即揭示付出者成功的独到之处。首先得明确一点，无论是付出者、获取者还是互利者，都有可能取得成功，而且他们中的许多人确实做到了这一点。但是，当付出者取得成功时，有一些特殊之处：他们的成功可以扩散到别人身上。一个获取者取得成功，通常意味着另一个人失败。研究表明，人们会嫉妒成功的获取者，并会想办法把他们“绊倒”。相反，当像霍尼克这样的付出者取得成功时，人们并不会妨碍他们，而是全心全意地支持他们。付出者的成功会产生一种涟漪效应，让他们身边的人也更容易成功。你会发现，关键性的差异在于，付出者的成功可以创造价值，而不仅仅是从别人那里攫取价值。就像风投资本家兰迪·柯米萨（Randy Komisar）所说：“如果每个人都希望你能成功，你就更容易成功。如果你没有敌人，成功也就更轻而易举。”

但是，在有些领域，付出的成本似乎确实大过收益。例如，在政治领域，就像本章一开始马克·吐温所说的那样，外交的要诀在于得寸进尺。美国前总统比尔·克林顿曾经写道：“政治，是一门关于‘获取’的生意，你需要不断地获得支持、捐款还有选票。”在竞选中，获取者善于游说，运用策略击败对手。互利者则擅长各种政治交易。那么，付出者在政治领域会有怎样的表现呢？

话说，有一个名叫桑普森（Sampson）的乡巴佬，他的目标是成为“伊利诺伊州的德维特·克林顿”，希望当选参议员。桑普森早年一直在农场工作，看上去不像是当官的料，但是他雄心勃勃。23 岁时，他首次竞选州立法院的一个席位。当时有 13 个候选人，只有前四名能够入选。桑普森的表现不佳，排名第八。

这次失利之后，桑普森将目光转向了商业，与朋友合伙借钱开了一家小店。这次生意也失败了，桑普森还不起贷款，于是他的财产被地方政府没收了。不久，他的生意伙伴不幸去世，没有留下一分钱，债务全部转到了桑普森头上。他开玩笑地把自己的债务称为“国债”：他欠下的钱是自己年收入的15倍。不过，经过多年的努力，他最终还是把债务还清了。

生意失败之后，桑普森第二次参加了州立法院的竞选。尽管当时只有25岁，但他还是取得了第二名的成绩，赢得了一个席位。为了参加他的首次立法会议，他不得不借钱买下第一套正装。在接下来的8年里，桑普森在州立法院服务，同时获得了一个法律学位。终于，在45岁的时候，他做好了准备，试图在更大的舞台上发挥影响力。于是，他开始竞选参议员。

桑普森知道，他面临着一场艰苦的战斗。他有两个主要的对手：詹姆斯·希尔兹（James Shields）和莱曼·特朗布尔（Lyman Trumbull）。这两个人都当过州立最高法院的法官，出身也比桑普森显赫得多。希尔兹时任议员，谋求连任，他的舅舅时任国会议员。特朗布尔的爷爷是耶鲁大学一名杰出的历史学家。与他们相比，桑普森无论在经验上，还是在政治关系上，都相差甚远。

第一轮投票的结果令人惊讶，桑普森高居榜首，获得了44%的支持率。希尔兹紧随其后，支持率有41%，特朗布尔则被甩在后面，支持率只有5%。在下一轮投票中，桑普森再攻下一城，支持率攀升到了47%。但是，局势在此时发生了逆转：时任州长的乔·马特森（Joel Matteson）加入了选举战。马特森非常受欢迎，他可能会抢走桑普森和特朗布尔的选票。在希尔兹退出竞选之后，马特森很快成了领头羊，支持率达44%，桑普森的支持率下降到38%，而特朗布尔的支持率则只有9%。但是，在几个小时后，特朗布尔以 51% 的支持率赢得了这场选举，略高于马特森的 47%。

为什么桑普森的支持率急转直下，而特朗布尔的支持率迅速攀升？这是因为桑普森的个人选择。他的付出倾向似乎已经达到了病态的程度。当马特森加入战团时，桑普森开始怀疑，自己是否能够赢得足够多的支持，从而取得胜利。他知道，特朗布尔拥有一小撮忠实的支持者，他们绝不会背弃他。从桑普森的角度考虑，大部分人肯定会游说特朗布尔的支持者，让他们转到桑普森旗下。毕竟，特朗布尔的支持率只有 9%，没有胜利的可能性。

但是，桑普森关心的并不是当选，而是阻止马特森的胜利。他认为，马特森有一些可疑的举动。一些好事者指控马特森试图贿赂有影响力的投票者。至少，桑普森可以确认，马特森曾经接触过自己的一些重要支持者。马特森劝告他们，如果桑普森没机会赢得竞选，他们应该报效于他。

桑普森对于马特森的手段和动机的质疑，后来被证明是有先见之明的。一年以后，马特森州长的任期结束，他赎回了一些旧的政府支票，其中有些已经过期，有些已经赎回却没有撤销。这让他中饱私囊，吞了几十万美元，后因欺诈罪被法院起诉。

质疑马特森的同时，桑普森却非常信任特朗布尔，因为他们在许多问题上有着相似的立场。在过去的几年中，桑普森一直满怀激情地呼吁社会和经济政策的重大变革。他相信，这对于其所在州的未来非常重要，而他那时的盟友正是特朗布尔。因此，桑普森没有试图劝服特朗布尔的支持者转到自己的旗下，而是决定“自废武功”。他告诉自己的助选人史蒂芬 · 洛根（Stephen Logan），他决定退出竞选，希望自己的支持者给特朗布尔投票。洛根感到难以置信：为什么一个支持率较高的人，要把胜利拱手让给支持率较低的对手？洛根甚至流下了眼泪，但桑普森不为所动。他退出了竞选，并让自己的支持者投票给特朗布尔。这让特朗布尔获得了胜利，而桑普森自己则承担了损失。

这不是桑普森第一次把别人的利益放在自己之前。在帮助特朗布尔赢得竞选之前，尽管桑普森作为一名律师，已经赢得了广泛的赞誉，但是强烈的责任感阻碍了他的成功。如果他感觉客户有罪，他就没法说服自己为他们辩护。据一个同事说，桑普森的客户都知道，“如果他们是清白的，那肯定可以赢得审判；如果不是，那就没必要浪费时间找他”。有一次，一个客户被指控盗窃，桑普森对法官说：“如果你可以为他说话，那就说吧，但我做不到。如果让我说，陪审团就会发现我认为他有罪，并给他定罪。”还有一次，在法庭审判中，桑普森忽然侧身对助手说：“这个人是有罪的，你替他辩护吧，我做不到。”桑普森把案件推给助手，放弃了一大笔佣金。这些决定为他赢得了别人的尊敬，但也让人质疑，他是否坚韧到足以做出困难复杂的政治决定。

桑普森的一位政治对手评价他“几乎是一个完美的人”“他只是缺少一样东西”这个人解释说，“桑普森不适合拥有权力，因为他的判断太容易因关心他人而受到影响”。在政治领域，桑普森以付出者的方式行事，这让他时常处于劣势。他不愿意首先考虑自己，这让他的参议员竞选以失败告终，并让旁观者对他产生了怀疑，认为他可能没法适应残酷的政治世界。特朗布尔是一位凶悍的辩论者，桑普森却很容易顺从他人。他自己也承认：“我为自己的失败而感到后悔。”不过他同时也说，特朗布尔的成功当选，可以推动发展那些他们共同支持的事业。在选举之后，当地的一位记者评价道，与桑普森相比，特朗布尔“拥有更多的天赋和实力”。

但是，桑普森并不准备就此偃旗息鼓。4 年之后，他再度参选议员。这一次他又输了。不过，在投票之前的几周，他最有力的支持者不是别人，正是莱曼·特朗布尔。桑普森的牺牲赢得了他的好感，而且，特朗布尔并不是第一个被桑普森的付出精神所折服并转而支持他的对手。在第一次议员竞选中，桑普森拥有 47% 的支持率，似乎已经站在了胜利的边缘，而当时有一位名叫诺曼·贾德（Norman Judd）的芝加哥律师和政治家，率领着 5% 的选民，坚定地支持特朗布尔，不愿放弃。在桑普森的第二次竞选中，贾德变成了桑普森强有力的支持者。

两年之后，经历了两次参议员竞选失败，桑普森终于在全美范围内第一次赢得了竞选。据一位评论者说，贾德从来没有忘记桑普森的“慷慨行为”，他对于桑普森成功当选的贡献“远超过其他人”。

1999 年，有线电视网络 C-SPAN① 调查了 1 000 多名知识丰富的受访者，让他们评价桑普森以及其他 36 位曾与他担任相同职务的政治家。桑普森拔得头筹，赢得了最高的评价。尽管他曾经有过许多失败经历，但他还是比这个名单上的任何一个人都更受欢迎。也许你已经猜到，“桑普森”不是他的真名；其实，“桑普森的鬼魂”（Sampson’s Ghost）是这个乡巴佬写信时所用的笔名。

---

① C-SPAN，美国一家非营利性的电视频道。——译者注

他的真名是亚伯拉罕·林肯。

1830 年，林肯想努力成为“伊利诺伊州的德维特·克林顿”——当时的一位参议员和纽约州州长，曾发起伊利运河的建设工程。林肯放弃了自己的第一次参议员竞选，帮助莱曼·特朗布尔取得了胜利，他们两个人都致力于废除奴隶制。从解放奴隶到为了这项事业牺牲自己的政治机会，再到拒绝为有罪的客户辩护，林肯一直在为了更崇高的目标而努力。当历史学、政治学和心理学领域的专家评价历任美国总统时，他们都认为，林肯是一个典型的付出者。有两位专家这样写道：“即使会给自己带来不便，林肯也会努力地帮助别人。”他们认为，林肯非常“关注公民的福祉”。值得注意的是，林肯被认为是美国历史上“最不自私、傲慢和自夸”的总统。在另一项关于总统的评选中，在“赞扬他人和为了他人的利益行事”这两个方面，林肯与华盛顿、菲尔莫尔[①]一起跻身三甲。一位曾与林肯共事的将军曾说：“看上去，他远比其他人更伟大、更善良。”

在总统的办公室中，林肯也一直坚持把国家的利益放在自己的利益之上。1860 年，在赢得总统选举后，他邀请了三位曾在共和党的党内选举中被他击败过的对手，让他们分别担任国务卿、财政部长和司法部长。在《宿敌组成的团队》（*Team of Rivals*）一书中，历史学家多丽丝·卡恩斯·古德温（Doris Kearns Goodwin）记述了林肯非同寻常的内阁团队：“与林肯相比，成员的名气更大，受教育的程度更高，在公共事务方面的经验也更丰富。在他

① 米勒德·菲尔莫尔（Millard Fillmore），美国第 13 任总统，任期为 1850—1852 年。——译者注

们的光芒照耀之下，那位来自大草原的籍籍无名的律师，本应黯然失色。”

若处在林肯的位置上，获取者可能会希望保护自己的自尊和手中的权力，于是邀请一些“应声虫”加入内阁。互利者则可能会任命那些支持过他的盟友。但是，林肯邀请了自己的宿敌。“我们需要最顶尖的人才加入到内阁中来，”林肯告诉一名心存疑虑的记者，“我没有权力阻碍这个国家享受他们的服务。”在这些对手中，有些人很鄙视林肯，另一些，则认为他能力不足，但他们最终都被林肯所折服。根据古德温的记述，林肯“很好地处理了内阁成员们强大的自我意识，这个故事告诉我们，我们平时所赞扬的高尚品质——友善、真诚、同情、诚实和共鸣，在真正的政治家手中，也可以成为重要的政治资源”。

如果付出者在政治领域都能取得成功，那么他们也许能够胜任任何工作。不过，付出究竟有效与否取决于它所在的情境。在阅读本书的过程中，你应该牢记这一点：在许多时候，付出的确无法带来成功。在纯粹的零和游戏和胜负关系中，付出很少能带来回报。当林肯每次不惜牺牲自己地为别人付出时，他都会接受这样的教训。“如果说我有什么缺点，”他说，“唯一的一个缺点——我不知道如何说‘不’！”

但是，在大部分情况下，生活并不是一场零和游戏，那些将付出作为主要交互风格的人，最终还是能获得回报。对于林肯来说，正像戴维·霍尼克一样，那些看上去是自我牺牲的决定，最终为他带来了优势。最开始我们会下结论说，林肯和霍尼克失败了，那是因为我们的目光还不够长远。付出者需要一些时间，才能赢得别人的好感和信任，但是他们积累的名声和人际关系，最终会帮助他们走向成功。实际上，无论是在销售领域，还是在医学院，付出者的优势都会随着时间的流逝而增长。从长远来看，付出的威力就像它的风险一样大。奇普·康利（Chip Conley）是一位知名的企业家，幸福生活酒店集团[①]的创始人。他曾经说过："做一名付出者，并不会帮你赢得一百米冲刺，却可以帮助你赢得马拉松。"

在林肯的时代，跑马拉松需要更长的时间。那个时候没有电话、网络和高速公路，建立关系和名声的过程更加缓慢。康利说："在旧时代，你可能送出了一封信，但没人知道。"他相信，在今天这个充满联系的世界中，关系和名声更容易被别人觉察，因此付出者的成功步伐也加快了。波比·希尔顿（Bobbi Silten）是Dockers[②]的前任主席，现在为Gap[③]公司在全球范围内履行社会和环境义务。他说："现在，你不再需要做出选择。你可以既做一名付出者，同时也能取得成功。"

远期的成功更加唾手可得，这并不是付出者在今天更容易获得职业成功的唯一原因。在我们生活的这个时代，工作结构和相关科技已经出现了巨大的变革，这些变革可以进一步放大付出者的优势。在今天，超过一半的美国和欧洲公司依靠团队的力量来开展工作。我们依赖团队来建造汽车和房子、完成手术、开飞机、并肩作战、演奏交响乐、撰写新闻报道、对公司进行审计，或是

---

① 幸福生活酒店集团（Joie de Vivre），全球知名的酒店集团，在世界各地开设高档宾馆和餐厅。——译者注

② Dockers，美国休闲服饰品牌。——译者注

③ Gap，同上。

提供咨询服务。团队需要付出者来分享信息，主动承担不受欢迎的任务，并为他人提供帮助。

林肯邀请他的对手加入内阁，这让他们有机会亲眼见证林肯服务人民和国家的意愿。在当选总统的前几年，他的对手埃德温·斯坦顿（Edwin Stanton）曾经拒绝让他在审判中担任法律顾问，并骂他是“笨拙的长臂猿猴”。但是，与林肯共事之后，斯坦顿将他描述为“有史以来最完美的统治者”。当越多的人进入团队，付出者也就有越多的机会展示自己的价值，就像林肯一样。

在我们的祖父母那一辈，大多数人都是个体生产者，他们不需要与他人合作，因此做一个付出者并没有太大的意义。但如今，即使你不在一个团队里工作，你也可能在从事某种服务行业。许多人都在从事与人打交道的工作，为他人提供服务。在20世纪80年代，服务行业产值占据了全球GDP的一半。到1995年，服务业的比重上升到了将近2/3。在今天，美国超过80%的工作都属于服务业。

随着服务业的不断扩张，许多服务供应者采用付出者的方式，建立起关系网络和名声，这些供应者受到了越来越多人的青睐。无论你是一名付出者、获取者还是互利者，我敢打赌，你肯定希望你的服务提供者都是付出者。你希望你的医生、律师、教师、牙医、水管工和房产代理人，都专注于为你贡献价值，而非从你身上攫取价值。这就是戴维·霍尼克拥有89%的成功率的原因所在：创业者知道，如果霍尼克愿意投资他们的公司，那就意味着霍尼克会把他们的利益放在心中。许多风投资本家不愿意考虑毛遂自荐的推销，而是更愿意把自己有限的时间花在那些已经表现出潜力和前景的人和想法上。霍尼克却会回复来自陌生人的邮件。

“我喜欢尽可能地帮助别人，无论这能否给我带来经济上的好处。”据霍尼克说，一个成功的风投资本家是“一个服务提供者。创业者并不是来服务风投资本家的。我们是来为创业者服务的”。

服务经济的崛起也解释了，为什么成绩最好和最差的医学院学生都是付出者。在那项关于比利时医学院学生的研究中，付出者在第一学年的成绩比别人差。他们处于一种劣势当中——而且，付出者的倾向分数和成绩之间的负相关性比吸烟和罹患肺癌之间的负相关性还强。

但是，这种状况仅仅在第一学年中出现。到了第二学年，付出者就慢慢追了上来：他们的成绩比其他同学稍微高了一点儿。到第六学年时，付出者的成绩就远远高于其他人了。六年前测量的付出者倾向，可以很好地预测六年之后的医学院成绩，其效果优于根据吸烟的情况来预测罹患肺癌的概率（以及根据尼古丁贴片使用的情况预测戒烟的成功率）。到了第七学年，当这些付出者已经成为医生的时候，他们的领先优势进一步扩大了。付出对于医学院学生最终成绩的影响，不仅大于吸烟对健康的影响，甚至大于饮酒对攻击行为的影响。

为什么事情最终出现了逆转，付出者的劣势变成了一种巨大的优势？

付出者本身并没有改变，发生改变的是他们所在的环境。随着医学院学习的逐步深入，学生们会从独立的班级进入临床轮转，到岗位上实习或是照顾病患。年级越高，他们的成功越取决于团队合作，以及提供的服务。付出者的先天倾向，让他们能够更有效地与其他专业人士合作，并表达出对病人的关注。因此，随着工作结构的转变，他们更能从中获益。

付出者在服务性职业中的优势不只限于医学领域。史蒂夫·琼斯（Steve Jones）曾担任澳大利亚几家大银行的CEO，获得过嘉奖。他希望弄清楚，什么因素能让理财顾问取得成功。他的团队研究了一些关键的因素，比如金融方面的专业程度以及努力程度。但是，“最有影响力的那个因素，”琼斯告诉我，“是一个理财顾问是否愿意把客户的利益放在心中，将其置于公司的利益甚至自己的利益之上。在我看来，管理团队最优先的三件事之一，就是灌输这种观念，并让大家明白，用这种方式对待客户，最终才能让所有人受益。”

皮特·奥代特（Peter Audet）就是一位实践了这种风格的理财顾问。他是一位身材魁梧的澳大利亚人，曾经留着分头，喜欢邦·乔维[①]。他的第一份工作，是在一家大型保险公司做客服代表，接听电话。上岗第一年，他就凭借着对客户的热情，在与几百名同事的竞争中，赢得了公司的年度人物奖，并因此成为整个公司最年轻的部门主管。几年以后，皮特和其他15名主管一起，参加了一项关于付出和获取的培训。在练习中，每位主管平均会帮助三个人，皮特则帮助了全部的15个人。他是如此地愿意付出，甚至会帮助那些他没有雇用的应聘者，花费几个小时的时间为他们引荐关系，寻找其他机会。

2011年，皮特还是一名理财顾问，他接到了一位澳大利亚客户的电话。这位客户想要调整一份养老基金计划，计划的总额在7

---

① 邦·乔维（Bon Jovi），美国摇滚歌手，20世纪80年代组建同名乐队，其专辑多次占据排行榜榜首。——译者注

万美元左右。他本来是由另一位同事负责接待的，但是这个同事查询了他的身份，发现他是一名废金属工人。采用互利者的思维，这名同事决定不进一步跟进了，他觉得这完全是在浪费时间。对于皮特来说，这肯定也是浪费时间。他专攻高净值的客户，他们的资金量是这位工人的上千倍，其中最大客户的资金甚至超过了1亿美元。如果你计算一下皮特的时间值多少钱，即便算上这位工人的全部资金，还补偿不了他开车回家花掉的时间。“他是客户里最穷的一个，没有人想搭理他。”皮特想，“但是，你不能仅仅因为一个人不够重要就无视他。”

皮特预约了一次会面，开车去见这位工人，帮他调整养老金计划。到达他住的房子后，皮特的下巴都要掉下来了。前门覆满了蜘蛛网，看起来几个月没打开过了。他开车绕到后面，一位34岁的男子开了门。起居室里堆着各种袋子，整个天花板都被掀走了，可以一眼望见房顶。这位客户朝着一些折叠椅无力地比了一个手势，于是皮特就在那里开始帮助他调整计划。皮特很同情这位看上去像是工作认真努力的蓝领工人。于是，皮特给出了一条慷慨的提议：“趁我在这里，不如你介绍一下自己，我看看能不能帮上你什么忙？”

客户说他喜欢汽车，然后带领皮特走到一间昏暗的小棚子里。皮特做好了心理准备，期待看到另一番令人绝望的贫困景象，比如一堆生锈的破铜烂铁。进到棚子里，他倒吸了一口冷气，展现在他眼前的，是一辆状况完好的1966年产的雪佛兰卡马洛[①]；两辆

① 雪佛兰卡马洛（Chevy Camaro），美国高档跑车品牌。——译者注

经典的澳大利亚维兰特[①]汽车，配有1 000马力的赛车引擎；一辆改装车；以及一辆在电影《疯狂麦克斯》中出现过的那款福特小轿车。这位客户其实不是什么废金属工人，他经营着获利丰厚的废金属生意。他刚买下了这栋房子，准备修缮；整个房产占地11英亩[②]，价值140万美元。在接下来的一年里，皮特帮助这位客户调整了商业计划，改善了税务状况，并帮助他重修了房屋。“所有这一切，都始于我的一点点善意，”皮特说，“第二天上班后，我嘲笑了那位不愿意拜访这位客户的同事。”皮特与这位客户建立起了深厚的关系，这位客户支付的佣金在第二年翻了100多倍，而且皮特相信，这种合作关系还可以持续几十年。

在整个职业生涯中，付出行为给了皮特·奥代特许多机会，而获取者和互利者经常错过这些机会。不过，付出也曾给他带来巨大的损失。你在第七章将会看到，有两个获取者利用了他，差点儿让他失业。尽管如此，皮特还是从成功阶梯的底端一步步爬到了顶端，成为整个澳大利亚业绩最好的财务顾问之一。他相信，成功的关键在于学会充分利用付出带来的好处，同时将那些坏处的影响减少到最小。作为吉尼斯财富顾问公司（Genesys Wealth Advisers）的总经理，他将公司从破产的边缘拯救回来，并让它成为行业的领头羊。而他自己认为，成功的秘诀正是在于付出。“毋庸置疑，我在商业上的成功，正是因为我愿意为他人付出。这是我的制胜法宝，”皮特说，“每次我与其他同行展开竞争，并最终赢得胜利，他们都认为，付出是我取胜的原因。”

---

① 维兰特（Valiant），澳大利亚轿车品牌。——译者注

② 1英亩≈4046.86平方米。——编者注

尽管科技和组织形式的变化让付出行为更具优势，但有一点是一直不变的：在生活原则方面，许多人会本能地愿意付出。在过去 30 年中，著名心理学家夏洛姆·施瓦茨（Shalom Schwartz）研究了不同文化中人们的价值观和生活准则。他的这项研究调查了来自澳大利亚、智利、芬兰、法国、德国、以色列、马来西亚、荷兰、南非、西班牙、瑞典和美国等国的代表性人物。他把调查问卷翻译成 12 种不同的语言，让受访者评定不同价值观的重要程度。下面是几个例子：

**列表 1**

- 财富（金钱、物质财富）
- 权力（支配力、控制他人的能力）
- 愉悦（享受生活）
- 胜利（比别人做得更好）

**列表 2**

- 帮助他人（为了他人的福祉而努力）
- 责任感（为人可靠）
- 社会公正（关注弱势群体）
- 同情（回应有需要的人）

获取者更欣赏列表 1 里的那些价值观，付出者则更看重列表 2 里的内容。施瓦茨想知道，哪里的人们最认同付出者的价值观。你可以回头看看上面列出的 12 个国家，你觉得在哪个国家，大多数人都欣赏付出者的价值观，而非获取者的价值观？

所有国家的结果都一致。在上述12个国家中，大多数人都将付出评定为最重要的价值。他们都报告说，自己更关心付出，而非权力、成就、刺激、自由、传统、从众、安全或享乐。实际上，世界上的70多个国家都是如此。对于大多数国家和地区的大多数人来说，付出者的价值观都是排在第一位的生活原则——从阿根廷到亚美尼亚，从比利时到巴西，从斯洛伐克到新加坡，无一例外。在全世界的大多数文化中，包括美国的文化，大多数人都认为，付出是最重要的指导原则。

从某种意义上讲，这样的结果并不奇怪。作为父母，我们会给孩子阅读《爱心树》[①]这样的故事书，向他们灌输关心他人、与他人分享的重要性。但是，我们也会给付出设定界限，在工作环境中信奉另外一套价值观。我们虽然希望自己的孩子欣赏谢尔·希尔弗斯坦[②]，但是像罗伯特·格林（Robert Greene）的《权力的48条法则》[③]，许多商业领袖所推崇的《孙子兵法》等畅销书籍却表明，付出者的价值观在职场中没多大用处。

结果就是，即使是那些在工作中以付出者的方式行事的人，也不愿意承认这个事实。2011年夏天，我遇到了一位名叫夏立安·普莱斯（Sherryann Plesse）的女士，她是一家著名金融服务公司的高管。夏立安是一名典型的付出者：她花费大量的时间，指

---

① 《爱心树》（*The Giving Tree*），谢尔·希尔弗斯坦创作的儿童文学作品，暗喻了家长对于孩子的付出。——译者注

② 谢尔·希尔弗斯坦（Shel Silverstein），美国诗人、歌手、音乐家、插画家、编剧和儿童文学作家，曾获格莱美奖和奥斯卡奖提名。——译者注

③ 《权力的48条法则》（*The 48 Laws of Power*），美国畅销书籍，出版于2000年，讲述如何运用权谋实现个人目标。——译者注

导和帮助年轻的同事，并且自告奋勇，在公司中发起了关于女性领导力和慈善捐款的倡议活动。“我的默认模式就是付出，”她说，“我并不要求回报，我希望带来改变，产生影响，我关注那些最能从我的帮助中获益的人。”

为了进一步磨炼自己的商业敏感性，夏立安在离职 6 个星期后，与其他 60 名来自世界各地公司的高管一起，参加了一个领导力培训项目。为了找到她的优势所在，她完成了一整套心理测评。夏立安震惊地发现，她在职场上最大的优势就是她的善意和同情心。夏立安担心，这个结果会损害她强硬和成功的领袖形象，所以决定不告诉任何人。“我不希望别人认为我软弱无能。我怕别人会因此改变对我的看法，不再把我当成严肃认真的管理者，”夏立安承认说，“我已经习惯把人类正常的情感放在一旁，努力争取胜利。我希望在别人眼里，我的强项在于工作努力、追求结果，而非善意和同情心。在商业领域，有时你必须戴上不同的面具。”

担心别人认为自己软弱或是幼稚的想法让许多人在职场中不会采取付出者的行为方式。许多人在生活中奉行付出者的价值观，但是在工作中选择了互利者的风格，努力平衡付出和获取的比例。在一项研究中，人们参加了一项调查，看看他们处理工作关系的方式是付出、获取还是互利。只有 8% 的人将自己描述成付出者；剩下的 92% 都不愿在工作中做出比所获报酬更多的贡献。在另一项研究中我发现，在工作中，互利者的数量是付出者的三倍。

即使是那些喜欢付出或互利的人，如果感觉工作是一场零和游戏，他们也经常会在压力的影响下，转变成获取者。无论是公司内部强制执行排名系统，还是几家公司为了赢得客户展开竞争，还是学校要求学生的成绩服从正态分布，抑或许多人争夺同一个心仪的职位，在所有这些情境中，人们会自然地假设，其他人都是获取者而非付出者。斯坦福大学的心理学家戴尔·米勒（Dale Miller）解释说，如果人们预期别人都会用自利的方式行事，那么就会担心，如果自己成为一个付出者，就会被别人利用，因此，他们会得出结论："最理性和适宜的办法，就是采取竞争性的心态。"甚至有研究发现，仅仅是穿上西装分析一个哈佛商学院的案例就能明显降低一个人对于人际关系和他人利益的关注。康奈尔大学的经济学家罗伯特·弗兰克（Robert Frank）写道，担心被别人利用，这种恐惧如此普遍，以至于"我们时常推测别人长着坏心眼，结果却表露了我们自身最丑恶的一面：为了不当傻瓜，我们不得已忽略自己更高尚的本能"。

在与获取者打交道时，付出行为尤其危险。戴维·霍尼克相信，世界上许多成功的风投资本家都是获取者——他们坚持在创业企业中占有不成比例的巨大份额，并且如果投资取得成功，会习惯性地把功劳归于自己。霍尼克决心改变这些常规。曾有财务规划师问霍尼克："你想在生命中取得什么成就？"他说："最重要的是，我希望证明，成功不一定要建立在别人的损失之上。"

为了证明这一点，霍尼克打破了风投界两条最神圣不可动摇的规则。2004 年，他成为第一个开博客的风投资本家。风投资本是一个黑箱，霍尼克却邀请创业者进入其中。他在网上公开分享信息，帮助创业者加深对于风投资本家思维方式的理解，从而改进他们的推介议案。霍尼克的合伙人和他公司的顾问，都劝他不要这样做。为什么他会想要泄露商业机密？如果其他的投资人读了他的博客，可能会剽窃其中有价值的想法，却不分享回报。“人们认为，一个风投资本家在公众面前谈论自己的工作内容，这样做很疯狂，”霍尼克回忆说，“但我真的希望与各种创业者对话，并帮助他们。”他的话也证实了他的批评者是正确的：“许多风投资本家会看我的博客。如果我谈到了某个令我激动的公司，那么在达成协议前所面临的竞争就会变得更激烈。”但是，霍尼克愿意付出这样的代价。“我的关注点完全是为创业者创造价值。”他这样说。过去 8 年里，他一直坚持更新博客。

出于对各种会议上那些无聊的演讲者的失望，霍尼克又有了第二个与众不同的举动。在大学时代，他曾和一名教授一起开办了一个演讲课堂，邀请有趣的人来校园做演讲。他们请到的演讲者包括《龙与地下城》（*Dungeons & Dragons*）游戏的发明者、悠悠球世界冠军，还有华纳兄弟公司里创造了怀尔 · E. 考耶特（Wile E.Coyote）以及跑路者（Road Runner）等卡通形象的动画师。风投界和科技界会议上的那些演讲者与这些人相比，相去甚远。“我渐渐不再去听演讲，而是把所有的时间都花在休息室中，与别人聊天，了解他们在做什么。这些会议真正的价值就在于沟通交流和建立人际关系。如果一个会议只关注对话和关系，却不关注内容，又会怎样？”

2007 年，霍尼克开始筹备他的第一次年会。年会的名称就叫“休息室”（The Lobby），目标是让创业者们聚到一起，分享关于新媒体的想法。霍尼克准备投入 40 万美元，但人们劝他放弃。“你会毁掉公司的名声。”他们这样警告霍尼克，暗示说如果会议失败，霍尼克自己的事业也可能被毁掉。但是他依然决意向前，并且在发送会议邀请时，做出了常人无法想象的事。他竟然邀请了竞争对手公司的风投资本家。

好几个同事都认为他疯了。“你怎么会想到邀请别的风投资本家参加？”他们问道。如果霍尼克在“休息室”会议中遇到一个拥有极佳想法的创业者，他就有机会捷足先登，敲定投资。为什么他会将自己的优势拱手让出，去帮助竞争者寻找机会？霍尼克再一次忽略了那些反对者，“我希望营造一个人人受益的平台，而非仅仅我自己受益”。有一个参会的风投资本家非常喜欢这种形式，于是也组织了自己的“休息室”会议，但他没有邀请霍尼克——或任何其他的风投资本家。尽管如此，霍尼克还是继续邀请其他人参加会议。

戴维·霍尼克很清楚，如果以付出者的方式行事，需要付出怎样的代价。“有人认为我是一个妄想狂。他们相信，成功的办法就是做一个获取者。”他说。如果他是一个获取者，他也许不会听取毛遂自荐的方案，不会亲自回复邮件，不会在博客上与竞争者分享信息，也不会邀请对手参加“休息室”会议，让他们从中获益。他会保护自己的时间，保留自己知道的信息，并会更加精细地操控自己的人际关系。如果他是一个互利者，则可能会找到那个参加了他的会议，却没有邀请他参加会议的资本家，让对方给自己提供补偿。但是，比起能从别人身上获得什么，霍尼克更关注的是别人需要什么。在坚持自己的价值观的同时，霍尼克成为一名非常成功的风投资本家，他的慷慨赢得了广泛的尊重。“这是一个双赢的局面，”霍尼克回忆道，“我营造了一个环境，让其他人可以达成协议，发展关系，而我也能够生活在自己想要生活的世界中。”他的故事告诉我们，付出在职场上并不总是危险的，它也可能带来回报。

本书关注的焦点在于理解付出行为既强大又危险的原因。第一部分介绍了付出者取得成功的基本原理，揭示了他们登上顶峰的过程，以及背后的原因。我会向你展示，成功的付出者在四个关键领域都有着独特的交际方式：构建网络、合作、评价和影响力。对人际网络的细致分析可以教给我们一些方法，以建立新关系，维持旧关系。对合作的了解可以让我们知道如何与同事有效地合作，并赢得他们的尊重。对如何评价他人的探究可以让我们掌握意想不到的技能，以此来准确地评估他人，并得到最好的结果。最后，对于影响力的分析，也可以提供我们一些关于展示、推销、说服以及协商等方面的崭新策略，以此让别人更愿意支持我们的想法，关心我们的利益。在这四个领域中，你将看到，成功的付出者的做法是多么地与众不同——以及获取者和互利者能从中学到什么。在这个过程中你将了解到，美国最善于拓展人际网络的人是如何建立社会关系的；为什么史上最成功的电视节目的幕后天才会劳碌多年，籍籍无名；一位 NBA 球队的高管如何做出了史上最失败的选秀决策，却最终力挽狂澜；一位说话磕磕巴巴的律师，能否战胜一位言语充满自信的律师；以及你如何通过一个人的 Facebook 页面，就能判断出他是不是一个获取者。

在本书的第二部分，我们将焦点由付出的收获转向代价，并探讨如何应对这种代价。我会说明付出者应如何防止自己陷入精疲力竭的状态，以及如何避免被轻易击败，成为别人的垫脚石。你将看到，一位教师如何通过付出来减轻自身的疲惫；一位亿万富翁如何通过付出赚得财富；以及如果你希望活得更快乐、更长久，每周应该投入多少个小时参加志愿活动。你会认识到，为什么付出行为拖慢了一位咨询顾问成为合伙人的脚步，却加快了另一个人的步伐；为什么我们会把一些人误判成付出者，把另一些人误判成获取者；以及付出者应该如何在谈判桌上保护自己。你会了解到，付出者如何让别人远离获取，走向付出，从而避免在成功的阶梯上垫底，能够让自己一步步爬上顶端。你还将学会一项 90 分钟左右的活动，它可以极大地激发人们的付出行为。此外你还会认识到，为什么人们宁愿把东西免费送给别人，而不是挂到网上卖一笔钱；为什么一些放射学家越干越好，另一些则越干越差；为什么关于超人的想法会让人们更不愿意参加志愿活动；以及为什么名叫丹尼斯的人特别有可能成为牙医。

读完本书之后，你可能会反思自己关于成功的一些基本假设。如果你是一个自我牺牲的付出者，本书会给你启发，帮助你逐步走向成功。如果你认同付出者的价值观，但在工作中以互利者的方式行事，你可能会惊喜地发现，其实你有许多机会表达自己的价值观，从帮助他人的行动中获得价值和意义，且不会危及自己的成功。比起先成功、再付出的路线，你可能会发现，付出其实是通向成功的一条捷径。如果你现在更偏向于获取这一端，看完本书之后，你可能会倒向另一端，从那些付出者身上学习各种技巧，这些技巧已经让越来越多的人通过帮助他人而取得了成功。

但是，如果你阅读的目标仅仅是取得成功，那么大概不会有什么效果。

# 第二章 孔雀和熊猫

## 付出者、获取者和互利者是如何建立人际网络的

每个人都必须做出一个抉择，
究竟是走在富有创造力的利他主义之光中，
还是具有破坏性的自私自利的黑暗中。

——马丁·路德·金，民权领袖，
诺贝尔和平奖得主

几十年前，有一个年轻人，虽家境贫寒，却怀揣着美国梦。他出身卑微，成长在密苏里州的一个农村小镇里，那里甚至没有室内管道。为了补贴家用，年轻人每天工作很长时间，或干农活儿，或送报纸。后来他成功考上了密苏里大学，以优等生的身份毕业，并先后获得了经济学硕士和博士学位。他开始寻求公职，加入过海军，后来在美国政府中扮演过几个不同的重要角色，获得过海军荣誉勋章和国防服务勋章。在此之后，他创立了自己的公司，当了 15 年的董事长和首席执行官。在退位的时候，他的公司已经价值 1 100 亿美元，在全世界 40 个国家和地区拥有两万多名雇员。连续 5 年，他的公司被《财富》（*Fortune*）杂志评为“美国最具创新精神的公司”以及 25 家最适宜工作的公司之一。当被问起他的成功时，他认为重要的是“尊重……黄金法则……绝对的正直……每个人都知道，我有一套非常严格的为人处世准则”。他建立了一个家族慈善基金会，向超过 250 个组织捐献了 250 多万美元，并且每年把公司收益的 1% 捐给慈善事业。他的付出行为甚至引起了前美国总统乔治 · W. 布什的注意，称赞他是一个“大善人”“慷慨的人”。

然后，他被起诉了。

这个人名叫肯尼思 · 莱（Kenneth Lay），他是安然公司丑闻的罪魁祸首。安然公司是一家主营能源、日用品和证券的公司，总部在休斯敦。2001 年 11 月，安然公司的第 3 季报显示其亏损了 6.18 亿美元，股东产权损失达 12 亿美元，这是美国历史上最大的一次盈余重述。12 月，安然公司破产，两万多名雇员失业，许多人眼睁睁地看着自己一辈子的积蓄随着公司的倒闭而化为乌有。调查人员发现，安然公司曾经欺骗投资人，谎报收益，并隐瞒债务，数额超过 10 亿美元。此外，它还操纵加州和得州的能源市场，通过贿赂外国政府的方式获取国际订单。莱被宣判犯下了 6 项阴谋和欺诈罪。

我们不能确定，莱对安然公司的各种违法活动内幕知情多少，不过不可否认的是，他其实是一名获取者。尽管在许多人眼里，他好像是一个付出者，但这其实是一种假象：他是一个善于伪装的获取者。莱认为自己有权使用安然公司的资源谋取个人利益。正如贝萨尼·麦克莱恩（Bethany McLean）和皮特·埃尔金德（Peter Elkind）在《房内最聪明的人》（*The Smartest Guys in the Room*）一书中所描述的，莱从公司拿了一大笔贷款。生活中他会要求工作人员把自己的三明治放在银质的盘子和精美的瓷器里。一位秘书曾因为商务用途，想为公司的一位管理者预约一架安然公司的飞机，却发现莱的家族竟占用了三架安然公司的飞机，用于私人出行。从 1997 年至 1998 年，安然公司向一家旅行中介支付了 450 万美元的佣金，而这家中介的所有者正是莱的姐姐。据指控，他在安然公司破产前夕卖掉了超过 7 000 万美元的股票，从中榨取最后一点儿剩余价值。类似的行为在 1970 年他为埃克森公司[①]工作时，就已经有了苗头。他的一个老板曾在推荐信里高度评价他，但同时也警告说，他“可能太有野心了”。观察者现在相信，早在 1987 年，在安然石油公司工作时，莱就曾经批准和掩护两名交易员设立假公司，偷取了 3.8 万美元，使安然公司得以避免巨大的交易损失。后来事情败露，安然石油不得不报告高达 8.5 亿美元的损失。莱却表示不知情，推卸自己的责任：“如果有任何人敢说我知道，请站出来。”根据麦克莱恩和埃尔金德的记述，有一个交易员想站起来，但被另外两个同事拉住了。

为什么一个获取者最终能够如此成功？因为他有人脉。实际上，他有一个庞大的关系网络。莱通过占用公司的财务资源，从中获利很多，但他在领导公司方面的成功还是凭借传统的手段：他与许多有影响力的人建立了关系网络，利用他们获得个人收

---

① 埃克森公司（Exxon），美国石油工业巨头，前身为新泽西美孚石油公司。——译者注

益。从一开始，莱就是一个拓展人际网络的高手。在大学时，他受到一位名叫平克尼 · 沃克（Pinkney Walker）的经济学教授的赞赏，并开始利用沃克的人脉逐步攀升。沃克帮助莱在五角大楼得到了一个经济学顾问的职位，之后又帮助他成为尼克松政府在白宫的首席助理。20 世纪 80 年代中期，安然公司被并购之后，他主张将公司搬到休斯敦，坐上了主席的位置。随着权力不断得到巩固，他开始与一些政治客来往甚密，因为他们可以帮助安然公司获取利益。他让平克尼 · 沃克的兄弟查尔斯加入安然公司董事会，并与乔治 · H.W. 布什建立起了关系，当时老布什正在竞选总统。1990 年，休斯敦举办了一次重要的工业国家峰会，莱是会议的联席主席，在会上大展身手，让与会者折服，其中包括英国首相玛格丽特 · 撒切尔（Margaret Thatcher）、德国总理赫尔穆特 · 科尔（Helmut Kohl），还有法国总统弗朗索瓦 · 密特朗（François Mitterrand）。老布什在第二次大选中输给比尔 · 克林顿之后，莱立刻搭上了一个朋友，这个人是克林顿竞选团队中的一个关键助理——从幼儿园起就和克林顿是朋友。没多久，莱就和新总统一起打高尔夫球了。几年后，随着小布什获得权力，莱利用关系游说小布什撤销能源管制，并让支持者在得州和白宫获得了重要的政府职位，向政策施加影响，让安然公司从中获益。几乎在职业生涯的每一个阶段，莱都能利用关系网络中的关键人物，让公司的前景——或是他自己的前景——得到极大的改善。

长久以来，人们早已认识到建立关系网络的重要性。根据西北大学的布赖恩 · 乌兹（Brian Uzzi）的观点，关系网络可以带来三大优势：保密的信息、多样的技能以及权力。通过建立起一个强大的关系网络，人们可以获得宝贵的知识、技能和影响力。大量研究已经表明，那些具有丰富的关系网络的人，工作绩效更高，职位晋升更快，挣的钱也更多。此外，以人际互动和人际关系为基础的关系网络也提供了一个切入点，帮助我们理解交互风格对于成功的影响。人们与网络中的其他人有着怎样的联系？他们建立关系网络的目的是什么？

一方面，构建关系网络这个概念本身具有负面的含义。当我们刚认识一个人时，如果他表达了建立联系的热情，我们经常会怀疑，他的友好究竟是因为真的希望建立起一种互惠关系，还是因为希望从我们这里得到什么。在人生的某个阶段里，你也许曾经因为与一些两面三刀的人打交道而感到沮丧；如果他们想要你帮忙，会在你面前表现得非常友善，但是一旦他得到了想要的东西，就可能背后捅你一刀，或是干脆无视你。我们可以将这种虚伪的交友风格称为马基雅维利式（Machiavellian）[①] 作风，采取这种风格构建社会关系的人完全是为了让自己获益。

另一方面，付出者和互利者认为，构建关系网络有助于认识新朋友，交流新思想。在职业生涯和个人生活中，我们会认识许多不同的人，而正因为每个人所拥有的知识和资源各不相同，所以在帮助、建议和指导等方面，与这些人建立起互惠互利的关系，是完全合理的做法。这就引出了一个根本性的问题：不同的交互风格，是否都能帮助我们建立起一个具有深度和广度的关系网络？还是某一种交互风格在这方面独具优势？

---

① 马基雅维利，文艺复兴时期意大利著名政治活动家和思想家，代表性著作为《君主论》，他所主张的政治权术思想被后人称为马基雅维利主义。——译者注

在本章中，我将探究付出者、获取者和互利者是如何构建本质截然不同的关系网络，以及为什么他们在这些网络中的互动行为具有不同的特点，并造成不同的结果。你将看到，付出者和获取者建立和管理关系网络的方式有何不同，并从中获得一些启示。例如，我们应该怎样在安然公司破产 4 年之前，就发现其中的获取者。最终，我希望证明，尽管付出者和获取者都能建立起庞大的关系网络，但是付出者凭借着他们的网络能创造出更持久的价值，但这种创造的方式经常被一般人忽视。

2011 年，《财富》杂志进行了广泛的调研，希望找到美国最善于建立关系网络的人。他们的目标是，通过在线社交网络，找出哪些人和美国最有权势的人建立起了最多的联系。他们列出了一张清单，包括 500 强企业的 CEO、《财富》评选的科技界最聪明的 50 人、50 位最有权力的女性，以及 40 位 40 岁以下炙手可热的商业新星。接下来，他们把这个 640 人的清单应用到 LinkedIn① 9 000 万成员的数据库里。

通过这种方法，他们找到了最善于建立关系网络的那个人，他与上述 640 人建立的联系比世界上其他任何人都要多。他在 LinkedIn 上的联系人超过 3 000 人，其中包括网景公司（Netscape）的联合创始人马克·安德森（Marc Andreessen）、推特（Twitter）的联合创始人埃文·威廉姆斯（Evan Williams）、Flickr② 的联合创始人卡特里娜·费克（Caterina Fake）、Facebook 的共同创始人达

① LinkedIn，译为领英，全球最大的职业社交网站。——编者注

② Flickr，雅虎旗下图片分享网站。——译者注

斯廷·莫斯科维茨（Dustin Moskovitz）、Napster[①]的联合创始人肖恩·帕克（Sean Parker），以及 Half.com[②]的联合创始人乔希·柯培曼（Josh Kopelman）——甚至还有“感恩而死”乐队[③]的前任领袖。后面你将看到，这个人正是一个典型的付出者。“听上去有点儿不可思议，不过你的态度越无私，你从关系中获得的收益也就越多。”全球最大的职业社交网络 LinkedIn 的创始人里德·霍夫曼（Reid Hoffman）写道。“如果你帮助别人，”他解释说，“你可以快速地提高自己的名望，拓展更多的可能性。”我认为，这在一定程度上是因为，关系网络本身已经发生了变化，而且还在持续不断的进化中。不过，我最关注的问题是，动机如何影响我们关系网络的深度和广度，如何影响能量在网络中流动的方式。

## 找出那些伪装成付出者的获取者

如果你对一个新同事提高警惕，这可能是因为，你已经从他身上嗅到了一丝自私自利的动机。当我们看到一个获取者时，我们会将他们排斥在自己的关系网络之外，限制自己的信任和帮助，以此来保护自己。为了避免被人排斥，许多获取者变成了伪装高手，慷慨助人，以付出者或互利者的面目，打入我们的关系网络中。这种方式对肯尼思·莱非常有用，在过去的 20 年里，他的助

---

① Napster，总部位于南非的一家跨国传媒集团。——译者注

② Half.com，书籍和音像制品销售网站，2000 年被 eBay 收购。——译者注

③ “感恩而死”乐队（Grateful Dead），美国乡村摇滚乐队，1965 年成立，1995 年解散。——译者注

人和慈善之举，让人们用积极的眼光看待他，这让他得以建立新的关系，获得潜在的帮助。

但是，获取者要想在所有的人际互动中都维持这种假象，并不是一件容易的事。肯尼思·莱和华盛顿的大人物们打交道时，显得魅力十足，但是他的许多同辈和下属都看穿了他的真面目。回顾过去，一位安然公司前雇员曾说过："如果想要让莱参加一个会议，你得邀请到某个重要的人才行。"用一句话可以很好地描述他的这种两面性："向上谄媚，向下施压。"尽管获取者在下级面前一般充满了支配性和控制欲，他们在上级面前却出人意料地服从和恭敬。与有权有势的人打交道时，他们变成了令人信服的伪装者。获取者希望得到有影响力的上级的青睐，所以会努力地表现自己，阿谀奉承。结果就是，有权有势的人通常会对获取者形成良好的第一印象。有三位德国心理学家曾经发现，当人们遇到陌生人时，人们最喜欢的是那些"为自己争利、倾向于操纵和利用他人的人"。

向上谄媚的时候，获取者通常是优秀的伪装者。1998 年，华尔街的分析师造访安然公司，莱雇用了 70 个人，让他们假扮成忙碌的交易员，希望让分析师相信，公司正在从事高产的能源生意。莱诱导着这些分析师，一步步踏入陷阱，让他的雇员将个人照片带到不同的楼层，好像他们在那里工作一样，由此上演了一场大戏。他们假装打着电话，好像正在忙着买进和卖出能源和汽油。这是莱作为获取者的另一种表现：他沉迷于给上面的人留下好印象，却很少担心下面的人怎么看他。塞缪尔·约翰逊（Samuel Johnson）曾写道："衡量一个人的真正标准，是看他如何对待那些完全不能给自己带来好处的人。”

获取者也许可以通过向上谄媚的方法攀升，不过也经常因为向下施压而遭遇失败。莱为了给华尔街的分析师留下好印象，利用自己的员工，让他们昧着良心维持一种假象，以此来欺骗分析师。研究表明，当人们获得权力后，他们会更强势，更少受到限制，更自由地表达本能的倾向。随着获取者步步高升，他们更不在意下属和身边的人怎么看待自己；他们会觉得自己有权利追求自利的目标，攫取尽可能多的价值。但随着时间的推移，恶劣地对待同级和下级会损害他们的人际关系和声望。毕竟，大多数人都是互利者，他们的核心价值观强调公正、平等和互惠。如果获取者违背了这些原则，他们关系网络中的互利者信奉以牙还牙、以眼还眼，于是会寻求报复。

为了说明这一点，请想象你正在参加一项著名的研究，研究者是普林斯顿大学的心理学家、诺贝尔奖获得者丹尼尔·卡尼曼（Daniel Kahneman）。你参加了“最后通牒”游戏[①]，与一个陌生人面对面坐着。他拿到了 10 美元，他的任务是提出一个方案，在你们两个人之间分配这笔钱。最后通牒：你或者接受它，按照方案分钱；或者拒绝它，这样你们两个人什么也拿不到。你们可能再也不会见面，因此他以获取者的方式行事，他保留 8 美元，只给你 2 美元。你会接受这个方案吗？

纯粹从收益的角度考虑，理性的选择是会接受它。不管怎样，2 美元总比一无所有强。但是，如果你和大多数人一样的话，你

---

① 在“最后通牒”游戏中，分钱的人很少会提出如此不平等的提案。在超过 3/4 的提案中，分钱者都会提议平均分配，就像互利者一样。

就会拒绝这个方案。你愿意牺牲这笔钱，来惩罚获取者的不公平，即宁可自己什么也得不到，也不让他拿到那 8 美元。研究证据显示，如果面对的是对方保留 80% 或以上数额的方案，大多数人都会选择拒绝。

为什么我们会因为获取者的不公正而惩罚他们？这并不是出于恶意。我们并不是因为获取者试图占我们的便宜而打击报复。这与正义有关。如果你是一个互利者，你也会因为获取者对别人不公而惩罚他们。在卡尼曼的另一项研究中，人们必须做出选择，或者和一个曾经给出不公平提案的获取者平分 12 美元，或者和一个曾经提出公平提案的互利者平分 10 美元。超过 80% 的人会选择后一种，他们宁愿接受 5 美元而非 6 美元，也要防止获取者拿到那 6 美元。

研究发现，在关系网络中，人们如果被获取者伤害，会通过传播名誉信息的方式惩罚他们。“流言代表了一种广泛存在的、高效的、低成本的惩罚。”社会科学家马修·范伯格（Matthew Feinberg）、乔伊·程（Joey Cheng）和罗伯·怀尔（Robb Willer）这样写道。如果声望信息表明，某人具有获取者的倾向，我们就会克制自己的信任，避免被其利用。久而久之，获取者的坏名声流传得越来越广，他们现有的关系就会被切断，也难以建立新的关系。当莱的获取行为被曝光后，许多以前的支持者，包括布什家族都与他划清了界线。正如密歇根大学的社会学家、关系网络专家维恩·贝克（Wayne Baker）所解释的：“如果我们完全是出于获取的目的建立关系网络，我们不会取得成功。我们没法追求社交网络的好处，这些好处源于我们富有意义的交际活动。”

不过，在我们投身发展人际关系之前，我们需要具备在日常交际中鉴别出获取者的能力。对于许多人来说，建立关系网络的挑战在于，如何判断一个新联系人的意图，尤其是我们已经看到，获取者可能非常善于伪装成付出者，并以此来获取潜在的利益。你遇到的下一个人究竟是希望建立真正的关系，还是仅仅寻求个人的收益——有没有很好的方法将其辨别出来？

幸运的是，研究表明获取者确实会流露出蛛丝马迹。更准确地说，他们会在炫耀中透露出一些线索。

在动物王国里，炫耀行为是指一种仪式，由雄性展示它们作为配偶的价值。在繁殖的时节，它们会聚集到一起，各就各位。它们会用夸张的表现以讨好和打动雌性。一些雄性会跳求偶舞，一些则会唱诱人的歌曲，一些甚至会表演杂技。最令人惊奇的炫耀行为出现在雄性孔雀身上。每到交配的季节，雄孔雀会占好位置，开始炫耀它们的羽毛，趾高气扬地走路。它们会展开羽毛，还会转圈，让尾巴飘荡起来。

在 CEO 王国里，获取者也会跳舞，其表现和动物非常像。

在一项开拓性的研究中，战略学教授阿瑞吉特·查特吉（Arijit Chatterjee）和唐纳德·汉布里克（Donald Hambrick）研究了各电脑软硬件公司中超过 100 名的 CEO。他们分析了每家公司 10 年以上的年报，寻找其炫耀行为的迹象。他们的发现彻底改变了我们看待领导力的方式。

结果显示，即使没见过肯尼思·莱，也没看过任何一行统计数字，我们在 1997 年也可以预测到安然公司的破产。安然公司的结局可以通过一张照片被预见，这张照片摄于公司倒闭前 4 年。看看下面的两张CEO照片，照片分别摘自各公司的年报。两个人都出身贫寒，都曾效忠于尼克松政府，都创立了自己的公司，都变成了富有的CEO，并且都给慈善业捐了一大笔钱。从他们的脸上或者穿着打扮上，你能否分辨出哪一个是获取者？

左边的那张照片是老乔恩·亨茨曼（Jon Huntsman Sr.），照片取自他们公司2006年的年报。我们在第六章将会介绍他的事迹，他是一个付出者。右边的照片是肯尼思·莱。上千名专家分析过安然公司的财务报表，但他们都忽视了一个重要的事实：一张照片胜过千言万语。如果我们更加仔细地查看安然公司的年报，可能早就发现了获取者炫耀行为的种种迹象。

不过，这些迹象并不出现在我之前假设的地方——它们不在CEO的脸上，也不在他们的穿着上。在查特吉和汉布里克的研究中，他们认为，如果将公司看作是一个太阳系，那么获取者会把自己视为太阳。他们发现了顶尖获取者的一些炫耀线索。在CEO的采访中出现了一个现象：获取者通常自私自利，因此他们更愿意使用单数的第一人称代词，比如我、我的、我自己——而非复数的第一人称代词，比如我们、我们的、我们自己。在电脑产业中，当谈到公司的时候，CEO 使用的第一人称代词平均有 21% 是单数形式。对于极端的获取者来说，这个数字上升到了 39%。换句话说，获取者 CEO 每说出 10 个指代自己的词，其中就有 4 个词仅仅指代他们自己，而不包括其他任何人。

另一个现象也可以作为补充：获取者 CEO 挣的钱远多于公司里的其他高管。获取者将自己视为上级，因此认为自己有权利获得更多的报酬。在电脑产业中，一个典型的获取者 CEO 所拿到的年薪和奖金是公司其他员工的三倍。相反，从整个行业来看，CEO 的平均收入仅仅是第二名高薪人员的 1.5 倍。此外，获取者 CEO 还会拿到 7 倍于第二名高薪人员的股权，以及其他非现金收益，而行业平均水平仅是 2.5 倍。①

但是，最有趣的线索来自公司为股东制作的年报。我刚刚展示了肯尼思 · 莱和老乔恩 · 亨茨曼的照片，现在我们来看看这些照片的背景资料。

左边的照片出现在亨茨曼公司 2006 年的年报中，照片尺寸很小，仅占不到页面的 10%。右边的照片则出现在安然公司 1997 年的年报中，莱的照片占据了一整页。

当查特吉和汉布里克浏览电脑公司的年报时，他们注意到了

---

① 在这项研究中，用总体股东回报率和资产回报率来衡量，获取者 CEO 领导的公司收益通常会上下波动，表现极端。他们赢得更多，输得也更多。获取者对于赌局非常自信，因此总是投入全部赌注。他们会采取大胆的、规模宏大的行动，包括数量更多、规模更大的收购，以及公司战略的重大转变。有时候，这些行动成效显著，获益丰厚，但是从长期来看，获取者经常会使公司陷入绝境。

CEO 照片的巨大差异。在一些年报中，CEO 的照片根本没有出现，而另一些年报则登有整页的 CEO 单独照片。猜猜哪一种是获取者？

对于获取者 CEO 来说，一切都是以“我”为中心。一张大照片可以自我美化，传递出清晰的信息：“我是这个公司的核心人物。”但是，这真的是获取者的信号吗？为了找到答案，查特吉和汉布里克邀请了一些专精于信息技术领域的证券分析师，让他们评定这些 CEO。分析师要评定每个 CEO 是否拥有“膨胀的自我感觉，主要体现在优越感、自我权利感，以及对被关注和欣赏的渴望……享受成为焦点的感觉，要求受到广泛的尊重，爱出风头，狂妄自大”。分析师的评定与 CEO 照片的大小呈现出几乎完美的相关性。

在安然公司 1997 年那份具有预见性的年报中，焦点正是肯尼思·莱。在前 9 页中，有两页是莱和当时的 COO（首席运营官）杰夫·斯基林（Jeff Skilling）的巨幅照片。这种模式延续到 1998 年和 1999 年，这两年的年报中同样有他俩的照片。到 2000 年，莱和斯基林的照片尽管尺寸有所缩小，却前移到了第 4 页和第 5 页。每个人有 4 张照片，就像幻灯片一样——不过它们其实更像连环画。莱的照片有 3 张基本一样，刻画出了一位露出微妙且得意微笑的管理者，一副自我感觉良好的样子。但莱的结局并不美好，他在案件宣判前因为心脏病去世。

到目前为止，我们已经看到了两种鉴别获取者的方法。首先，如果能得到声望信息，我们就可以知道人们是如何对待关系网络中的联系人。其次，如果我们有机会观察获取者的行为和事迹，我们就能发现炫耀的蛛丝马迹。自我美化的照片、以自我为中心的谈话，以及巨大的收入差距都可以传达出准确可靠的信号，告诉我们某人是一个获取者。多亏2001年以来世界发生的巨大变化，如今这些信号比以往任何时候都更容易侦察到。关系网络的透明化为我们提供了新的窗口，让我们可以观察到别人收集声望和炫耀行为。

## 透明的关系网络

2002年，安然公司垮台仅仅几个月后，一个名叫乔纳森·艾布拉姆斯（Jonathan Abrams）的计算机科学家建立了社交网络Friendster（世界上第一个大型在线社交网站）。Friendster让人们可以把自己的信息上传到互联网，向全世界展示他们的人际关系。在接下来的两年里，创业家们创立了LinkedIn、Myspace[①]和Facebook。现在，陌生人也可以了解彼此的人际关系和声望。到了2012年，全世界的人口已经达到70亿。与此同时，Facebook的活跃用户接近10亿，这意味着超过10%的世界人口已通过Facebook互相联系。“社交网络一直存在，”心理学家本杰明·克罗泽（Benjamin Crosier）、格里高利·韦伯斯特（Gregory Webster）和黑利·迪琳（Haley Dillon）写道，“但是直到最近，互联网才提供了一个机会，让它们经历爆炸式的电子化增长……从日常的交流，到网络真爱配对，再到点燃政治革命，互联网像导管一样，

① 聚友网，目前全球第二大社交网站。——编者注

成为信息和资源的传播渠道。”

这些在线的联系模拟了旧世界的一个代表性特征。在科技革命让我们使用电话和电子邮件交流，以及使用汽车和飞机旅行之前，人们拥有的社会联系数量处于相对可操作的水平，大家身处紧密联系的、透明的圈子里。在这些相互隔离的网络中，人们可以很容易地收集声望信息，并观察到炫耀行为。随着通信和交通变得更发达，人口快速增长，互动也变得更加分散、更具匿名性。声望和炫耀行为变得不容易被察觉。这就是为什么肯尼思·莱能够把大部分的获取行为隐藏起来。随着他从一个职位跳到另一个职位，从一个组织跳到另一个组织，他认识的人彼此之间并不能很好地沟通联系，而那些进入他关系网络的新人，也得不到太多关于他的声望的信息。在安然公司内部，他的那些拍脑瓜的行为不会被发布到视频网站 YouTube（世界最大的视频网站）上，不会在 Twitter 上传播，不会被谷歌搜索引擎收录，也不会被匿名张贴到内部博客或公司内网里。

现在，获取者想要伪装成付出者，变得越来越难了。在网上，我们可以通过访问公开的数据库，找到共享的关系联结，以此来追踪一个人的声望信息。我们也不再需要一份公司年报，才能逮住获取者，因为社交网络里充斥着各种形式和强度的炫耀行为。只言片语或照片这样微小的线索，就可以为我们提供丰富的信息，有研究表明，一般人仅仅通过浏览 Facebook 页面，就能鉴别出获取者。在一项研究中，心理学家让人们填写问卷，衡量自己是不是获取者。然后，研究者要求一些陌生人访问这些人的 Facebook 页面，陌生人能够以令人震惊的准确性，找出那些获取者。

获取者发布的信息被认为更加自我鼓吹、以自我为中心和自我拔高。他们的发言被评定为是自吹自擂和狂妄自大的。获取者也有更多的Facebook好友，以此来积攒肤浅的社会关系，从而宣传自己的成就，并保持联系以获得帮助。此外，他们还更愿意张贴虚荣的、自我奉承的照片。

霍华德·李（Howard Lee）曾经是高朋团购（Groupon）在中国华南地区的负责人，他和越来越多的人一样，开始使用社交媒体来寻找获取者。当他雇用销售人员的时候，许多有力的求职者都志在必得，让人很难把获取者从那些仅仅是乐于社交和积极主动的候选人中区分出来。李曾经被一个求职者打动，这名求职者有着非常出色的简历，在面试中表现优异，同时还有对其高度赞许的推荐人。但是，他也可能是在造假。“与某人聊上一个小时，只能让你看到冰山一角，”李这样想，“推荐人也是他自己筛选的。”获取者很容易找到一些上级来为他们唱赞歌。

于是，李浏览了这个求职者的LinkedIn和Facebook页面，找到了一个和他互相关注的人，这个人分享了一些关于这个求职者的不良信息。“他看上去是一个获取者，这是个很严重的问题。如果他曾在一家公司中冷漠无情，我是否想要和他一起工作？”李感觉在线社交网络给Groupon的招聘过程带来了革命性的变化。“现在，我不再需要给另一家公司打电话，就能了解某人的名声。每个人都在很大程度上与他人建立了联系。一旦他们跨过了技术门槛，我会检查他们的LinkedIn或Facebook页面。有时候，我们会有共同的好友，或是曾经读过同一所学校，或是我团队中的成员与他们存在关系，”李解释说，“你可以通过同辈交流很快地了解一个人的声望。”如果你的人际关系和声望能被全世界看到，就很难再以获取者的方式取得长久的成功了。

在硅谷，一个安静的、外形像熊猫一样的男子，正在把透明的关系网络带入新的阶段。他的名字叫亚当·佛利斯特·里夫金（Adam Forrest Rifkin），人们管他叫编程界的大熊猫。他将自己描述成一个羞涩的、内向的电脑狂人，最喜欢两种语言，一种是JavaScript（爪哇脚本），这是一种电脑编程语言；还有一种是克林贡语，是《星际迷航》里外星人说的语言[①]。里夫金是一个“字谜狂人”：他花费了大量的时间重新排列名字中的字母，想找出最适合描述自己的那个，其中包括“提供迷人的假笑”（Offer Radiant Smirk）和“女权主义雷达叉子”（Feminist Radar Fork）。里夫金有两个计算机科学的硕士学位，拥有一项专利，并且为NASA（美国国家航空航天局）开发了超级计算机的应用，为微软开发了互联网系统。千禧年邻近之际，里夫金与罗希特·卡尔（Rohit Khare）一起创建了软件创业公司（KnowNow），帮助其他公司更有效地处理信息，并从中获利。这家公司维持了10年的成功，获得了超过5 000万美元的风投。到2009年，尽管里夫金只有30多岁，他却宣布退休。

我在浏览戴维·霍尼克（我们之前介绍过的那位风投资本家）的LinkedIn联系人名单时，发现了里夫金。点开里夫金的LinkedIn页面，我发现他结束退休生活后，创立了一家名叫

---

① 这是呼应了扬科维奇的一首关于电脑狂人的歌曲——《怪异的人工智能》，歌词中：“我会流利的JavaScript和克林贡语。”里夫金很担心他因在句号后面敲下两个空格，而浪费了太多生命。

PandaWhale（基于兴趣分享图片的网站）的公司，希望建立起一套公开的、永久性的信息交流记录。里夫金是关系网络透明化的坚定拥护者，因此我很好奇他自己的网络是什么样子。于是，我做了在这个互联网世界中很自然的一件事：登录谷歌网站，输入“亚当·里夫金”。浏览搜索结果，第 16 个链接引起了我的注意，上面写着，亚当·里夫金曾经被《财富》杂志评选为最佳关系网络构建者。

## 付出就有收获

2011 年，亚当·里夫金与《财富》杂志评选出的 640 名权势者建立的 LinkedIn 联系超过了全球任何一个人。① 他超越了许多杰出的人物，比如迈克尔·戴尔（创建戴尔电脑公司的亿万富翁）和杰夫·维纳（LinkedIn 的 CEO）。我感到震惊，一个羞涩、热爱《星际迷航》又沉迷于字谜游戏的软件狂人，成功地建立了一个庞大的关系网络（其中包括 Facebook、Netscape、Napster、Twitter、Flickr 和 Half.com 的创始人）。

亚当·里夫金建立关系网络的方式，体现了他作为一个真诚的付出者的特点。“我的网络是一点点建立的，实际上是通过每天一点儿简单的举动、一些善意的行为，坚持了许多年，”里夫金解释说，“我心里怀着渴望，想让与我有关联的人都过上更好的生活。”

---

① 从技术上讲，LinkedIn 的雇员拥有主场优势，根据非官方的统计，里夫金超过了除创始人里德·霍夫曼（Reid Hoffman）、董事会成员及投资者戴维·史（David Sze）以外的所有的 LinkedIn 雇员。

从 1994 年开始，里夫金就在许多在线社区中扮演着领袖和守护者的角色，努力强化人际关系，帮助人们解决线上的冲突。作为 Renkoo 公司的联合创始人之一，里夫金创建的应用在 Facebook 和 Myspace 上被超过 3 600 万人使用了超过 5 亿次。尽管它们大受欢迎，但里夫金并不满足。“如果你想让几千万人使用你的软件，你就应该做一些有意义的事情，一些改变世界的事情，”他说，“简单地说，我想看到更多的人帮助别人。”他决定关闭 Renkoo，成为一名全职的付出者，为创业公司提供广泛的指导，帮助工程师和创业者同大公司的商人建立联系。

为了实现这个目标，2005 年里夫金和乔伊斯·帕克建立了“106 英里”（106 Miles）。这是一个专业的社交网站，肩负着一项社会使命，通过对话的方式为创业的工程师提供培训。这个网站每月为超过 5 000 名的创业者提供两次见面机会，帮助他们学习并取得成功。“我得到了能为其他创业者提供免费建议的机会，他们不需要付出多大代价就能获取价值，”他这样想，“帮助别人是我最喜欢做的事。”

这种方式取得了卓越的成效——不只是为里夫金本人，也为那些他帮助过的人。2001 年，里夫金还是 Blogger 的忠实粉丝，这是一家早期 Google 旗下一家大型的博客服务商。Blogger 用完了经费，于是里夫金给 Blogger 的创始人埃文·威廉姆斯（Evan Williams）提供了一项合同，让对方为自己的第一家创业公司 KnowNow 做一些事情。“我们决定雇用他，因为我们想看到 Blogger 存活下去，”里夫金说，“我们给了他一份合同，让他为我们公司做一些用于展示的东西，而他也可以保住 Blogger。”这份合同带来的报酬，让创始人得以把 Blogger 维系下去，而他后来继续参与创建了一家名叫 Twitter 的公司。“还有其他一些人联系埃文·威廉姆斯，让他可以把公司维持下去，”里夫金回忆道，“你永远不知道一个人会走到哪一步。这样做不是为了眼前建立你自己的名声，而是为了长远地帮助别人。”

当里夫金在《财富》杂志寻找最佳关系网络构建者的活动中脱颖而出时，撰写新闻报道的记者杰西卡·莎莫波拉（Jessica Shambora）不禁笑出了声。“这一点儿也不惊讶。我已经见过他了！当时我在撰写一篇关于虚拟物品和社交网络的报道，有人让我去找他。”莎莫波拉现在 Facebook 工作，她说里夫金是一名“完美的关系网络构建者，而且他并不依赖于攀附或是算计。人们找到里夫金，因为知道他心地善良”。刚搬到硅谷时，里夫金发现，克服羞怯的最好方式就是付出。“作为一名非常害羞的电脑工作者，网络的概念是我的北极星，”他说，“当你一无所有时，你最先会做什么事情？你会尝试建立一种联系，获得一种关系，让你有机会为别人做些什么。”

在里夫金的 LinkedIn 页面上，他的座右铭是：“我想让世界变得更好，赠人玫瑰，手留余香。”到 2012 年 9 月，LinkedIn 上已经有 49 个人为里夫金写了推荐，其中提到最多的就是他的付出行为。如果里夫金是互利者可能会回报这 49 个人，也为他们写推荐，还可能会不请自来地为几个重要的人写推荐，希望能得到他们的回馈。但是，里夫金付出的是他所得到的 5 倍：在 LinkedIn 上，他为 265 个人写下了详细的推荐。“里夫金在助人为乐方面已经创造了纪录，”创业家雷蒙德·罗夫（Raymond Rouf）说，“他付出的远远多于他得到的。他的信条之一就是帮助他人。”

里夫金构建关系网络的方式，是付出者的典型做法，这与获取者或互利者建立和利用人际关系的方式存在天壤之别。关键就在于，里夫金的付出远多于获取。获取者和互利者也会在关系网络中付出，不过这种付出是策略性的，他们期望得到等价的，甚至更多的个人回报。当他们构建人际网络时，会更加关注那些能在近期内帮助自己的人，这决定了他们会在何时、何地以何种方式付出。他们会利用一条几乎何种社会都普遍存在的原则——互惠规则，即你帮我挠背，我也会帮你挠背。如果你帮了我，我就欠了你的人情，必须报答你。根据心理学家罗伯特·西奥迪尼（Robert Cialdini）的观点，人们如果想要利用这条规则，他们就需要付出那些自己想得到的东西。获取者和互利者不仅会帮助曾经的“恩人”，也会帮助那些未来可能给他们提供帮助的人。[①] 人际网络专家基思·法拉奇（Keith Ferrazzi）曾在《不要吃独食》（*Never Eat Alone*）一书中总结过：“最好在你收获之前就付出。”

肯尼思·莱正是遵循了这条原则：他经常会在没有被要求的情况下，主动提供帮助，这样，那些重要的人物就会觉得自己必须回报他。向上谄媚的时候，他会努力地在大人物那里积累信誉，以便将来用得上。1994 年，乔治·W. 布什正在参选加州州长。当时他处于落后的位置，但是莱捐助了 1.25 万美元，他的妻子也捐了同等数额。布什当选之后，莱支持布什发起扫盲运动，最后给布什写了 20 多封游说信件。据一名公民监督机构领导人说，莱要

① 当然，获取者和互利者虽然都会为了获取而付出，但是他们的目标并不相同。获取者通常会觉得多多益善，互利者则希望维持等价交换。

求“等价交换”，他帮助布什，是希望布什支持减少对公共事业的管制措施。在一封信中莱暗示说，如果布什帮助他实现目标，他也会继续回报布什：“请让我知道，安然可以做些什么事情，来帮助您通过电力重组法案，并帮助您实现其他的立法议案。”

互惠是一条强大的规则，但它也有两个缺陷，这些缺陷让我们中的许多人在构建关系网络时变得小心翼翼。第一个缺陷是，那些接受帮助的人，经常会觉得自己被人操纵了。丹·温斯坦（Dan Weinstein）以前是名奥运会速滑选手，现在则是资源系统集团（Resource Systems Group）的市场咨询师。他写道：“一些比较大的管理咨询公司，在重大体育赛事里会有自己的包厢。当这些公司为客户提供红袜队[①]的球票时，这些客户心里清楚，他们之所以这样做，一定程度上是因为希望得到一些回报。”如果别人带着明里暗里附加的条件提供帮助的话，这样的交往可能会让人感觉不舒服，好像这更多是一种交易，而非一段有意义的关系。你究竟是真的想帮我，还是希望等价交换，想要找我帮忙？

很显然，肯尼思·莱给乔治·W. 布什留下了这样的印象。在小布什竞选州长时，他邀请莱担任一个财经项目的主席。那个时候，莱认为小布什没什么机会，所以拒绝了他，说自己已经在现任的民主党州长——安·理查兹（Ann Richards）的商业委员会中担任了职务。作为补偿，他捐助了1.25万美元。后来，随着竞选接近尾声，小布什看起来有很大机会获胜，于是莱很快又捐了1.25万美元。尽管莱最后捐给小布什的总钱数超过了捐给理查兹的，但

① 红袜队（Red Sox），美国职棒大联盟球队，主场位于波士顿，曾7次获得总冠军。——译者注

是他仅仅在有利可图时才愿意付出，这使他和小布什之间的关系产生了不可磨灭的裂痕。一位记者写道，莱的决定“让他永远只能处在乔治·W. 布什小圈子的边缘位置”。据许多内幕人士透露，莱“在自己和小布什之间制造了一道永远无法跨越的鸿沟”。小布什从没有像其父亲那样邀请莱到白宫。当安然公司被揭露丑闻时，莱曾向一些政府官员求助，但其中不包括小布什——他们的关系不够好。

互惠的第二个缺陷是，互利者特别容易受到影响。互利者的关系网络规模通常比较小，不仅小于付出者——他们希望主动帮助更多的人，也小于获取者——他们经常发现自己不得不拓展关系网络，以弥补之前在交易中损失的关系。LinkedIn 的创始人里德·霍夫曼写道，许多互利者会基于“如果你帮我做事，我就帮你做事”的态度行事，所以他们“会将自己限制在那些能够立刻获得至少等价收益的关系中……如果你每次帮助别人时都坚持等价交换，那么你的关系网络会更加狭窄”。互利者付出的时候就期望能获得回报，所以会帮助那些他们认为能帮到自己的人。不管怎样，如果你的帮助不能获得回报，为什么你要做一个互利者呢？

这些严格的互惠规则带来的恶果会随着时间的不断积累，限制互利者和获取者建立的关系网络的数量和质量。这两种缺陷，归根结底都是来自对关系网络的短视，哪些人最能在交易中给自己提供最大的利益，获取者和互利者在这个问题上都持有一些一成不变的假设。从本质上讲，付出者的做法让他们能够触及更广的范围，这可以带来更加广泛的潜在收益，即使这些收益并不是他们的动机所向。“当你遇到其他人时，”前苹果公司宣传官，硅谷传奇人物盖伊·川崎（Guy Kawasaki）说："不管他们是谁，你都应该问问自己，'我如何能帮助他们？'"一些人可能认为，这是对别人的过度投资，但是正像亚当·里夫金曾经学到的那样，我们并不一定总能预测出谁能帮到我们。

## 唤醒沉睡的巨人

1993年，一个名叫格雷厄姆·斯潘塞（Graham Spencer）的大学生与5个朋友一起，创立了一家互联网公司。斯潘塞是一名羞涩内向的电脑工程师，发际线不断后移，戴着硕大的眼镜，热衷于看漫画书。回顾往昔，他说超人教给了他正义和美德，"X战警"激发了他对于受压迫群体的关注，蜘蛛侠则给了他希望："即使是超级英雄，在学校也可能有一段困难时期。"

斯潘塞和朋友一起创建了Excite，这是一个早期的综合网络门户，很快成为流行的网站之一。1998年，Excite以67亿美元的价格被收购，斯潘塞成为最大的持股人和首席技术官，一下子飞黄腾达。1999年，斯潘塞卖掉Excite不久后，收到了一封出乎意料的邮件。这封邮件来自亚当·里夫金，里夫金向他询问创业建议。他们从没见过面，但斯潘塞还是愿意与里夫金坐下来聊一聊。会面之后，斯潘塞帮助里夫金联系了一位风投资本家，后者最后投资了这个项目。里夫金是怎样找到斯潘塞的？为什么斯潘塞愿意尽力帮忙？

早在1994年，在向斯潘塞求助的5年前，里夫金喜欢上了一个新兴的乐队。他想帮助这个乐队造势，于是他运用自己的电脑技术创建了一个粉丝网站，站点设在加州理工大学的服务器上。“这是一名乐迷的真情流露。我喜欢音乐。”网站取得了成功：随着乐队从籍籍无名一跃成为明星，几十万人访问了这个网站。

这个乐队的名字叫“绿日乐队”（Green Day）。

在商业互联网的萌芽阶段，里夫金的粉丝网站如此流行，以至于1995年，绿日乐队的经理与他联系，希望能够接手，把它变成乐队的官方主页。“我说：‘很好，它是你们的了。’”里夫金回忆说，“我就这样把网站送给了他们。”在前一个夏天，1994年，几百万人访问了里夫金的网站。有一个访问者是狂热的朋克摇滚迷，他觉得绿日乐队只能算是流行音乐，于是他给里夫金写了邮件，教育他什么才是“真正的”朋克摇滚。

这个粉丝不是别人，正是格雷厄姆·斯潘塞。斯潘塞提出，如果人们在网上搜索朋克摇滚，他们找到的不应该只是绿日乐队。里夫金读这封邮件的时候，他脑海中想象的斯潘塞是一个典型的朋克摇滚粉丝，留着绿色的莫西干发型。里夫金当时并不知道斯潘塞未来可以帮助他——很久以后他才知道斯潘塞创建了Excite。获取者或是互利者可能会忽视斯潘塞的邮件，但是，作为一名付出者，里夫金的先天倾向是帮助斯潘塞传播朋克摇滚，并帮助挣扎中的乐队发展粉丝群。于是，里夫金在绿日乐队的网站上建立了一个单独的页面，上面有斯潘塞提到的朋克摇滚乐队的链接。

里夫金和斯潘塞打交道的经历非常精巧，让人有一种善有善报的满足感。但如果我们仔细检视，会发现这是一个很好的例子，它说明了为什么付出者的关系网络如此强大，这不仅与里夫金本身的慷慨有关，还与之后的5年时间有关。里夫金的经历说明了付出者在拓宽人际关系网络方面的优势。

里夫金的信条之一是“我相信弱关系的力量”。这里涉及了斯坦福大学的社会学家马克·格兰诺维特（Mark Granovetter）的经典研究。强关系包括我们的亲密好友和同事，我们信任他们。弱关系则是我们的相识，那些我们不经意中认识的人。为了检验普遍流行的观点，即我们主要从强关系中获得帮助，格兰诺维特调查了专业、技术和管理领域刚刚换过工作的人。接近 17% 的人是从强关系那里接收到新工作信息的，他们的朋友和信任的同事给了他们很多线索。

但是，令人惊讶的是，人们竟然更容易从弱关系中获益。将近 28% 的人是从弱关系那里获取有关新工作的信息。强关系提供了纽带，弱关系则扮演了桥梁的角色：他们让我们更有效率地获取新信息。我们的强关系通常处于与我们相同的社交圈子，他们知道的机会，我们也知道。弱关系则更有可能帮助我们通向一个不同的关系网络，发现新的线索。

这里的微妙之处就在于，向弱关系寻求帮助，经常会让人感觉很难。尽管他们更容易提供新线索，但我们并不习惯找他们帮忙。与认识的人之间缺乏共享的信任，这会在心理上制造障碍。但是，像亚当·里夫金这样的付出者找到了一个突破口。我们有可能同时得到两方面的好处：把强关系中的信任和弱关系中的新信息组合起来。

问题的关键在于重新建立联系，这也是付出者从长远来看能取得成功的主要原因。

1994 年，里夫金帮助斯潘塞在绿日乐队网站上建立朋克摇滚乐队链接之后，Excite 项目启动，里夫金则回校念研究生。他们有 5 年没有联系。当里夫金搬到硅谷之后，他挖掘出过去的旧邮件，给斯潘塞写了一封简短的邮件。“你可能不记得我了，我就是 5 年前修改绿日乐队网站的那个人，”里夫金写道，“我正在创办一家公司，刚搬到硅谷，但我不认识什么人。你能否与我见一面，给我些建议？”

里夫金并不是在以互利者的方式行事。当初帮助斯潘塞的时候，他并没有加入什么附加条款，也没有想要寻求帮助。但是 5 年后，当他需要帮助时，他提出了真诚的请求。斯潘塞非常愿意帮忙，他们在咖啡厅见面。“我依然将他想象成一个留着莫西干发型的大个子，”里夫金说，“当我真正见到他时，他几乎不怎么说话。他甚至比我还内向。”但是第二次会面时，斯潘塞介绍里夫金认识了一位风投资本家。“1994 年发生的一系列完全随机的事件，让我得以在 1999 年重新用邮件和他联系，这让我的公司在 2000 年成功创立，”里夫金回忆说，“付出者总有好运。”

尽管如此，我们有理由认为，里夫金所说的运气其实很大程度上是可以预测的，这是大多数人回应付出者的方式。30 年前，社会学家弗雷德·哥德纳（Fred Goldner）曾经阐述了妄想狂的反面——积极妄想（pronoia）——究竟意味着什么。根据杰出的心理学家布赖恩·列特（Brian Little）的理论，积极妄想是一种“虚幻的信念，认为别人会为你的福祉做出考虑，或是在你背后说好话”。

如果你是一个付出者，这种信念可能并不是虚幻的，而是真实的。如果人们真的是在为了亚当·里夫金这样的付出者取得成功而努力呢？

2005 年，当里夫金和乔伊斯·帕克开始创办公司时，他们没有办公空间，于是就在里夫金的厨房里工作。一位同事把里夫金介绍给里德·霍夫曼，他刚创立了 LinkedIn，当时手下只有不到 50 名员工。霍夫曼在一个周日与里夫金和帕克会面，在 LinkedIn 为他们提供免费的办公桌，让里夫金可以身处硅谷的核心地带。“2005 年夏天，我们旁边的公司之一就是 YouTube，在他们的事业成功之前，我们就已经与他们见过面。”里夫金说。

里夫金的经历验证了一句老话——付出就有收获。这些经历经常可以追溯到互利者的努力上。正如互利者会牺牲自己的利益，来惩罚那些自私地对待他人的获取者一样，他们也会努力奖励那些慷慨对待他人的付出者。如果亚当·里夫金帮助了自己关系网中的成员，互利者由于公平感的影响，会觉得自己也必须为了他的利益出谋划策。一如既往地，里夫金使用他和 LinkedIn 建立的关系，帮助自己关系网中的其他人，推荐工程师到 LinkedIn 工作。

在 5 月的一个周三晚上，我去“大熊猫”常去的地点找他。在雷德伍德城的一个酒吧举办的“106 英里”聚会上，我见到了里夫金，他穿着一件旧金山巨人队的队服，大笑着走了进来，立刻有一群科技创业者围了上去——有些人非常老到，另一些人则带着可爱的笨拙。随着几十个创业者涌入酒吧，里夫金向我讲述了他们每个人的故事。对于一个每天收到超过 800 封邮件的人来说，这并不是一件小事。

他的秘诀看起来很简单：他会提出经过深思熟虑的问题，并怀着极大的耐心聆听。那天傍晚，里夫金曾问一个刚刚起步的创业者，他的公司办得如何。这个创业者讲了 14 分钟，中间从来没有被打断。即使是最有好奇心的科技狂人，听了这段独白也会感到疲惫，里夫金却没有丧失兴趣。“你需要什么帮助？”他问。创业者提到他需要一个程序员，专精于一种冷门的电脑语言。里夫金开始浏览他脑海中的名片簿，推荐了一个人选。晚些时候，这个人来到了现场，里夫金帮他们做了介绍。尽管人越来越多，里夫金仍然会花时间和每个人单独对话。当新成员出现在他面前时，他会花上 15~20 分钟的时间来了解对方，询问他们的动机，以及自己如何能帮上忙。许多人是完全陌生的人，但是就像他在 11 年前不假思索地帮助格雷厄姆·斯潘塞那样，他主动承担起责任，帮助他们找工作，联系潜在的合作者，并提供建议解决他们公司中的问题。每当他付出的时候，他都建立了一个新的联系。但是，一个人是否真的能与这么多人保持联系呢？

## 休眠的关系

亚当·里夫金保持了如此庞大的关系网络，他所拥有的休眠关系也越来越多——那些他过去经常见面或熟识，但现在不再联系的人。据管理学教授丹尼尔·莱文（Daniel Levin）、乔治·沃尔特（Jorge Walter）和基思·莫宁汉（Keith Murnighan）所说：“成年人在一生中会积累几千种人际关系，但是在互联网出现之前，他们主动维持的关系数量在任何时候都不会超过 200 人。”在过去几年里，这几位教授要求经理们做了一件他们害怕的事情：重新激活那些休眠的关系。一位经理听到这个要求后表示：“我当时就抱怨了。如果这些关系休眠了，一定是有原因的，对不对？为什么我会想要重新联系这些人？”

但是数据表明了相反的情况。在一项研究中，莱文和同事要求 200 多名经理激活那些休眠三年以上的关系。每个经理都联系了两位过去的同事，向他们寻求关于手头工作项目的建议。获得建议之后，经理们评估了这些建议的价值：它们是否有助于解决问题，或者提供了有用的参考？除此之外，他们还评估了从现在的两名同事那里获得的建议。令人惊讶的是，经理们普遍认为，从休眠的关系中得到的建议，要比那些从当前的关系中得到的建议更有价值。为什么会是这样？

与当前的关系相比，休眠的关系可以提供更加新异的信息。虽然这些人在过去几年里与这些经理们失去了联系，但是他们同时也在接收新的想法和视角。现在的关系所拥有的知识和视角，则更有可能是经理们已经拥有的。有一位经理评价说：“在与他们联络之前，我以为他们不会提供多少我不知道的东西，但事实证明我错了。他们给出的新点子让我感到非常惊讶。”

休眠的关系可以像弱关系一样带来新异信息，但与此同时不会让我们感到不适。正如莱文和同事所解释的：“重新激活一段休眠的关系，不同于从头建立新关系。当人们重新建立联系时，他们仍然保持着信任感。”一位经理透露：“我感觉很自在……我不需要猜测他的意图是什么……许多年前我们就建立了相互的信任，这让我们今天的交流非常顺畅。”重新激活休眠关系所需的交流时间实际上更短了，因为已经有了一些共同的基础。对于休眠的关系，经理们不需要像对待弱关系那样，花费心力从头开始。

莱文和同事调查了另外 100 多名经理，要求他们列举出 10 个休眠的关系，并依据它们可能提供的价值进行排序。接下来，他们重新激活了全部 10 个关系，并评价了其交流价值的大小。所有的休眠关系都提供了很高的价值，而且排序之间没有差异：经理们从排名第十的关系中获得的价值，和从排名第一的关系中获得的一样多。当我们需要新信息时，可能很快就用完了弱关系，但是仍然有很大一批休眠的关系可以提供帮助。而且，随着年龄的增长，我们拥有的休眠关系会越来越多，它们也越来越有价值。莱文和同事发现，四五十岁的人从激活休眠关系中获得的价值，要高于 30 多岁的人从中获得的价值，而 30 多岁的人获得的价值又要高于 20 多岁的人。那个为了重新建立联系而抱怨的经理，后来承认说："这让我大开眼界……它告诉了我，我的名片簿中蕴藏着巨大的潜能。"

休眠的关系是我们关系网络中被忽略的价值，而付出者与获取者、互利者相比，拥有独到的优势，更容易开启这些价值。对于获取者来说，重新激活休眠的关系是一种挑战。如果休眠的关系对象也是获取者，他们会生疑而且自我防范，不愿意给出新异的信息；如果休眠的关系对象是互利者，他们则可能希望惩罚获取者，就像我们在"最后通牒"游戏中看到的那样；如果休眠的关系对象是聪明的付出者，之后我们也将谈到，他们不会那么愿意帮助获取者。当然，如果获取者的自利行为就是导致一段关系休眠的原因，那么重新激活这段关系就根本不可能了。

互利者想要重新建立联系会容易得多，但是他们经常不习惯于向别人寻求帮助，因为他们执着于互惠的规则。如果找别人帮忙，他们会感觉自己欠了别人的，需要回报。如果他们在休眠的关系中已经有所亏欠，还没有做出补偿，那么再寻求帮助就更难了。而且，对于许多互利者来说，休眠的关系并没有建立起足够深入的信任，因为他们更愿意和别人交易，而非建立有意义的关系。

根据关系网络专家的观点，重新建立联系对于付出者来说是一种完全不同的体验，在这个充满联系的世界中尤其如此。付出者一直慷慨地分享知识，教给我们技能，帮我们找工作而不求回报，所以当他们重新与我们联系时，我们会很愿意帮忙。如今，亚当·里夫金花在建立新关系上的时间，比他事业起步时有所减少，他把时间花在了越来越多的休眠关系中。“现在，我的时间主要用来与那些很久没有交流过的人重新建立联系。”当他重新激活一段休眠关系时，对方通常会因为重新联系上他而激动不已。他的慷慨和善意赢得了他们的信任。他们非常感激他的帮助，并且知道这里面不含有附加条款；他总是愿意分享自己的知识、提供建议，或是帮别人引荐。2006 年，里夫金在为“106 英里”会议物色潜在的演讲者。他重新找到埃文·威廉姆斯，尽管威廉姆斯此时已经非常有名，正忙于 Twitter 的上线计划，他还是同意了里夫金的请求。“5 年后，当我们邀请他为团队演讲时，他没忘记以前的事情。”里夫金说。

像里夫金这样的付出者表现了什么样的善意，这是许多有趣的研究主题。传统上讲，社交网络研究者会描绘出信息交换的路线图：知识如何从一个人头脑中流动到另一个人头脑中。但是，当维恩·贝克与弗吉尼亚大学的罗伯·克罗斯（Rob Cross）教授以及 IBM 的安德鲁·帕克（Andrew Parker）开展合作研究时，他意识到，能量在网络中的流动也是可以追踪的。在各种各样的组织中，雇员们使用从“非常影响活力”到“非常激发活力”的量表，评定了彼此之间的交流状况。研究者建立起了一个能量的网络模型，看上去就像银河系的模型一样。

获取者是网络中的黑洞，他们从周围的人身上吸取能量。付出者则是太阳，他们将光明播撒到组织中。付出者为他们的同事提供了做出贡献的机会，而非强加自己的想法，抢占功劳。当他们与别人观点不一致时，他们会尊重发言人，而非鄙视他们。

如果画出亚当·里夫金的关系网络中的能量流动，你会发现，里夫金就像是许多星系中的太阳一样。几年前，在一次假日聚会中，里夫金遇到了一位身处挣扎之中的创业者雷蒙德·罗夫。他们开始交谈，里夫金给了对方一些反馈。6 个月之后，罗夫开始着手一项新的创业计划，找里夫金寻求建议。里夫金当天就回复了，并在第二天早上与罗夫共进早餐，花了两个小时向他提供了更多的反馈。几个月后，他们的轨迹再度重合。罗夫有两年的时间没有收入，他的房子水管坏了，于是他办了一张体育馆的会员卡，从而可以在那里洗澡。他遇到了里夫金，后者问他创业情况如何，并针对如何重新定位公司给出了一些宝贵的建议。接下来，里夫金介绍罗夫认识了一位风投资本家，这个人最终投资了罗夫的公司，成为董事会的一员。“他们可能为了我进行过会谈，讨论如何帮助我。”罗夫说。罗夫的公司，已经成为全世界顶尖的 Facebook 数据分析公司之一——他说如果没有里夫金的帮助，这一切完全不可能实现。

里夫金曾经甚至推动过一个好莱坞作家 / 导演的项目取得成功。正如你将在第八章看到的，他们之所以能够会面，是因为里夫金把自己的联系方式在网上公开了。在一次闲谈中，这位好莱坞导演提到，他刚刚为 Showtime 频道[①]制作完成了一部系列剧，希望里夫金能提供帮助。“尽管他在自己的领域非常成功，但我对于他作为好莱坞公关专家的能力并不抱什么信心，”导演说，“我真的错了！”在 24 小时之内，里夫金就联系到了 Twitte 和 YouTube 的高级经理，安排了会面和节目的内部放映。好莱坞导演解释说：

> 需要强调的一点是，我的节目成功与否，对里夫金没有丝毫影响。不管成功还是失败，他都不会从中得到什么好处，也不会有什么损失。但是，他天性乐于付出，努力为我们争取了无数的媒体曝光机会。尘埃落定之后，正是他的努力帮助，为我们争取到了无数家全国性媒体上积极和热情洋溢的评论文章，还有社交媒体上的巨大曝光度。最后，他的慷慨带来了深远的影响，而且效果非凡，远远超过了我们节目组重金聘请的那些好莱坞公关专家。结果就是，这个节目获得了 Showtime 频道在这个时间档上的历史最高收视率！Showtime 频道为我们节目的收视数字所折服，已经为另一个系列片开了绿灯。里夫金的慷慨不仅让这个节目大热，也帮助我现在的节目赢得了 Showtime 频道的认可。

付出者创造了这样的氛围，并激发了别人的善意。对于这些人来说，重新与付出者建立联系也是一种激励人心的体验。回想一下里夫金曾经写 LinkedIn 推荐的那 265 个人，或是他在“106

---

① Showtime 频道，美国电视频道，主攻电影和原创电视剧。——译者注

英里”帮助过的几百名创业者。不难想象，如果与里夫金失去了联系，他们中的每个人都会非常愿意重新建立联系，并向里夫金提供帮助。

但是，亚当·里夫金并没有寻求他们的帮助——至少不会为了他自己而去寻求帮助。里夫金真正的目标是，改变我们关于如何建立关系网络，以及哪些人应该从中获益的基本观念。他相信，我们应该把关系网络看成是一种工具，能够为每个人创造价值，而非仅仅是让我们自己攫取价值。此外，他也相信，这种付出式的网络构建方法可以废除传统的互惠规则，让所有参与其中的人都能高度受益。

## 5 分钟的帮助

2012 年，LinkedIn 有一个名叫史蒂芬妮的招聘人员，当她按要求列出职业生涯中对她影响最大的三个人时，亚当·里夫金惊讶地发现，自己的名字出现在了她的列表上，尽管他们只在几个月前见过一面。史蒂芬妮当时正在找工作，通过朋友的朋友联系上了里夫金。里夫金通过短信给了她一些建议，并帮她找到了一些与工作相关的信息。史蒂芬妮发邮件给里夫金，表达了自己的感激之情，并表示愿意回报：“我知道我们只见过一次，平时只是偶尔交谈，但是你对我的帮助比你自己想象的要多很多……我真希望能为你做些什么，来报答你的帮助。”

史蒂芬妮想要做的，并不仅限于帮助亚当·里夫金本人。她志愿出席了“106 英里”举办的一次硅谷创业者会议，这样她就可以帮助里夫金，让里夫金能更好地帮助创业者。在会议上，史蒂芬妮为创业者的想法提供了反馈建议，提议帮助他们测试产品原型，并帮助他们和潜在的合作者、投资人建立联系。同样的事情也发生在许多其他里夫金帮助过的人身上。雷蒙德·罗夫经常出席“106 英里”的会议，帮助其他创业者。还有一位名叫鲍勃的工程师也是如此，2009 年里夫金在一个酒吧里见过他。他们开始聊天，里夫金了解到鲍勃当时正处在失业中，于是介绍他认识了一些人，最终帮他找到了工作。公司停业之后，里夫金帮助鲍勃建立了更多的联系，最终找到了一家创业公司的职位，这家公司 6 个月之后被谷歌公司收购了。今天，鲍勃已经成为谷歌公司一名出色的工程师，而且他一直通过“106 英里”的网络回报里夫金的帮助。

这是一种新颖的互惠螺旋。在传统的老式互惠关系中，人们以互利者的方式行事，彼此交易价值。我们帮助那些帮助了我们的人，并给那些我们希望获得回报的人以帮助。但是在今天，像亚当·里夫金这样的付出者可以激发出一种更加强大的互惠作用。里夫金的目标并不是交易价值，而是增添价值。他的付出行为遵循一个简单的原则：5 分钟的帮忙。“你应该愿意为了任何人，花 5 分钟或更少的时间做点儿什么。”

里夫金并不期待自己帮助过的任何人能提供给自己什么东西。获取者积累庞大的关系网络，是为了突显自己的影响力，并搭上有权势的人；互利者这样做是为了换得帮助；里夫金这样做，却是为了创造更多的机会去付出。用哈佛大学政治学家罗伯特·帕特南（Robert Putnam）的话说：“我愿意为你做这些事，不期待来自你的任何具体回报，但坚信之后会有另外一些人愿意为我做事。”

当像史蒂芬妮这样的人因为里夫金的帮助而心怀感激时，他们也更愿意把这种互助传递下去。“我一直是一个非常真诚而且心地善良的人，”史蒂芬妮说，“但我试图隐藏这一点，让自己变得更有竞争性，以此来取得领先优势。我从里夫金身上获得的重要启示是，你可以做一个真诚、善良且仍然遥遥领先的人。”每当里夫金慷慨地分享他的专业技能或者关系时，他都是在做投资，鼓励关系网络中的其他人也用付出者的方式行事。当里夫金向他人求助时，他通常是在为其他人寻求帮助。这种做法让他的巨大关系网络中的其他人也更愿意增添价值，而非交易价值，让他自己和其他人都有机会从不曾帮助过的——甚至不认识的人那里获得好处。通过建立一种增添价值的规范，里夫金让付出行为从一种零和的损失转化成了一种双赢的收益。

获取者建立关系网络时，会努力从一个固定大小的馅饼中，为自己攫取尽可能多的价值。像里夫金这样的付出者在构建网络时，则会把蛋糕做大，这样每个人都能分到更多。尼克·沙利文（Nick Sullivan）是一名创业者，曾经从里夫金那里得到过帮助。他说：“亚当对于我们所有人都产生了相同的影响，即激励我们帮助别人。”罗夫解释说：“亚当总是希望确保他帮助过的任何人也愿意为其他人付出。如果人们从他的建议中获益，他会确保他们也会帮助其他寻求建议的人——这种做法建立起了一个网络，让网络中的每个人都会相互帮助，并将这种关系不断传递下去。”

最新的研究说明了里夫金是怎样激发他人付出的。付出行为，尤其是独特且持久的付出，会建立起一种模式，改变群体内其他人的交互风格。研究表明，付出行为是可以传染的。在一项研究中，传播专家詹姆斯·福勒（James Fowler）和尼古拉斯·克里斯塔克西斯（Nicholas Christakis）发现，付出行为可以在社交网络中快速而广泛地传播。如果一个人决定不惜个人的付出为群体做出贡献，那么多次之后，群体的其他成员也会更愿意在未来做出付出行为，即使是与当初没有在场的人互动时，也是如此。“这种影响可以在不同的阶段延续下去，并且最多可以扩散到三度人脉（从一个人到另一个人，再到第三个人，再到第四个人），”福勒和克里斯塔克西斯发现，“每个人在实验开始阶段做出的一份贡献，可以让那些直接或间接的受益人，在后来做出三份贡献。”

当人们进入一个新的环境时，他们会从其他人那里寻找恰当行为的线索。当付出行为出现后，它就会逐渐成为常规的方式，人们会在与他人的互动中把它传递下去。为了说明这一点，请想象一下你被安排到了四个人的小组里。其他的三个组员都是陌生人，你们每个人都会做出匿名决定，没有交流的机会，这种做法持续了六轮。每一轮中，每个人会得到 3 美元，并决定是自己留下这笔钱，还是把它上交给小组。如果自己保留，你会得到全部的 3 美元；如果交给小组，每个成员都会得到 2 美元，包括你自己。在每一轮结束之后，你会了解到其他人的选择。如果每个人都选择付出，整个小组都会从中获益——每个成员每轮可以得到 8 美元，全部六轮最高可以拿到 48 美元。但是，如果只有你自己付出，其他人都不这样做，那么你一共只能得到 12 美元。因此人们有动力选择充当获取者，这样就可以保证自己拿到 18 美元。

因为你没法和别人交流，所以付出是一种危险的策略。但是在实际的研究中，有 15% 的参与者一直是付出者：他们在全部六轮里都选择为小组做贡献，为了团队的利益做出个人牺牲。实际上，这种行为的成本并没有你想象的那么高。令人惊讶的是，这些持续的付出者最后的收益很好：与那些身处没有持续付出者的小组的人相比，他们最终得到的钱多出了26%。他们是怎样做到给的更多，同时得到的也更多的呢？

如果组里有一个持续的付出者，其他的组员也会贡献更多。仅仅是一个付出者的存在，就足够建立起一种付出的规范。通过付出，人们可以让小组收益更大，且自己在这个过程中也获益颇多。虽然在每次贡献中，他们会少赚50%，但是这激发了其他人的付出行为，从而让所有人都可以得到更大的总额。付出者提高了标准，从而帮助整个群体把蛋糕做大。

在这个实验中，当持续的付出者每轮贡献出自己的钱时，他们相当于在帮一个5分钟的小忙。他们通过做出小的牺牲，让每个组员从中受益，并激励其他人做同样的事。通过5分钟的帮忙，里夫金帮助他的整个关系网络把蛋糕做大。“106英里”的规范就是，让所有5 000名创业者相互帮助。里夫金解释说：“你并不是为了获得回报而帮某人的忙。做这一切的目的在于渗透一种付出的价值观，即你不需要做交易，你不需要斤斤计较。如果你为群体中的某些人做某些事，那么在你需要的时候，群体中的其他人也会为你做事。”

在获取者和互利者眼中，这种持续不断的付出依然有风险。像亚当·里夫金这样的付出者，在不能保证付出一定就有回报的情况下，能否始终如一地持续付出？为了回答这个问题，斯坦福大学的弗兰克·弗林（Frank Flynn）教授针对旧金山湾区一家大型电信公司的专业工程师进行了研究。他让这些工程师评定彼此之间曾经提供和得到的帮助记录，以鉴别哪些人是付出者、获取者或是互利者。他还让每个工程师评价了另外10个人的地位：别人有多尊敬他们？

获取者的地位最低。他们总是寻求帮助，却很少回馈，这让他们的路越走越窄。同事认为他们自私自利，因此会用不尊重的方式惩罚他们。付出者则拥有最高的地位，超过了互利者和获取者。他们越慷慨，就越能从同事中赢得尊重和声望。通过付出（与得到相比）更多的东西，付出者展示了自己独特的技能，表现了自己的价值，并传递了良好的意愿。

尽管受人尊重，付出者也面临着一个问题：他们付出了效率方面的代价。在三个月的时间里，弗林测量了每位工程师完成工作的数量和质量。付出者的效率比获取者更高：他们工作更努力，完成的东西更多。但是效率最高的是互利者，其效率超过了付出者。很明显，付出者在帮助同事时花了一定的时间，影响了自己完成工作、报告或绘图的效率。互利者更有可能寻求和获得帮助，这让他们可以保持在正轨上。表面上看，这似乎是付出者构建关系网络的障碍。如果付出者牺牲了自己的效率来帮助别人，这是否值得呢？

但是，尽管亚当·里夫金是一名付出者，但他还是保持了很高的效率，与别人共同创立了几家成功的公司。他是如何解决付出和效率之间的矛盾？答案就是，他付出得更多。

在关于工程师的研究中，付出者并不总是付出效率方面的代价。弗林要求同事们评定各人的付出与获取之间的比例，按较多、齐平、较少的标准判定他们是付出者、互利者还是获取者。这意味着一些工程师可能被划分为付出者，即使他们没有经常帮助别人，只是要求较少的回报。弗林根据工程师给出帮助和得到帮助的频率，重新分析数据，发现付出者只有在付出频率较低时，才会出现效率下降。在所有工程师中，效率最高的就是那些经常付出的人——而且他们给出的比得到的更多。这些人是真正的付出者，他们拥有最高的效率，地位也最高，同事们都非常尊敬他们。通过经常性的付出行为，工程师不仅可以从他们帮助过的人身上获得信任和帮助，还可以在他们的工作小组中建立起更多的信任，吸引到更有价值的帮助。

这正是亚当·里夫金通过 5 分钟帮忙产生的影响。在社交媒体诞生之前，里夫金可能会整日劳碌却籍籍无名。多亏了互联网世界，他作为付出者的声望比声音传播得快很多。“他用很短的时间就可以为自己的创业项目筹集到经费。”罗夫说，言语中怀着一丝惊讶，“他的名声如此响亮。大家都知道他是个好伙计。这是他的为人处世方式带来的红利。”

里夫金的经历展现了付出者是如何建立起异常丰富的关系网络，并让它发挥功效的。付出者通过自身与网络中其他人的互动方式，创造了一种宣扬增添价值而非摄取或交易价值的规范，帮助所有参与其中的人把蛋糕做大。当他们真的需要帮助时，可以重新激活那些休眠的关系，从那些几乎将要遗忘，但是对其仍然充满信任的人身上获取新的帮助。“用一个词来总结成功的秘诀：慷慨。”基思·法拉奇写道，“如果你以慷慨为原则进行人际交往，你获得的回报将同样慷慨。”伊万·米斯纳（Ivan Misner）是世界上最大的商业关系网络组织 BNI 的创始人和董事长。也许不是巧合，他也用了几个字来总结自己的人生哲学："付出方有收获。"

亚当·里夫金花了许多年的时间，重新排列自己名字里的字母，最终找到了一个完美的答案：我善有善报（I Find Karma）。

# 第三章 涟漪效应

## 合作，以及付出和获取信任的机制

请记住，整个宇宙除了一个微不足道的例外，都是由其他事物构成的。

——约翰·安德鲁·霍姆斯[1]

也许你没听过乔治·迈耶（George Meyer）的名字，但你肯定很熟悉他的作品。实际上，很可能某个你非常熟识的人就是他的狂热粉丝，他的观念影响了世界各地整整一代人。我从9岁起就非常喜欢他的作品。迈耶50多岁时，个子高大，身材瘦削，留着长发和山羊胡。如果你在大街上碰到他，大概不会认出来，但你也许会觉得他可能是“感恩而死”乐队的粉丝。没错，在杰

① 约翰·安德鲁·霍姆斯（John Andrew Holmes），18~19世纪美国政治家，前美国众议员和参议员。——译者注

里·加西亚[①]生命的最后5年中，迈耶至少参加了70场“感恩而死”乐队的演唱会。

迈耶的大学是在哈佛念的，当年差点儿被退学，因为他把冰箱卖给一个新生，收了钱却没把冰箱运过去。他另外一次差点儿被退学则是因为他用电吉他敲碎了宿舍的一块玻璃。迈耶大学生涯为数不多的亮点之一就是，他曾经被选为著名幽默杂志《哈佛妙文》[②]（*Harvard Lampoon*）的主编，但没过多久他就在一场蓄意的人事变动中黯然离场。据记者戴维·欧文（David Owen）所述，当时迈耶的同事“发起了针对迈耶的责骂和内部斗争，想要推翻他的领导，因为他们觉得他太不负责任了”。

1978年，迈耶从大学毕业之后回到家里，开始想办法挣快钱。在大学里，他曾把大把的时间花在赛狗上，于是他觉得自己也许可以以此谋生。他钻进了一家公共图书馆，开始分析赛狗必胜的策略。结果他失败了，仅仅两个星期，他就把钱全输光了。

30年之后，乔治·迈耶已经成为影视领域最成功的人物之一。有一部他作为主创人员的电影，创下了超过5.27亿美元的票房纪录。他赢得了7座艾美奖[③]奖杯，还发明了几个英语词汇，这些词汇被收录进字典里——其中的一个被我的大学室友念叨了4年。但是他之所以出名，主要还是因为他掀起了电视行业改变世界的浪潮。业内人士认为，正是他的功劳，让一档电视节目取得了巨大成

---

① 杰里·加西亚（Jerry Garcia），“感恩而死”乐队创始人和主音吉他手，1995年因心脏病去世。——译者注

② 《哈佛妙文》，哈佛大学学生幽默出版物，创立于1876年。——译者注

③ 艾美奖，美国电视界最高奖项，地位相当于电影界的奥斯卡奖。——译者注

功，这档节目被《时代》（*Time*）杂志誉为整个20世纪最佳的电视节目。

1981年，通过两个朋友推荐，迈耶为NBC电视台的一档新节目——《戴维·莱特曼的午夜秀》（*Late Night with David Letterman*）写了几份剧本小样。“他提交的东西，具体到每一个细节，都非常精准出彩，”莱特曼对欧文赞叹说，“此后我也再没遇到过这样的人。”在第一季节目中，迈耶想出了一个把戏，这后来成为莱特曼的标志性桥段之一：用一个蒸汽压路机压碎日常生活中常见的物体，比如水果。与莱特曼合作两年之后，迈耶转到节目《新秀》（*The New Show*）中与洛恩·迈克尔斯（Lorne Michaels）合作，后来又加入了《周六夜现场》（*Saturday Night Live*），1987年，他离开了节目组，继而为一部莱特曼的电影创作了剧本，尽管后来没用上。

当迈耶的两个朋友向莱特曼推荐迈耶时，他们说迈耶是“美国最搞笑的人”。这可不是一句寻常的恭维——这两个朋友后来一起创作了《宋飞正传》（*Seinfeld*）、《两小无猜》（*The Wonder Years*）、《和尚》（*Monk*）等艾美奖获奖作品。如果你了解一下乔治·迈耶在帮助莱特曼创作完剧本之后又做了些什么，你也会同意他们的评价。

乔治·迈耶是《辛普森一家》（*The Simpsons*）中大部分笑料的创作者，这部动画片是美国历史上连载时间最长的情景喜剧和动画节目。

《辛普森一家》赢得了27项巅峰时期的艾美奖，其中的6项归功于迈耶，它改变了动画喜剧的呈现形式。尽管迈耶并不是《辛普森一家》的创始人——创始人是马特·格勒宁（Matt Groening），后来詹姆斯·L. 布鲁克斯（James L. Brooks）和萨姆·西蒙（Sam Simon）也加入了——但是社会上存在一种普遍的共识，认为迈耶才是这个节目成功背后最重要因素。1989 年，迈耶在《辛普森一家》首映之前就被聘为编剧，接下来他作为主创人员，担任了第 16 季的编剧和执行制片人。“迈耶如此彻底地塑造了这个节目，现在《辛普森一家》的喜剧敏感度应该主要归功于他。”欧文这样写道。幽默作家麦克·萨克斯（Mike Sacks）说，“在编剧圈子里，迈耶被认为是幕后天才中的天才”，这个人“创作了最棒的台词和笑话”。乔恩·维蒂（Jon Vitti）是《辛普森一家》最初的编剧，创作了许多早期的剧集，后来成为《办公室风云》（*The Office*）的制片人，他将迈耶描述成“比谁创作的剧集都多的那个人——几乎每个剧本上都留下了他的印记。即使他不是创始人，他对这个节目也发挥了举足轻重的影响”。

为什么一个像乔治·迈耶这样的人，能在合作性的工作中取得如此的成功？交互风格提供了一个很好的视角，它有助于我们理解为什么一些人在团队中如鱼得水，另一些人则遭遇失败。在《成为乘法领导者》（*Multipliers*）一书中，甲骨文公司的前任经理利兹·怀斯曼（Liz Wiseman）区分了天才和天才制造者。天才更倾向于做获取者，为了服务自身的利益，他们“从他人那里榨取智慧、能量和本领”。天才制造者则更倾向于做付出者，他们用自己的“智慧来放大别人的聪明才智和本领”。怀斯曼写道，这样“灯泡在别人的头脑上点亮，思维流动起来，问题就能得到解决”。在这一章里，我的目标是解释付出者和获取者的差异如何影响个人和团队的成功。

## 合作与创造性的角色

如果思考一下乔治·迈耶为什么能在喜剧领域取得如此大的成就，毫无疑问，创造力是一个非常重要的原因。卡洛琳·欧米尼（Caroly Omine）是《辛普森一家》多年的编剧和制片人，她说迈耶“用一种与众不同的独到的方式看待世界”。执行制片人麦克·斯库里（Mike Scully）在加入《辛普森一家》之初，曾经这样评价迈耶：“他完全把我镇住了。我之前已经搞过许多情景喜剧，但是乔治弄出来的东西是如此地与众不同，如此具有原创性，一度让我晕头转向。”

时间回到1958年，加州大学伯克利分校的心理学家唐纳德·麦金农（Donald MacKinnon）想要弄清楚人们怎样能变得有创造力，于是展开了一项开创性的研究。为了鉴别出艺术、科学和商业领域那些具有高度创造力的人具有什么特质，他研究了一个特殊的群体——建筑师，他们的工作涉及这三个领域。一开始，麦金农和同事首先找到5位独立的建筑专家，让他们列出美国最有创造力的40位建筑师。尽管专家间彼此没有交流，他们列出的名单却高度一致。理论上他们最多能提出200位不同的建筑师，但是把重复的提名合并之后，实际被提名的只有86人。在这86人中，超过一半的人被一个以上的专家提到，超过1/3的人被大多数专家提到，而有15%的人被5名专家一致提到。

以此为基础，“美国最具创造力的40位建筑师”同意成为心理研究的对象。麦金农的研究团队把他们与另外 84 名同样成功，但不具有高度创造力的建筑师进行比较，并在两个样本中匹配了年龄和地理位置的分布。所有这些建筑师来到伯克利，花了三天的时间向麦金农的团队——以及对科学事业——敞开心扉。他们填写了性格问卷，体验了压力性的社会情境，参加了困难的问题解决测验，并根据自己的整个人生经历，回答了冗长的访谈问题。麦金农的团队仔细检视这些海量的数据，在此过程中使用假名来代表每个建筑师，这样他们在分析的过程中就不知道哪些人具有高度的创造力，哪些人没有。

研究组找出了一组建筑师，他们明显更加“有责任感、真诚、可靠、值得依赖”，拥有更多的“优良品质”和“关怀心、同情心”。根据善有善报的原则，这组人应该就是那些富有创造力的建筑师，但事实并非如此。这些人都属于普通的那一组。麦金农发现，有创造力的建筑师与对照组相比，更加“苛刻，咄咄逼人，以自我为中心”。他们拥有强大的自我意识，面对批评会采用咄咄逼人、防御性的回应方式。在后续的研究中，对于创造力较高和较低的科学家的比较也得到了类似的模式：有创造力的科学家在支配性、敌意和精神病态方面得分更高。观察者认为，拥有高度创造力的科学家，会创造和利用他人的依赖感。即使是这些科学家自己，也会同意类似的描述：“我倾向于贬低他人的贡献，攫取不属于我的功劳”，以及“在描述其他研究者的贡献时，我会采取讽刺和蔑视的态度”。

获取者在产生创造性的想法，并使用它们战胜对手方面，有自己的独到之处。因为他们对于自己的想法非常自信，所以不会受到社会认可的束缚，这个因素限制了许多人的想象力。这正是乔治·迈耶喜剧的代表性特征之一。2002 年，他自编自导自演了一部小制作喜剧，名叫《让你傻笑》( *Up Your Giggy* )。在独白中，他说上帝是“一种荒唐的迷信，是担惊受怕的洞穴人想象出来的”，并将婚姻称为“一口凝滞的大锅，里面混杂着发酵的怨念、害怕且具有评判性的服从、对于孩子的夸张关注……以及为了让夫妻间的性爱能够进行下去，不得不绝望而心碎地悄悄在头脑中努力回忆旧爱的性感样貌”。

难道拥有创造力的秘密是：做一个获取者？

别急着下结论。迈耶也许确实有一种玩世不恭的幽默感，对于那些历史悠久的传统怀有深深的疑问，并且发表过一些轻率的言论；但是，在好莱坞这个被获取者所支配的世界里，他经常以一种付出者的方式行事。这种倾向从他很小的时候就开始了。他当选过雄鹰童子军[①]，并当过祭坛圣童[②]。在哈佛大学里，迈耶的专业是生物化学，后来他被医学院录取，但他决定不去了。大学里遇到的那些充满竞争性的医学预科生让他不爽，这些人经常“阻挠彼此的实验——这实在太无聊了”。被选为《哈佛妙文》的主编之后，同事试图推翻他，欧文写道：“迈耶不仅成功渡过了难关，而且非常个性地与一个主要的反对者成了好朋友。”毕业之后，迈耶在赛狗事业上失利，之后进入了一个癌症研究实验室工作，还做过代课老师。当我问他是什么吸引他投身喜剧事业，他回答说：

---

① 雄鹰童子军（Eagle Scout），美国童子军体系中最高级别的荣誉。——译者注

② 祭坛圣童（altar boy），基督教圣坛仪式中的助手。——译者注

“我喜欢逗人大笑，娱乐他人，并努力让世界变得更好一些。”

迈耶会用他的喜剧天赋促进社会和环保事业的发展。1992年，迈耶在《辛普森一家》中编剧的一集“里沙先生去华盛顿”（Mr. Lisa Goes to Washington），曾获得环保媒体奖（Environmental Media Award）的提名，这个奖项专门授予那些传递了环保信息的最佳电视喜剧剧集。在他任职期间，《辛普森一家》得到过6个类似的奖项。1995年，《辛普森一家》因为提升了公众对于动物保护问题的意识，被人道协会[①]授予了创世纪奖[②]。迈耶是一位素食主义者，热爱瑜伽，2005年他与别人共同创作了《地球呼叫美国》（*Earth to America*），这是一部TBS频道的特别纪录片，使用喜剧的形式，传达了对于全球变暖和相关环境问题的关注。他也为国际保护组织做了大量的工作，制作了幽默的PowerPoint（PPT，演示文稿软件）演讲，宣传生物多样性。2007年，科学家在斯里兰卡发现了一种新的树蛙，他们用迈耶女儿的名字为它命名，以表彰他为全球两栖动物评估机构（Global Amphibian Assessment）的蛙类保护事业做出的贡献。

比起他对于环保事业的贡献，他与其他人工作的方式更令人赞叹。他的重大突破发生在1988年他为莱特曼写电影剧本的时候。为了更换一下工作节奏，他撰稿并且出版了一本幽默杂志，名叫《军人》（*Army Man*）。“很少有出版物将趣味性作为自己的目标，”迈耶告诉幽默作家埃里克·斯皮兹纳格尔（Eric Spitznagel），“我

① 人道协会（Humane Society），美国最大的动物保护组织之一。——译者注

② 创世纪奖（Genesis Award），美国人道协会每年颁发的奖项，授予提升公众动物保护意识的新闻和娱乐媒体。——译者注

希望做出一些东西，没有别的目标，就是想让你开怀大笑。”《军人》的第一期只有 8 页。迈耶自己打字，在自己的床上排版，然后开始影印。他把自己最棒的喜剧拱手送出，给大约 200 名朋友送去了免费的杂志。

读者发现，《军人》非常好笑，于是开始在朋友间传递。杂志很快聚集了一批死忠粉丝，并被《滚石》（*Rolling Stone*）杂志列入年度最佳娱乐热榜。不久之后，迈耶的朋友开始在新一期杂志出版前向他投稿。到了第二期，需求量已经大到让迈耶印了 1 000 册。第三期以后，他决定停刊，一定程度上是因为他没法刊登所有来自朋友的投稿，但又不愿意拒绝他们。

第一期《军人》面世的时间正是《辛普森一家》的起步阶段。执行制片人萨姆·西蒙当时正在组建一个写作团队，他也拿到了一期杂志。西蒙雇用了迈耶和其他几位《军人》的作者，他们齐心协力，让《辛普森一家》取得了成功。在编剧室中，乔治·迈耶建立起了付出者的名声。蒂姆·朗（Tim Long）也是《辛普森一家》的编剧，曾 5 次获得艾美奖，他告诉我：“在我认识的人当中，乔治拥有最好的名声。他非常慷慨，愿意付出，帮助其他人。”类似的，卡洛琳·欧米尼也说：“所有认识乔治的人都知道，他是一个真正的好人。他有自己的一套荣誉准则，并尽力遵守，他的正直超过了常人的想象。”

乔治·迈耶的成功告诉我们，付出者与获取者一样，同样可以具有创造力。通过研究他与人合作的习惯，我们可以深入地了解付出者是如何让自己（以及身边的人）取得成功的。但是，为了完整地理解付出者在合作中有哪些高效的行为，我们需要将他们与获取者进行对比。建筑师的创造力研究表明，获取者经常充满自信，相信自己能够产生原创性的想法，并且能够突破重重阻碍，让它们得以实现。但是，这种独立性是否伴随着一些代价？

## 独自飞翔

在 20 世纪，恐怕没有人比弗兰克·劳埃德·赖特（Frank Lloyd Wright）更能作为杰出创造力的典范。1991 年，赖特被美国建筑师协会认定为历史上最伟大的美国建筑师。他的建筑师生涯非常高产，设计了著名的匹兹堡流水别墅[①]、古根海姆博物馆[②]，以及其他上千座建筑——其中大约一半已经落成。在其 70 年的职业生涯中，每10年他平均可以完成超过140个设计方案和70座建筑。

尽管赖特在 20 世纪前 1/4 的时间内非常高产，但从 1924 年开始，他的设计进入了一段长达 9 年的停滞期。在 1925 年，社会学家罗杰·弗里德兰（Roger Friedland）和建筑师哈罗德·泽尔曼（Harold Zellman）写道："赖特的事业缩减到了洛杉矶的几间房子上。"心理学家艾德·德·圣奥宾（Ed de St. Aubin）在研究过赖特的生平之后，得出结论，赖特"在建筑领域最大的沉沦发生在 1924 年到 1933 年之间，这段时间里他只完成了两个项目"。在这 9 年中，赖特的产出只有平时的 1/35。在长达两年的时间内，他甚至没有挣到一笔佣金，而根据建筑批评家克里斯托弗·霍桑

① 匹兹堡流水别墅，现代建筑艺术的代表作之一，位于美国匹兹堡市郊区的熊溪河畔。——译者注

② 古根海姆博物馆，世界著名的私立现代艺术博物馆。——译者注

（Christopher Hawthorne）的评论，他陷入了“职业上的挣扎”。到1932年，传记作家布伦丹·吉尔（Brendan Gill）写道，“世界闻名的弗兰克·劳埃德·赖特”那时“几乎陷入了失业状态”。1929年，“他最后得到的一笔佣金来自他自己表亲的房子”，而且“他一直处于负债当中”，以至于很难“找到足够的钱来购买生活用品”。是什么让美国最伟大的建筑师陷入了这种境地？

赖特也曾被邀请参加麦金农的创造力研究。尽管他拒绝了邀请，但是麦金农通过分析得到的具有创造力的建筑师的特点，几乎就是在描述赖特本人。在设计工作中，赖特传递出了人文主义的价值观。他提出了有机建筑的概念，希望达到个人和生活环境之间的和谐。但是在与别人交往时，他是一名获取者。专家相信，赖特在学徒期间，至少私自设计了9座房屋，这违反了他的合同中禁止接私活儿的条款。为了掩盖自己的非法工作，赖特曾数次劝说自己的绘图员签收这些房屋。此外，他的儿子约翰曾在几个项目中给他当助手，赖特许诺会给他发工资。但是，当约翰找他要钱时，赖特给他寄去了一张账单，上面列着约翰从出生到现在的花费总额。

在设计著名的流水别墅时，赖特曾停工了好几个月。他的客户埃德加·考夫曼（Edgar Kaufmann）终于忍不住给他打了电话，说自己正驱车200多公里来查看进展，赖特则声称别墅已经完工了。考夫曼到达之后，却发现赖特甚至没有完成一幅草稿，更不要说房子了。在几个小时内，就在考夫曼的眼前，赖特画出了一幅详尽的设计草图。考夫曼当初的委托是：在他的家族最喜欢的野餐地点，建一座周末度假小屋，他们可以在那里观赏瀑布。赖特脑海里的想法却完全不同：他画的房子建在瀑布上方的岩石上，这样从房子里就没法看到瀑布了。他劝说考夫曼接受了这个设计方案，最后甚至从考夫曼那里拿到了 12.5 万美元，相当于当初合同签订的 3.5 万美元佣金的 3 倍。对于一个付出者来说，不太可能会如此偏离客户的期望，更不要说努力劝说客户接受自己的方案，并支付额外的报酬。可见，正是获取者的思维方式，让赖特有勇气提出一个真正原创性的设计，并把它卖给客户。

但是，同样的获取者倾向，虽然帮助赖特设计出了流水别墅，也导致了他长达 9 年的衰败。直到 1911 年，在长达 20 年的时间里，赖特一直在伊利诺伊州的芝加哥和橡树园生活，在那里建立起了自己作为建筑师的名声。他的这些成功离不开手艺人和雕塑师的帮助。1911 年，他设计了塔里艾森（Taliesin），一座位于威斯康星山谷中的住宅。由于相信自己可以独立工作，他搬到了那里。但是，据吉尔写道，随着时间的流逝，赖特"陷入了多年的迫不得已的失业当中"。在塔里艾森，赖特找不到有天赋的学徒。"通过建造塔里艾森，他选择了一种隔离的生活，"德·圣奥宾观察后说道，"这让他没法得到那些在他的生涯中非常重要的因素：建筑委托，还有那些能帮助他完成建筑设计的熟练工人。"

弗兰克·劳埃德·赖特迫于持续的窘境，放弃了自己的独立生活，重新开始与有天赋的合作者一起工作。这并不是他自己的主意，他的妻子奥吉维纳劝说他设立一项奖学金，来招收学徒帮助他工作。1932 年，学徒与他一起工作之后，他的产量出现了飞跃，并很快开始着手于流水别墅的工作，流水别墅被许多人视为现代史上最伟大的建筑作品。赖特的奖学金项目维持了 20 多年，但是即使在那时，他也一直不愿意承认自己对于学徒的依赖。他拒绝给学徒支付报酬，要求他们做饭、打扫房间，并到现场工作。“赖特是一个伟大的建筑师，”他过去的学徒，参与了流水别墅工作的埃德加·塔法尔（Edgar Tafel）评价说，“但是，尽管他需要像我这样的人来完成设计工作——你千万不能和他这样说。”

赖特的故事表明，虽然我们会自然地倾向于将创造性的成功归结于个人，但真正伟大的工作实际上来自合作。这两者之间的鸿沟并不限于创造力领域。即使在做那些看上去非常独立，完全依赖于头脑的工作中，其成功也需要别人的帮助，这超过了我们所意识到的程度。在过去的10年里，几位哈佛大学的教授研究了医院中的心脏外科医师和投资银行中的证券分析师。这两个群体都在进行有关专业性知识的工作：他们需要拥有非凡的聪明才智才能做心脏搭桥手术，或是整理复杂的信息来推荐股票。根据管理学专家彼得·德鲁克（Peter Drucker）所说，这些“知识工人与制造业里的手工工人不同，他们自己拥有生产工具。他们的工具是头脑里的知识，走到哪里就可以带到哪里”。但是，携带这些知识并不是一件简单的事。

在一项研究中，罗伯特·哈克曼（Robert Huckman）和加里·皮萨诺（Gary Pisano）教授想要了解外科医师是否可以通过实践练习提高专业能力。因为社会对外科医师的需求很高，他们经常会在不同的医院做手术。在为期两年的时间里，哈克曼和皮萨诺追踪了203名心脏外科医师在43家医院完成的38 577台手术。他们主要进行冠状动脉旁路搭桥术，在这种手术中，外科医师会打开病人的胸腔，植入一段来自腿部或胸部的动脉，来绕过心脏动脉中的阻塞部分。平均来说，这种手术的病人死亡率在 3% 左右。

当哈克曼和皮萨诺检视数据时，他们发现了一个值得注意的趋势。总体来看，医师并没有随着实践而提高水平，他们只是在特定的医院中变得更好。每当他们在一个给定的医院完成一台手术，病人死亡的风险会下降 1%。在其他医院的死亡率却维持不变。医师没法将自己在一家医院的表现带到另一家医院。他们并没有在冠状动脉旁路搭桥术的技巧方面变得更好，他们只是与特定的护士和麻醉师变得更熟悉，了解了他们的优势和弱点，习惯与风格。这种熟悉性帮助他们避免了患者的死亡，但是他们没法将这种熟悉度迁移到其他医院。为了降低病人死亡的风险，医师需要与特定的手术团队成员保持关系。

在哈克曼和皮萨诺收集医院数据时，哈佛大学也在开展另一项金融领域的研究。在投资银行里，证券分析师会开展研究，做出盈利预测，并向理财公司建议是否要买卖某家公司的股票。明星分析师拥有过人的知识和专业技能，无论与谁一起工作，都应该能使用这些知识和技能。正如投资研究经理人弗雷德·弗伦克尔（Fred Fraenkel）所解释的："分析师是华尔街最具流动性的职业，因为他们的技能是可以随身携带的。我的意思是，你走到哪里，他们就跟到哪里，客户群体并不会改变。你只需要带着你的名片夹和文件档案，就可以开始工作了。"

为了检验这个假设是否正确，鲍里斯·格洛伊斯伯格（Boris Groysberg）在为期 9 年的时间里，研究了 78 家公司的超过 1 000 名股票和固定收益证券分析师。有几千名来自投资管理机构的客户，基于这些分析师的盈利预测质量、业界知识、撰写的报告、服务、股票选择和可达性和反应性对他们的效率进行排序。在 80 个行业里，每个行业类别排名前三的分析师属于明星分析师，年收入在 200 万 ~500 万美元之间。格洛伊斯伯格和同事追踪了分析师跳槽后的情况。在 9 年的时间里，366 名分析师（整个样本的 9%）曾经跳槽，以此为基础，格洛伊斯伯格和同事可以研究那些明星分析师在新的公司是否也能取得成功。

虽然被认为是个体明星，但是成功并不会跟着他们迁移。当明星分析师跳槽到一家新公司时，他们的表现会下降，并在低水平上维持至少 5 年时间。在跳槽后的第一年，明星分析师排名第一的概率下降了 5%，排名第二的概率下降了 6%，排名第三的概率下降了 1%，排不上号的概率则提高了 6%。即使是在跳槽 5 年之后，他们排名第一的概率依然下降了 5%，排不上号的概率则提高了 8%。平均来看，雇用明星分析师的公司会损失大约 2 400 万美元。与弗伦克尔和其他业内人士的观点相反，格洛伊斯伯格和同事总结说："雇用明星分析师，不仅不利于分析师自己的绩效，也不利于雇用公司的市值。"

但是，确实有一些明星分析师维持了他们的成功。如果他们与自己的团队一起跳槽，工作绩效就不会下降。单飞的分析师有 5% 的概率排名第一，而与队友一起跳槽的分析师则有 10% 的概率排名第一——这与那些没有跳槽的人概率相当。在另一项研究中，格洛伊斯伯格和同事发现，如果分析师与高质量的团队和部门同事一起工作，就更有可能维持自己的最佳表现。明星分析师依靠那些有知识的同事来获取信息和新的想法。

无论是明星投资分析师还是心脏外科医师，都非常依赖于那些了解自己或拥有娴熟技能的合作者。如果弗兰克·劳埃德·赖特是一名付出者而非获取者，他是不是本可以避免那9年的收入和声望滑坡？乔治·迈耶完全同意这一点。

## 我希望我恨你

1987年，迈耶离开《周六夜现场》之后，他迅速离开了纽约市，搬到了科罗拉多的博尔德城，独自完成莱特曼的电影剧本。就像弗兰克·劳埃德·赖特一样，迈耶隔绝了与合作伙伴的来往。但是，与赖特截然不同的是，迈耶意识到了，他需要其他人的帮助才能取得成功。他知道，自己的表现与他人有关，而非完全独立的。他让人开怀大笑的本领，一定程度上来源于自己与其他喜剧作者的合作。因此，他开始联系《哈佛妙文》以及过去在节目中合作过的同事，邀请他们为《军人》撰稿。“我相信，合作是一件非常美妙的事情，特别是在喜剧领域，”迈耶告诉我，“在一个由有趣的人组成的群体里，你可以获得少有的共鸣，以及你自己永远也想不到的笑话。”最后，有4名以前的同事帮助他出版创刊号。其中之一是杰克·汉戴（Jack Handey），他写了一些被命名为《深入思考》（Deep Thoughts）的笑话，后来发展成了非常受欢迎的喜剧节目。在《周六夜现场》节目里大受观众欢迎的前3年，迈耶就已经刊载了《深入思考》，它们也帮助《军人》取得了成功。

将乔治·迈耶和弗兰克·劳埃德·赖特对比，我们可以看出付出者和获取者看待成功的方式有着怎样的区别。赖特认为，他可以将自己的建筑天赋从芝加哥（在这里他能与专家团队合作）带到威斯康星的偏远地方，在那里他基本上是孤军作战。赖特的家族格言是“真理对抗世界”（truth against the world），这也是西方文化一个常见的主题。我们习惯于赞赏那些孤独的天才，他们产生的想法令我们着迷，或者改变了我们的世界。根据斯坦福大学三位心理学家的研究成果，美国人将独立视为力量的象征，将互相依赖视为弱点的象征。对于获取者来说，这一点尤其正确，他们认为自己高人一等，与众不同。他们相信，如果自己过于依赖他人，就有可能被别人超越。像赖特一样，那些没有带着自己的成功团队一起跳槽或是在组建新团队时没有考虑人员水平的明星分析师，也犯下了同样的错误。

付出者拒绝将互相依赖视为一种弱点。他们更愿意将互相依赖视为力量的源泉，一种整合众人技能，实现更大目标的手段。这种互相依赖的价值观深深地影响了迈耶合作的方式。他意识到，如果自己可以有效地为团队做出贡献，每个人都会从中受益，因此他努力地支持自己的同事。当迈耶作为一个无名小卒，在 20 世纪 80 年代中期为《周六夜现场》撰写剧本时，他总是待在办公室里，时刻准备好为他人提供反馈。他帮助了像乔恩·洛维兹、菲尔·哈特曼和兰迪·奎德这样的知名喜剧家，改进他们的写作和表演。

在《周六夜现场》的幕后，许多作者会相互竞争，以让自己创作的小品登上舞台。“有一种达尔文主义的元素，”迈耶承认，“每次节目大概会演 10 个小品，备选的大概有 35~40 个。这里存在着一些斗争，但我还是尽量做一名合作者。”当像麦当娜这样的巨星参加节目时，迈耶的同事会蜂拥而上提交小品。迈耶也会为这些节目提交材料，但是他同样会努力为那些不太知名的嘉宾撰写小品——这样的嘉宾吸引到的小品方案通常会少一些。迈耶主动承担起了为那些不那么耀眼的嘉宾如吉米·布雷斯林[①]撰写精彩小品的任务，因为这正是节目最需要他的地方。“我只是希望成为一名好士兵，”迈耶说，“当别人不那么激动的时候，我会感觉需要自己站出来。”他挺身而出，与别人一起为布雷斯林撰写了一出非常好笑的小品，让詹姆斯·邦德的对手出现在节目里。布雷斯林扮演“金手指”[②]，他为设计要塞提供建议，并抱怨自己的计划被邦德破坏了。这个小品恶搞了邦德电影，其创意比《王牌大间谍》早了10年。

迈耶的付出倾向延续到了《辛普森一家》中。在编剧中，最受欢迎的任务通常是撰写一个剧集的第一稿，因为这让他们可以留下自己创造力的印记。迈耶会为剧集提供许多点子，但他很少自己写第一稿。相反，他觉得自己的技能更需要用到重写的任务上，所以主动承担起脏活儿和累活儿，花几个月的时间帮助重写和修改每个剧集。这正是付出者合作时的一个代表性特征：他们承担起那些能让团队获得最大收益的任务，即使这些任务并不一定能给他们自己带来收益，这让他们的团队变得更好。研究表明，平均来看，从销售团队到造纸厂工人、再到餐馆，团队成员的付出行为越多，团队的产出和提供的服务也会越多，质量也会更好，而且，获益的不仅是他们的团队。像亚当·里夫金一样，成功的付

① 吉米·布雷斯林（Jimmy Breslin），美国记者和专栏作家。——译者注

② 金手指（Goldfinger），007系列电影第三部中的头号反派。——译者注

出者可以将蛋糕做大，让自己和团队都从中受益。大量的研究表明，那些经常为同事贡献出时间和知识的人，自己也能赢得更高的报酬和升迁概率，无论是在银行还是在制造业公司，都是如此。“在《辛普森一家》剧组，我认为乔治把自己奉献给了这个节目，”蒂姆·朗说，“他从直觉上认识到，对他自己来说最好的，就是让这个节目尽可能取得成功。”

迈耶的这种行为有一个专门的名字。在登山领域，这种行为被称为探险行为（expedition behavior）。这个术语的提出者是美国户外领导力学校（National Outdoor Leadership School，NOLS），这个组织为成千上万的人提供野外教育，包括NASA的航天员。探险行为意味着将团队的目标和任务放到首位，像关注自己那样关注其他人。杰夫·阿什比（Jeff Ashby）是NASA的航天飞机指挥官，环绕地球飞行超过400次。他说：“探险行为——无私、慷慨、将团队置于自己之上——帮助我们在航空领域取得了成功，这超越了其他任何因素。”约翰·凯恩杰特（John Kanengieter）曾在NOLS教过领导力课程，他补充说，探险行为“并不是一个零和游戏。当你付出了，你也会得到更多的回报”。

迈耶的成功在一定程度上可以归功于将蛋糕做大的做法。他为节目的成功贡献得越多，整个团队能够分享到的成功果实也就越多。但是，迈耶的探险行为也改变了同事看待他的方式。当付出者将团队的利益置于自己之上时，他们就传递出了信号，表明自己的首要目标是让团队获益。结果就是，付出者赢得了同事们的尊重。如果迈耶当时与同事竞争为麦当娜撰写小品，那么他的同事可能会将他视为自己地位和事业的威胁。而迈耶为那些不太受关注的嘉宾工作，实际上也是在帮同事的忙。获取者不再感觉自己不再需要与他竞争，互利者觉得自己亏欠了他，付出者则将他视为自己人。“如果要拆分故事，或是重写剧本，迈耶永远是你的团队中受欢迎的一员。”唐·佩恩（Don Payne）说，他从 1998 年开始就是《辛普森一家》的编剧，“他总是能想到一些东西，让你的剧本变得更好，这就是人们被吸引到他身边的原因，人们尊重他、欣赏他。”

志愿完成不受欢迎的任务，为别人提供反馈，这些做法除了帮助迈耶收获善意之外，还让他有机会展示自己的喜剧天赋，同时不让领先的同事感到不安。在一项研究中，明尼苏达大学的研究者尤金·金（Eugene Kim）和特蕾莎·格隆波（Theresa Glomb）发现，才华横溢的人经常会遭其他人嫉妒，从而将自己置于被讨厌、憎恶、排斥和掣肘的风险之中。但是，如果这些有天赋的人也是付出者，那么他们就不再是背后捅刀子之人的目标。相反，他们会因为对团队的贡献而被感激。通过接手同事不愿意完成的任务，迈耶用自己的智慧和幽默让他们折服，却没有激发出他们的嫉妒之心。

迈耶将自己的荣誉信条总结为：“挺身而出、努力工作、友善待人和堂堂正正。”随着他的付出行为，他展现出的技能却不引发嫉妒，他的同事开始赞赏和信任他的喜剧天分。“人们不仅仅将他看作一个性格积极的人，”蒂姆·朗解释说，“你不会认为他是一个竞争者。他是这样一种人，人们对他的评价甚高，并且他在创意方面值得信赖。”卡洛琳·欧米尼补充说：“比起我待过的其他编剧室，应该说《辛普森一家》剧组需要更长的时间才能编出笑话。

我认为这是因为我们拥有像乔治这样的编剧，他会说‘不，这块儿听起来不太对’，即使当时时间已经很晚了，即使我们已经竭尽全力。我认为这是一种重要的品质。我们需要这些人，像乔治一样，他们勇于说出‘不，这不够好，我们可以做得更好’。”

在一篇经典的论文中，心理学家埃德温·霍兰德（Edwin Hollander）提出，如果人们在团队中慷慨地行事，他们会赢得特殊认可（idiosyncrasy credits）——一种在团队成员脑海里留下的积极印象。因为许多人会以互利者的方式思考，所以当他们在团队中工作时，他们通常会记录下每个成员的贡献和“欠债”。如果一个团队成员通过付出的方式，赢得了特殊认可，互利者就会给他一种许可，允许他偏离团队的规范和期望。正如伯克利大学的社会学家罗布·怀尔（Robb Willer）所总结的，“团队会奖励个人的牺牲”。在《辛普森一家》中，迈耶收获了大量的特殊认可，从而为自己赢得了更大的活动空间，可以贡献出原创性的想法，并影响节目的创意方向。“赢得认可的最大优势之一就是，如果我想要尝试一些比较奇怪的东西，人们至少愿意在桌边讨论时听一听，”迈耶反思说，“后来他们不再会像早先那样重写我的东西，因为他们知道我过去的业绩不错。大家都知道我出于好意——我的动机是好的。这需要一个漫长的过程。”

与迈耶的经历一致，研究表明，付出者在提出挑战常规的想法时，会得到更多的认可。我与同事夏龙·帕克（Sharon Parker）和凯瑟琳·柯林斯（Catherine Collins）一起开展的一项研究结果显示，如果获取者提议做出改变，同事会怀疑他们的动机，认为他们是在为自己考虑。但是，如果冒险的想法是由付出者提出的，同事会愿意倾听他们的讲述，并给予他们奖励，因为他们知道付出者确实真诚地希望做出贡献。“如果要我评价一下乔治在编剧室中的表现，我不会说他很友好，他比这更有锋芒。”卡洛琳·欧米尼笑着说，“但是，虽然乔治很强硬，但你知道，这只是因为他非常在意工作，想把事情做好。”

1995 年，在《辛普森一家》第 6 季播出的时候，迈耶告诉他的同事，他会在这一季结束后离开剧组。其他编剧并没有将他的离开视为个人晋升的机会，反而不希望他走。他们很快集合起来，努力让他重新签约，劝服他以顾问的身份回到剧组。不久之后，他们成功地让他回心转意，重新做全职编剧。“从一开始，他们就意识到，乔治太重要了，不能让他离开，”乔恩·维蒂在接受《哈佛深红报》[①] 的采访时表示，“没有谁的意见比乔治的更重要。”回顾与迈耶共事的时光，蒂姆·朗补充说：“建立起关心他人胜于关心自己的名声，这似乎有一种魔力。它会通过无数种方式给你带来回报。”

## 获取最大的认可

尽管迈耶的付出行为为他在电视圈子里赢得了声望，但他在圈外依然籍籍无名。在好莱坞，解决这个问题的方法很简单。编剧们可以为自己在尽可能多的电视剧集中邀功，证明各种想法和场景来自自己的创造，并以此脱颖而出。

---

① 《哈佛深红报》（*Harvard Crimson*），哈佛大学的学生日报，创立于 1873 年。——译者注

乔治·迈耶影响和塑造了超过300集的《辛普森一家》，但与好莱坞的惯例不同的是，他只在当中的12集中被列为编剧。在其他几百集中，迈耶的点子和笑料被归功于其他编剧。“乔治从来不会独自攫取《辛普森一家》的编剧功劳，即使他是一个点子机器，”蒂姆·朗告诉我说，“人们经常会想出点子，然后满怀妒忌地捂着它们；乔治则会想出创意，然后送给其他人，从不邀功。在《辛普森一家》发展的关键10年中，他从来没有因为一个笑料而获得功劳，尽管实际上他贡献出了其中的很大一部分。”①

迈耶从不居功自傲，他也因此隐身幕后。“在很长一段时期，乔治对于一些人眼中这一时期最重要的电视剧集做出的巨大贡献，并没有得到应有的知名度，”朗回忆说，“他编写了大量的素材，却没有真正谋求功劳。”迈耶是不是本应该为了自己的努力，获取更多的认可？攫取功劳确实为弗兰克·劳埃德·赖特带来了好处：在塔里艾森，他坚持在每一份建筑文件上将自己列为首席建筑师，

① 尽管我的关注焦点在乔治·迈耶身上，需要强调的是，《辛普森一家》中的喜剧都是集体智慧的结晶。迈耶很快夸奖乔恩·施瓦茨维德勒（Jon Swartzwelder），他撰写了60集，比节目史上的任何一位作者都多出两倍以上。其他得到认可的作者包括乔伊·科恩（Joel Cohen）、约翰·弗林克（John Frink）、丹·格林（Dan Greaney）、艾尔·珍（Al Jean）、蒂姆·朗、伊安·马克思通–格雷厄姆（Ian Maxtone-Graham）、卡洛琳·欧米尼、唐·佩恩、马特·塞尔曼（Matt Selman），以及乔恩·维蒂。当然，迈耶指出，这个名单不包括节目的创造者，还有其他许多编剧、制作人和动画师，节目的成功也离不开他们。迈耶很早就开始分享荣誉。“在《军人》中，我就觉得，如果人们想要撰稿，就应该从中分享荣誉，尤其是因为他们并不能得到任何报酬。”他使用一个独特的军队符号来认可每位撰稿人的贡献。“这是一个坏主意，”迈耶笑着说，“因为我必须要用美工刀把它们刻出来，然后用胶水贴到我用的板子上。”

即使实际上是他的学徒主持了项目。赖特威胁学徒说，如果他们没有将他列为首席建筑师就将所有的文件交给他审阅批准，那么他就会指控他们造假，并将他们送上法庭。

但是，如果我们仔细观察迈耶的经历，我们可能会得出结论，赖特作为建筑师的成功与攫取功劳无关。迈耶不愿意将功劳归于自己，这让他在短时间内无法出名，但是他并不为此担心。他作为执行制片人赢得了认可，因为在《辛普森一家》剧组的工作赢得了 6 项艾美奖，并且还有许多的功劳可以分配。“许多人觉得，如果剧本上出现的名字太多，他们的功劳就会缩水，就好像所有的人分享一个狗食盘一样，”迈耶说，“但是，这其实并不是事物运作的方式。功劳并不是一种零和游戏。这里给每个人都留下了空间，如果其他人闪光，你也会跟着闪光。”

时间证明迈耶是对的。尽管做出了短期的牺牲，迈耶最终还是得到了应得的认可。直到 2000 年，迈耶在好莱坞之外仍然默默无闻，但是戴维·欧文在《纽约客》(*New Yorker*)上发表了一篇文章对他进行介绍，并在标题中将迈耶描述为“最有趣的电视节目幕后最有趣的人”。当欧文联系采访几位《辛普森一家》的关键编剧时，他们都抓住机会为迈耶大唱赞歌。正如蒂姆·朗所说：“赞颂迈耶的美德让我非常高兴，即使这会让他觉得尴尬。”

互利者会奖励合作中的付出者，但他们也会让获取者付出代价。有一项研究调察了马蒂·瑟尼（Matej Cerne）领导的一家斯洛文尼亚公司，在这家公司里，那些向同事保留信息的雇员很难产生创意的想法，因为其他同事并不想和他们分享和交流信息。为了说明这一点，我们可以观察医学研究者乔纳斯·索尔克（Jonas

Salk）的职业生涯，他从 1948 年开始着手开发一种小儿麻痹症疫苗。在第二年，科学家约翰·恩德斯（John Enders）、弗雷德里克·罗宾斯（Frederick Robbins）和托马斯·怀尔（Thomas Weller）成功地在试管中培养了小儿麻痹病毒，为基于活体病毒量产疫苗打通了道路。到了 1952 年，索尔克在匹兹堡大学的实验室已经研发出了一种似乎有效的疫苗。这一年，美国历史上最严重的小儿麻痹症疫情暴发。病毒感染了超过 57 000 人，导致超过 3 000 人死亡，还有 20 000 人因此瘫痪。在三年的时间里，索尔克的导师托马斯·弗朗西斯（Thomas Francis）指导评估了关于索尔克的疫苗临床试验，在 220 000 名志愿者、64 000 名学校员工和 20 000 名健康护理专业人士的帮助下，他们在超过 180 万名儿童身上进行了疫苗测试。1955 年 4 月 12 日，在密歇根州的安娜堡，弗朗西斯发表了一项声明，点燃了美国的希望：索尔克的疫苗是“安全、有效而强力的”。在两年的时间里，通过优生优育基金会的巨大努力，疫苗得到了广泛的传播，使小儿麻痹症的患病比例下降了将近 90%。1961 年，全美国只有 161 个病例。疫苗的使用在全世界范围内都产生了类似的效果。

乔纳斯·索尔克成为全世界的英雄。但是，在 1955 年那场历史性的新闻发布会上，索尔克发表的总结演说损害了他的人际关系，以及他在科学界的声望。他没有承认恩德斯、罗宾斯和怀尔做出的重要贡献，他们在前一年刚刚因为开创性的工作获得了诺贝尔奖，正是因为这些工作，索尔克的团队才得以开发出疫苗。更令人不安的是，索尔克没有承认他实验室中 6 名研究者的功劳，他们在开发疫苗的过程中做出了主要的贡献，包括拜伦·贝内特

（Byron Bennett）、珀西瓦尔·贝兹利（Percival Bazeley）、L. 詹姆斯·刘易斯（L. James Lewis）、朱利叶斯·扬纳（Julius Youngner）、埃尔茜·沃德（Elsie Ward）和弗朗西斯·尤洛池科（Francis Yurochko）。

索尔克的团队含着热泪离开了发布会现场。正如历史学家戴维·奥辛斯基（David Oshinsky）在《小儿麻痹症：一个美国故事》（*Polio: An American Story*）中写到的，索尔克从没有认可"他自己实验室中的人。这个团队中的成员一起满怀骄傲地坐在拥挤的礼堂中，却痛苦地感到自己被冷落了……索尔克在匹兹堡的同事来到这里，本来期望可以得到他们上司的表彰。这是一个看起来非常必要的，也是拖欠许久的奖励"。从一个互利者的角度看，这一点尤其正确。他的一个同事告诉记者说："在一开始，我将他视为父亲般的角色。可到了最后，他变成了一个邪恶的父亲。"

随着时间的推移，朱利叶斯·扬纳感到自己被忽视了。"每个人都希望能因为自己做的事而得到认可，"扬纳告诉奥辛斯基，"这非常令人震惊。"这种忽视动摇了他们的关系：扬纳在1957年离开了索尔克的实验室，后来在病毒学和免疫学领域做出了一系列重要的贡献。1993年，他们终于又在匹兹堡大学相遇了，扬纳表达了自己的感受。"我们当时就在听众当中，你最亲密的同事，最投入的助手，为了你所追求的目标，努力而忠实地工作，"扬纳以此作为开场白，"你是否还记得你提到了哪些人，没提到哪些人？你是否意识到，在当时，以及后来，当你不断忽略同事的付出时，我们有多么难过？"扬纳回忆说，索尔克"显然被这些记忆所震惊，但没有做出任何反应"。

乔纳斯·索尔克独揽功劳的举动为他此后的职业生涯蒙上了阴影。他发起了索尔克生物学研究基金会，直到今天，基金会里还有几百名研究者在努力挑战人道主义科学的极限。但是，索尔克自己的产出衰落了——在职业生涯的晚期，他想研发出艾滋病疫苗，然而并没有成功——而他的同事也都躲着他。他没有获得诺贝尔奖，也没有被选入美国国家科学院。[①]“在后来的岁月中，几乎所有杰出的小儿麻痹研究者都入选了，”奥辛斯基写道，“除了乔纳斯·索尔克……正如一位观察者所说，索尔克打破了科学研究中‘不成文的戒律’，其中包括你应该承认其他人的功劳。”据扬纳所说：“人们真的非常讨厌他，讨厌他哗众取宠的表演，竟然做出了令人咋舌的最不符合学术风格的事情。”

索尔克认为他的同事是心存妒忌。“如果有人做了些事，得到了承认，那么就会产生一种倾向，让这变成一种竞争性的反应，”在仅有的几次对于该事件的评价中，他这样说，“安娜堡事件对我毫无影响。”但是，直到 1995 年去世，索尔克也没有承认过同事的贡献。10 年之后，在 2005 年，匹兹堡大学举办了一次活动来纪念疫苗问世 50 周年。当时扬纳在场，索尔克的儿子——艾滋病研究者皮特·索尔克（Peter Salk）终于澄清了真相。“这不是一个人的成就。这是一个属于专注且技术高超的团队的成就，”皮特·索尔克说，“这是集体智慧的结晶。”

---

① 许多内部人士相信，那次独占功劳的事件，以及索尔克对于媒体的热衷，正是国家科学院没有接受他的主要原因。但是，关于他为什么没有获得诺贝尔奖，仍然存在争论。一些科学家认为，尽管小儿麻痹疫苗对于公共健康做出了无价的贡献，但这在基础的科学知识方面并不是原创性的贡献。

看起来，乔纳斯·索尔克犯了与弗兰克·劳埃德·赖特相同的错误：他将自己视为独立个体，脱离了互相依赖的群体。索尔克没有像乔治·迈耶那样赢得特殊认可，而是因为独占功劳而受到同事们的一致批判。

为什么索尔克从来没有承认同事在开发小儿麻痹疫苗时做出的贡献？有可能是因为他像获取者自然会做的那样，小心翼翼地守护着自己的成就，但我相信还有一个更加令人信服的答案：他根本不觉得他们应该得到承认。为什么会这样？

## 责任偏差

为了理解这个难题，我们需要把目光转移到加拿大，心理学家在该国的已婚夫妇中开展了调查。想想你自己的婚姻，或是你最近的一段浪漫关系。在投入到这段关系的全部努力当中，从做饭，到安排约会，到丢掉垃圾，再到解决冲突，你承担了多大比例的工作？

假设你认为自己付出了 55% 的努力，如果你的估计完全准确，你的伴侣会认为自己承担了 45% 的责任，你们的估计加起来就是 100%。在现实生活中，心理学家迈克尔·罗斯（Michael Ross）和费奥雷·西科利（Fiore Sicoly）发现，每 4 对夫妻中就有 3 对，两个人报告的比例加起来超过了 100%。伴侣们都会高估自己做出的贡献。这就是所谓的责任偏差（responsibility bias）：夸大我们自己对于他人的贡献。这是一种获取者特别容易犯的错误，一定程度上是因为我们希望积极地看待和展示自己的渴望。与此一致的是，乔纳斯·索尔克肯定没有回避聚光灯。“他最大的天赋之一，”奥辛斯基写道，“就是让自己看起来好像完全不在乎自己的名声……记者和摄影师经常发现，索尔克虽然一直扭扭捏捏，但最后总能找到他。他会警告他们不要浪费他太多的时间，他还会埋怨他们耽误了自己重要的工作，完成了这一套仪式化的抱怨之后，他就随你摆布了。”

还有另外一个因素，它既具有强大的影响力，又让我们感觉良好，那就是信息的不对称。我们对于自身贡献的了解，要多于我们对于他人贡献的了解。我们看到了自己付出的全部努力，但是对于别人的努力，我们只见证了其中的一小部分。当我们思考功劳该属于谁时，我们更多地会想到自己的贡献。实际上，当夫妇双方被要求列出自己对于婚姻的贡献时，人们对于自己的贡献平均能够列出 11 条，但是对于配偶的贡献只能列出 8 条。

索尔克独占小儿麻痹疫苗的功劳，是因为他能够清晰地回忆起自己在疫苗开发过程中付出的血汗和泪水，但是相比之下，对于同事的贡献就记不起多少了。他确实没有经历过扬纳和其他团队成员所经历的事情——他也没有像恩德斯、罗宾斯和怀尔那样，取得诺贝尔奖级别的发现。

“即使人们心怀善意，”LinkedIn 的创始人里德·霍夫曼写道，“他们还是倾向于高估自己的贡献，低估别人的贡献。”这种责任偏差是合作失败的主要原因之一。如果创业者、发明家或是经理人感到合作者没有承认自己的功劳，或是没有承担他们负责的那一份工作，就可能导致职业关系的破灭。

在好莱坞，仅仅在 1993 年到 1997 年之间，就有超过 400 个剧本（大约是提交剧本总数的1/3）因为署名权问题而申请仲裁。如果你是一名获取者，那么你的主要动机，就是确保自己的收获大于付出，这意味着你会仔细计算自己做出的每一份贡献。人们很容易相信自己做了大部分的工作，而忽视了同事的贡献。

乔治·迈耶成功地克服了责任偏差。《辛普森一家》为英语词典贡献了许多新的词汇，其中最有名的是霍默在面对导致精神或生理痛苦的事件时，做出的“d'oh!”反应。这个词不是迈耶想出来的，不过他确实发明了“yoink”这个词，这是《辛普森一家》中的角色在从别人手上抢走一样东西时发出的声音。2007年，幽默杂志《破裂》（*Cracked*）刊登了一个专题，评选出《辛普森一家》中最经典的词汇。在这个清单上有像“cromulent”（描述某样不错的、可以接受的，或是非法却合理的东西）和“tomacco”［霍默培育出的番茄和烟草的杂交品种，在1959年的《科学美国人》（*Scientific American*）里第一次被提到，而在2003年由一个名叫罗布·鲍尔（Rob Bauer）的辛普森粉丝真正培育出来］这样的经典。但是，位于列表最顶端的是“meh”，用于表达纯粹的漠不关心，在第6季中首次出现。在某一集中，玛姬·辛普森被文艺复兴市集上的一架织布机所吸引，她在高中时就学过织布。她织下了如下的信息：“嗨，巴特，我正在用一台织布机织布。”巴特的反应是：“meh。”6年之后，在另外一集中，丽莎·辛普森真的拼出了这个词。

“meh”被许多字典收录，从麦克米兰出版的字典（“用来表示你对发生的事情不感兴趣，或你对某事没有特别的兴趣”）到Dictionary.com（“表示无聊或冷漠”），再到《柯林斯英语字典》（“一个连接词，用来暗示漠不关心或无聊；也可以作为形容词，用来表示某样东西稀松平常，或某人无动于衷”)。几年以后，令乔治·迈耶感到惊讶的是，《辛普森一家》的一位编剧向他回忆起了“meh”首次出现的那一集。“他提醒我说，我参与了那一集的工作，他认为‘meh’这个词是我想出来的。我一点儿也不记得了。”当我问蒂姆·朗是谁创造了“meh”这个词时，他非常肯定地说就是乔治·迈耶。“我非常确信是他发明了‘meh’。这个词已经非常流行了——大多数人甚至没有意识到它出自《辛普森一家》。”最后，与编剧们的对话让迈耶记起了当时的情况：“那时我是想找到一个词，可以很容易地说出来，不需要花什么力气——只是张一下嘴唇，空气从里面出来。”

为什么迈耶记不得自己的贡献？作为付出者，他的关注点是通过集体的成果来愉悦他人，而非个人独占这种成果。他会提出尽可能多的台词、笑料和词汇，让别人使用它们，把它们融入剧本。他把注意力放在改善剧本的整体质量上，而非追踪记录每个人的功绩。“许多东西就像篮球比赛中的助攻一样。当有人说‘乔治，这个东西是你的’时，我真的不清楚是否如此，”迈耶说，“我通常记不住自己做的事情，所以我一般不会说是我做了这个或那个。我会说，是我们做了这个或那个。我认为这是一种很好的习惯。”

研究发现，互利者和获取者要想养成这种习惯，并不困难。请回忆一下，责任偏差之所以出现，是因为我们更加了解自身的贡献，而非他人的贡献。平衡责任判断的关键在于将我们的注意力放在别人的贡献上。你要做的就是，在估计自身的贡献之前，首先列举一下你的搭档做出了哪些贡献。研究表明，如果雇员在思考自己对于老板做出的贡献之前，首先思考一下他们从老板那里得到了多少帮助，那么他们估计老板的贡献时会翻倍，从不到17%增加到了超过33%。如果召集一个3~6人的团队，要求每个人估计一下自己完成的工作份额，你会发现把他们的估计结果加起来，总量会达到140%。如果让他们在估计自己的贡献前，首先思考一下每个成员的贡献，那么估计的总量会下降到123%。

像迈耶这样的付出者会自然而然地这样做：他们会注意并认可别人的贡献。在一项研究中，心理学家迈克尔·麦考尔（Michael McCall）要求人们完成一份问卷，测验他们是获取者还是付出者，然后两两组成一组，判断不同的物品在沙漠生存中的重要性。他随机告诉一半的组合说，他们的任务失败了，却告诉另一半说任务成功了。获取者会将失败归咎于搭档，将成功归功于自己。付出者则会承担起失败的责任，并将成功更多地归功于搭档。

这正是乔治·迈耶的常规做法：当事情不顺利时，他对自己非常严苛，但是当事情变好时，他会很快地祝贺他人。“糟糕的喜剧会给乔治带来生理上的伤害”蒂姆·朗说。迈耶希望每个笑料都能让人开怀大笑的同时还能引人深思。尽管他对于别人也持有与对自己相似的高标准，但是更能容忍别人的错误。在职业生涯的早期，迈耶曾经在工作了6个星期之后，被一个名叫《不一定是新闻》（*Not Necessarily the News*）的节目解雇。20年后，他又遇到了当年解雇自己的老板。她向他道歉——很显然，解雇他是一个错误——并做好了准备，以为迈耶会朝她发火。与我讲起这个故事时，迈耶笑着说：“能再次遇见她是很美妙的事情。我说，‘嗨，这都多少年了，一切都没关系’。在好莱坞，有些人非常热衷于狠狠地打击仇敌，这是一种空洞的动机。你一定不希望到处都是这样的人给你搞破坏。”

在《辛普森一家》的重写室里，由于迈耶总是对别人更宽容，因而每个人都得到了最好的发挥。他说：“我希望营造一种氛围，让每个人都觉得自己能够有所贡献，而且就算犯下许多次错误也没关系。”这就是所谓的心理安全——相信你可以承担风险，并且不受到损失或惩罚。哈佛商学院的教授艾米·埃德蒙德森（Amy Edmondson）通过研究发现，迈耶创造的这种心理安全环境可以提高人们学习和创新的效率。[①] 而且正是付出者频繁地营造出这种环境。一项研究显示，那些愿意分享想法，不求回报的工程师，更有可能在创新中扮演主要的角色，因为他们让信息的交换变得更加安全。唐·佩恩回忆说，当他和编剧同事约翰·弗林克加入《辛普森一家》节目组时，组里那些才华横溢且经验丰富的制作人员

① 心理安全有没有不好的一面？许多管理者相信，如果容忍下属的错误，就会传递出一种信息，似乎犯错误也没关系。这种错误可能在情境喜剧中并不致命，但是请考虑一下人命关天的环境——医院。埃德蒙德森从不同的医院选取了 8 名成员评定了他们在单位中感受到的心理安全水平，以及他们犯过多少次医疗错误。很明显，心理安全感越高，其报告的错误数量也越多。健康护理专业人士如果感觉自己的错误在单位中可以被容忍，那么他们似乎会更容易给患者送错药，使患者得不到有效的治疗或是引发过敏反应。根据直觉，容忍错误会让人们粗心大意，犯下更多的错误，但是埃德蒙德森并不相信这种推理。的确，成员在医疗单位的心理安全感越高，其报告的错误就越多。但是，当埃德蒙德森采用更加客观的、独立的数据来衡量医疗错误时，医疗单位中的心理安全感并不会带来更多的错误。实际上，一个医疗单位的心理安全感越高，成员犯下的错误会越少。为什么会这样？在那些缺少心理安全感的医疗单位里，健康护理专业人员会因害怕受到惩罚而隐瞒他们的错误。结果就是，他们不会从错误中学习。而在心理安全感较高的医疗单位里，报告中的错误让他们更有可能在未来避免再犯。

让他们感到害怕，迈耶却让他们能够安心地表达出自己的想法，“乔治对我们极为支持，将我们置于他的保护之下。他让加入和参与变得非常容易，鼓励我们说出自己的想法，不会贬低我们。他会倾听，并征询我们的意见”。

在修改剧本时，许多喜剧编剧会大刀阔斧地删减材料，让写下这些材料的人受到心理上的伤害。与此不同的是，迈耶说他“努力专注于为其他人提供情绪支持”。如果编剧害怕自己的剧本被重写，迈耶通常是第一个安抚他们，让他们冷静下来的人。“我总是与处于极端状态的人打交道。我经常会通过谈话，让他不再害怕，”迈耶观察道，“我善于安抚他们，向他们展示看待问题的不同角度。”到了最后，即使迈耶抛弃了他们的成果，他们也知道，他是关心他们的。卡洛琳·欧米尼评论说：“乔治不会婉转修饰，他会有话直说，告诉你他认为你想出的笑话非常愚蠢，但是你从不会认为他是在说你这个人愚蠢。”蒂姆·朗告诉我说，如果你让迈耶读一个剧本，“就好像你给了他一个婴儿，他的责任就是告诉你宝宝有没有生病。他真的非常在意精彩的写作——也非常在意你”。

## 视角差距

如果克服责任偏差可以让我们更加清晰地认识到其他人的贡献，那么哪些东西可以让我们给合作的同事提供更好的支持？在合作中，人们的情绪经常会非常激动，做出针对个人的批评。分享功劳只是成功团队工作中的一部分。迈耶在他编剧同事的成果被删减时安抚他们的能力，以及创造出一种心理安全环境的能力，揭示了付出者在合作中的另一种重要做法：跨越视角的鸿沟。

西北大学的心理学家洛兰·诺格伦（Loran Nordgren）开展了一项实验，让人们预测，在一间冰冷的房屋坐 5 个小时会有多痛苦。他们在两种不同的条件下做出预测：一种是温暖的环境，另一种是寒冷的环境。当温暖组的受试者预测自己在冰冷的房间中会有多痛苦时，他们的一只手臂会浸在一个装满温水的桶里。寒冷组的受试者在预测时同样把一只胳膊浸在桶里，但桶里装的是冰水。哪一组会预期自己在冰冷的房屋中将体验到最多的痛苦？

你也许猜到了，感觉更痛苦的是寒冷组。如果人们把手臂浸在一桶冰水中，而不是一桶温水中，他们预期自己在冰冷房间中的痛苦程度会高 14%。亲身体验几分钟寒冷的感觉之后，他们就知道几个小时会有多难熬。还有第三组受试者，也体验了寒冷的感觉，但情况有所不同。他们把一只手臂浸在冰水里，然后拿出来，填写另外一份问卷。10 分钟之后，他们再估计在冰冷的房间中会有多痛苦。

因为刚刚在 10 分钟之前就体验了冰冷的温度，他们的预测本应该和寒冷组一致，但结果并非如此。他们的预测与温暖组一致。即使在 10 分钟之前就感受到了寒冷，但是，一旦这种感觉不存在了，他们就很难再次感受和想象。这就是一种视角差距：如果我们没有体验到一种心理或生理上的紧张状态，就会远远低估它们对自己的影响。例如，有研究发现，医生经常会认为他们的患者没有实际上那么痛苦。由于自己没有处在痛苦之中，这些医生没法完全感同身受。

在旧金山的一家医院里，一位受人尊敬的肿瘤学家为他的病人感到担心。“他甚至没有昨天那么清醒了”。病人年纪很大，而且患有晚期的转移癌症。肿瘤学家决定，安排一次脊髓抽液，看看到底哪里出了问题，希望能延长病人的生命。“也许他有感染——脑膜炎、脑部脓肿——一些可以治疗的疾病。”

神经学家罗伯特·伯顿（Robert Burton）对此有所怀疑。病人的治愈希望非常渺茫，而且脊髓抽液非常痛苦。但是，肿瘤学家不打算放弃。当伯顿拿着脊髓抽液盘走进病房时，病人家属围上来向他抗议。“请不要再做这些了。”他们一起说。病人——晚期的疾病让他虚弱得没法说话——也点点头，拒绝接受抽液。伯顿找到肿瘤学家，告诉他病人家属不希望进行脊髓抽液，但是肿瘤学家不为所动。终于，患者的妻子抓住伯顿的胳膊，恳求他帮忙反对肿瘤学家的脊髓抽液计划。“这不是我们想要的。”患者的妻子恳求说。肿瘤学家依然决心拯救病人的生命。他解释了为什么脊髓抽液是必要的，最终家属和病人屈服了。

伯顿执行了脊髓抽液，操作很困难，而且病人非常痛苦。他出现了剧烈的头痛，陷入昏迷，3 天后因癌症去世。这位肿瘤学家是业内知名的专家，伯顿记得他“不假思索地相信自己‘做得没错’，继而造成了怎样的后果。要想了解真实的情况，唯一的办法是与病人谈一谈”。

在合作中，获取者很少会跨过这种视角差距。他们太关注于自己的视角，而从来不去看看别人对其想法和反馈有什么反应。另一方面，研究者吉姆·贝里（Jim Berry）和我发现，在创造性的工作中，付出者的动机是令他人获益，所以他们会想办法换位思考。当乔治·迈耶编辑《辛普森一家》的动画师和编剧的工作成果时，他就面临着一个视角差距。他正在删减别人最引以为傲的场景和笑话，而不是他自己的。迈耶意识到，自己不可能真正体会他们的感受，不过他找到了一个近似的办法：他想象自己处在他们的位置，接受别人的反馈，当自己的成果被修改，会有怎样的感觉。

在1989年加入《辛普森一家》节目组时，迈耶已经撰写了一个感恩节特辑，里面包含一个做梦的场景。他认为这个场景非常好笑，但是萨姆·西蒙——节目当时的主管——对此并不同意。当西蒙从剧本里砍掉这个场景时，迈耶非常愤怒："我快疯了。我非常生气，萨姆不得不打发我去做另一项工作，让我离开房间。"在批评和修改动画师和编剧的成果时，迈耶会反思这段经历。"我可以理解人们的作品被别人重写时那种被掏空的感觉。"他这么对我说。这让他变得更有同情心、更加体贴，学会帮助别人冷静下来，接受他的修改。

像迈耶一样，成功的付出者会调整他们的参照标准，从对方的角度思考。对于大多数人来说，这并不是一个习惯性的出发点。向新婚夫妇或新生儿赠送礼物时，我们经常会陷入一种决策困境。如果对方列出了一张礼物清单，你是从中选一个送给他，还是自己挑一个独特的礼物？

某个晚上，我的妻子正在为朋友挑选结婚礼物。她认为，送一样礼物清单之外的东西会显得更加用心体贴，于是决定送一些蜡烛，期待我们的朋友会欣赏这份独特的礼物。我个人对此感到有些困惑。几年之前，在我们收结婚礼物的时候，如果有人没有遵从礼物清单的选择，而是自己挑了一个礼物，我的妻子经常会感到失望。她知道自己想要某件特别的东西，而别人送她的礼物，很少能比礼物清单上已经选好的那些更令她喜欢。既然她知道，自己作为收礼的一方更喜欢清单上的礼物，为什么在送给别人礼物的时候，却自己挑一个自以为独特的礼物？

为了揭开这个谜底，哈佛大学的弗朗西丝卡·吉诺（Francesca Gino）和斯坦福大学的弗兰克·弗林研究了送礼者和收礼者对于清单礼物和独特礼物的反应。他们发现，送礼者会持续地低估收礼者对于清单礼物的喜爱程度。在一项实验中，他们招募了 90 名志愿者，他们或者在 Amazon.com（亚马逊网站）上送出礼物，或者从上面收到礼物。收礼者有 24 小时的时间建立一张包含了 10 个产品的愿望清单，价格范围在 20~30 美元之间。送礼者会评估这些愿望清单，然后被随机指定任务——或者选择一个清单上列出的礼物，或者自己选择一个独特的礼物。

送礼者预期对方会更喜欢独特的礼物，因为它们显得更用心，也更个人化。但是，实际结果正相反。收礼者更喜欢清单上的礼物，而非独特的礼物。在朋友接受和送出结婚礼物和生日礼物时就会出现这种模式。送礼者更喜欢送出独特的礼物，但是收礼者实际上更喜欢他们在愿望清单上列出来的那些礼物。

为什么会这样？研究表明，采取他方视角时，我们仍然会使用自己的参照标准，询问这样的问题："我在这种情境下会有什么感觉？"在送出礼物时，我们会想象自己收到这个礼物时的喜悦之情。但是，收礼者体验到的并不是相同的喜悦之情，因为他们的偏好与我们的不同。作为送礼者，我妻子很喜欢她挑选的蜡烛。

可要是我们的朋友真喜欢这些蜡烛，他们就会把它列到礼物清单里了。[①]

为了能够有效地帮助同事，人们需要跳出自己的参照标准。就像乔治·迈耶所做的那样，需要问："对方在这种情境下会如何感受？"这种换位思考看待世界的能力，发源于生命的早期阶段。在一项实验中，伯克利的心理学家贝蒂·雷帕克利（Betty Repacholi）和艾利森·高普尼克（Alison Gopnik）研究了14个月大和18个月大的婴儿。这些婴儿面前摆着两碗食物：一碗金鱼饼干，一碗西兰花。这些婴儿品尝了每个碗里的食物，相对于西兰花，他们表现出了对饼干的强烈偏好。接下来，这些婴儿看见一位研究者表现出了对饼干的厌恶，在品尝西兰花时却表现出了高兴的样子。当研究者伸手向婴儿要食物时，婴儿可以选择给她饼干或是西兰花。那么婴儿是否能够跳出自己的视角，给她西兰花，即使自己非常厌恶这种食物？

14个月大的婴儿做不到这一点，18个月大的却可以。14个月大的婴儿之中，有87%给出了金鱼饼干，而非西兰花。18个月大的婴儿之中，只有31%犯了这种错误，而69%的人都分享了别人喜欢的东西，即使它不同于自己的喜好。这种不限于自身的视角，从他人的角度思考的能力，正是成功的付出者在合作中的标志性

---

① 当然，我的妻子指出，我们的朋友会喜欢这些蜡烛——他们只是不知道有这么精美的礼物存在。如果他们知道，这些蜡烛肯定会出现在他们的礼物清单上。事实证明她是对的。

技能[1]。有趣的是，当迈耶刚刚开始他的喜剧编剧生涯时，他并没有使用自己的换位思考技能来帮助同事。他将他的编剧同事视作竞争对手：

> 当你刚上路时，你会将别人视为你成功的绊脚石。但是这就意味着，你的世界会充满阻碍，这很糟糕。早年我的一些同事和朋友——甚至好友——在事业上极为成功，这让我很难熬。我会感到嫉妒，认为他们的成功对我来说意味着一种耻辱。在你的事业刚开始时，你自然会关注于提升和宣传自己的形象。

但是，当迈耶开始在电视行业工作时，他不断地和同类人打交道。这是一个很小的世界，人们彼此之间充满了联系。“我意识到，这个圈子很小。不管什么时候，只有几百人靠写电视喜剧谋生，”迈耶说，“最好不要疏远这些家伙，你找到的大部分工作或

---

① 作为家里最大的孩子，迈耶有许多机会来练习换位思考。研究显示，家中有弟弟妹妹可以为我们提供和传授照顾孩子、喂食及清洁方面的经验，这有助于我们培养付出者的本能。专家很早以前就认识到，作为年长的孩子，特别是老大，会肩负起照顾弟弟妹妹的责任，这要求我们密切关注他们的独特需求，理解相互之间的差别。但是，弗兰克·劳埃德·赖特和乔纳斯·索尔克都是家中的老大。赖特有两个妹妹，索尔克有两个弟弟。迈耶的家庭背景中还有另外一些因素，可能促使他走上了付出者的道路。在荷兰心理学家保罗·范·兰格（Paul van Lange）的一系列研究中，付出者比获取者和互利者拥有更多的兄弟姐妹。付出者平均有两个兄弟姐妹；获取者和互利者平均只有 1.5 个。更多的兄弟姐妹意味着更多的分享行为，为他们注入付出者的倾向。也许并非巧合，乔治·迈耶是 8 个兄弟姐妹中的老大。有趣的是，范·兰格的数据表现出的是姐妹效应，而非兄弟姐妹效应。付出者的兄弟数量少于获取者或是互利者，但是他们有姐妹的可能性会多出一半。值得注意的是，在迈耶的 7 个弟弟妹妹中，有 5 个是妹妹。

多或少都要依靠口口相传，或是别人的推荐。有一个好名声真的很重要。很快，我就试着将其他喜剧编剧视为伙伴。”迈耶开始帮助他人取得成功。“这不是一个零和游戏。如果你听说某人被录取了，或者他们的节目发展成了系列剧，这在某种意义上非常棒，因为喜剧行业变得更好了。”

这不是弗兰克·劳埃德·赖特选择的道路。他毫无疑问是一个天才，但他并不是一个天才创造者。当赖特取得成功时，他并不会增加其他建筑师的成功概率，而通常会让他们付出代价。正如赖特的儿子约翰所反思的：“你的专业程度数一数二，修建了许多理想的建筑。但是，当别人渴望获得相似的成就时，你对于他们的支持很少。”关于学徒，赖特的儿子指责说，他从来不会“站在谁的身后支持他，帮助他变得更好”。赖特曾允诺学徒，给他们一间绘图室，以完成工作，但是直到开设塔里艾森奖学金的 7 年后，他才真正实现了当初的承诺。有一次，一位客户承认，自己更愿意雇用赖特的学徒，而非他本人。因为他的学徒与他天赋相当，而且在按时完成工作和保持预算方面要比他更加负责。赖特非常愤怒，他不允许手下的建筑师接私活儿，要求他们把自己的名字列在所有作品的第一位。一批最有天赋和经验的学徒抗议赖特为了给自己谋利而压榨他们，抢占他们的功劳，选择了退出。“很有意思，”德·圣奥宾说，“赖特的几百名学徒中，没有几个能够成为独立、成功的建筑师。”

乔治·迈耶的成功则给他的同事带来了相反的效果：它泛起涟漪，奔流直下，扩散到周围人的身上。迈耶的同事说他是一个天才，但令人震惊的是，他同时也是一个天才的制造者。通过帮助《辛普森一家》里的编剧同事，乔治·迈耶让他们在工作中更有效率，从而提升了集体的效率。“他让我成为更好的编剧，鼓励我跳出框外思考。”唐·佩恩评价说。迈耶志愿承担不受欢迎的工作，帮助别人改进他们创作的笑话，并长时间地工作，来达到更高标准，他的这种意愿让同事自愧不如。“他让每个人都更努力了。”乔恩·维迪告诉《哈佛深红报》的一位记者。他宣称“迈耶的存在刺激了《辛普森一家》的其他编剧，促使他们变得更有趣”，并赞扬了迈耶“激发出周围人的优秀潜力”的天赋。

迈耶于2004年离开了《辛普森一家》节目组，现在正在写自己的第一部小说——暂定名为《踹我100万次，不然我会死掉》（*Kick Me 1 000 000 Times or I'll Die*）——但是他在编剧室中的影响力依然存在。今天，“迈耶的声音深深地融入了这个节目的基因之中，”佩恩说，“他向我展示了，你不需要做一个浑蛋就能取得领先地位。”卡洛琳·欧米尼补充说，“我们都从乔治的幽默感中学到了许多东西。即使他已不在《辛普森一家》节目组了，我们有时仍然会用他的方式思考。”多年之后，迈耶仍然不厌其烦地鼓励和支持他的同事。尽管赢得了5次艾美奖，蒂姆·朗还没有实现他的终生梦想：他想要在《纽约客》上发表文章。2010年，朗发给了迈耶一份投稿用的草稿。迈耶很快回复了他，并给出了深入的反馈信息。“他一行接一行地仔细评阅，他非常慷慨。他的批注帮助我改掉了一些在灵魂深处困扰着我的东西，但我没法用语言描述出来。”接下来，迈耶朝付出迈出了更远的一步：他联系了《纽约客》的一位编辑，帮助朗敲开了大门。到2011年，朗如愿以偿，两次都实现了梦想。

在迈耶出版第二期《军人》时，他与 30 位作者合作。他们都免费为他写笑话，而他们的事业也因为迈耶得以一飞冲天。后来，这些作者中至少有 7 位帮《辛普森一家》写过剧本。其中的一位作者名叫斯派克·弗雷斯坦（Spike Feresten），他在 1995 年写了完整的一集《辛普森一家》，后成为获得艾美奖提名的《宋飞正传》的编剧和制片人，在剧里，他编写著名的“汤纳粹”（Soup Nazi）那一集。那些没有成为《辛普森一家》编剧的《军人》作者，后来也在其他领域取得了成功。例如，鲍勃·奥登科克（Bob Odenkirk）成为知名的作家和演员，罗兹·查斯特（Roz Chast）成为《纽约客》的漫画家，而安迪·博罗维茨（Andy Borowitz）则成为一位畅销书作者，并创立了“博罗维茨报告”（The Borowitz Report），这是一个讽刺性的专栏和网站，拥有几百万的粉丝用户。在此之前，博罗维茨与他人共同制作了热卖的电影《欢乐谷》（*Pleasantville*），并创作了电视剧《新鲜王子妙事多》（*The Fresh Prince of Bel-Air*），威尔·史密斯正是从这里走上了明星之路。通过邀请他们为《军人》撰稿，迈耶帮助他们事业腾飞。“我只是邀请那些让我发笑的人写稿，”迈耶告诉麦克·萨克斯说，“我并没有意识到，他们后来会变得如此杰出。”

# 第四章 发现璞玉

## 关于鉴别天才的幻想与现实

如果我们将一个人作为他自己来对待，会让他变得比现在更差；如果我们将他作为他可能成为的人来对待，会让他成为他应该成为的人。

——约翰·沃夫冈·冯·歌德，德国作家、物理学家、生物学家和艺术家

贝拉克·奥巴马入主白宫后，一个记者问他最喜欢的应用程序是什么，奥巴马毫不犹豫地回答，是 iReggie，他“把我的书、报纸和音乐都储存在一个地方”。其实 iReggie 并不是一个软件，这是一个名叫雷吉·洛夫（Reggie Love）的人，当初没有人会想到，他会成为奥巴马总统不可或缺的资源。

洛夫曾经是杜克大学的一位运动明星，在那里他获得了非常罕见的成就，同时在橄榄球队和

篮球队中扮演了关键的角色。但是，毕业后的两年里他都没能进入 NFL（国家美式橄榄球联盟），于是决定转行。洛夫鉴于在杜克大学主修政治学和公共政策，于是申请了一份国会山的实习工作。他有体育生的背景，但没什么工作经验，最后在奥巴马的参议员办公室的邮件收发室得到了一个职位。不过，一年之后，年仅 26 岁的洛夫就被提挈为奥巴马的身边人，或者叫做个人助理。

洛夫每天工作 18 个小时，与奥巴马一起飞行了超过 88 万英里。“他承担了这么多的责任，却只睡这么短的时间，让人看了以后深受鼓舞。”奥巴马说，“他非常擅长做他所负责的事情。”奥巴马当选总统后，一位助手评论说，洛夫“照料了总统”。洛夫努力回复每一封送到他办公室的信件。“我总是希望给人们确定的回复，让他们知道自己的声音已经被听到了。”洛夫告诉我。据一位记者说，洛夫“因为他的杰出才华和善良博爱而闻名”。

几十年前，在洛夫的家乡北卡罗来纳州，一位名叫贝丝·特雷纳姆（Beth Traynham）的女性决定回到学校学习会计。贝丝已经 30 岁出头，而且数学并不是她的强项。她直到三年级才学会从数字时钟上看时间，而且在高中时，她完全是依靠男朋友的帮助才通过了数学考试。即使在成年以后，百分数也令她抓狂。

到了参加注册会计师（CPA）考试的时候，贝丝认定她自己肯定会挂科。除了在学习数学方面感到吃力之外，她还面临着严重的时间限制问题。她有一份全职的工作，在家还要照顾三个孩子——其中两个还是婴儿，他们都在她参加考试前两周得了水痘。最低潮的时刻莫过于当她花了整整一周的时间，试图理解养老金会计问题，而三天之后，她感觉自己已理解的内容比一开始还要少。

贝丝刚刚在CPA考场里坐下，一看到多项选择题，就感到一阵惊恐。“我宁可（再）经历一次自然分娩，也不愿意坐在考场里。”贝丝说。她心怀沮丧地离开考场，确信自己肯定是不及格了。

1992年8月一个周一的早上，贝丝的电话响了。电话那头的一个声音告诉她，她在北卡罗来纳州的CPA考试中赢得了“金牌”。她以为这是一个朋友在和她开玩笑，于是她在这一天的晚些时候致电州委员会，来确认这个消息。这不是一个玩笑：贝丝得到了全州的最高分。后来她又收到了另外一个奖项，简直令她目瞪口呆：艾利加赫·瓦特·赛尔斯杰出表现奖（Elijah Watt Sells Award for Distinctive Performance），该奖项仅授予全美136 525名CPA考生中分数最高的10个人。今天，贝丝已经成为会计公司Hughes，Pittman & Gupton，LLC.里一位备受尊敬的合伙人。“研究三角区”① 将她列为最有影响力的25位金融领袖之一，以及商业领域最杰出的25位女性之一。

贝丝·特雷纳姆和雷吉·洛夫过着迥然不同的生活。除了在职业上同样成功，以及都来自北卡罗来纳州以外，他们之间的联系得益于同一个人。这个人的名字叫C. J. 斯肯德（C.J.Skender），他是一位传奇人物。

斯肯德讲授会计学，但是说他是一名会计学教授并不能彰显他的雄才大略。他是一个特别的人，戴着标志性的领结，如果有人提议，他可以背诵几千段歌词和电影台词。他可能是唯一一位

① 研究三角区（Research Triangle），美国北卡罗来纳州的一个区域，因北卡罗来纳州立大学、杜克大学和北卡罗来纳州立大学教堂山分校得名，是美国重要的研究中心。——译者注

拥有白皙皮肤和一头白发，却在办公室挂着一张饶舌歌手 50 Cent（50 美分）海报的 58 岁男子。此外，他是一个数学奇才，他在课堂上的影响力很难被量化。斯肯德是仅有的几名能让杜克大学和北卡罗来纳大学放下敌对，携手合作的教授之一：他名声响亮，因而被允许同时在这两所学校授课。他获得过超过 24 个重要的教学奖项，其中的 14 个在北卡罗来纳大学，6 个在杜克大学，还有 5 个在北卡罗来纳州立大学。在他的职业生涯中，他教过差不多 600 个班，给超过 35 000 名学生评定过成绩。因为在学生身上花费了如此多的时间，他发展出了一项也许是他最令人惊叹的本领：一双发现天才的眼睛。

2004 年，雷吉 · 洛夫参加了 C.J. 斯肯德在杜克大学的会计课程。这是一个暑期课程，洛夫需要通过这门课的考试才能毕业。尽管许多教授只是把洛夫当成一个体育生，斯肯德却从他的身上看到了运动员之外的潜力。“出于某些原因，从没有杜克大学橄榄球队的运动员上过我的课，”斯肯德解释说，“但是我知道洛夫能够取得成功。”斯肯德在课堂上主动与洛夫接触，发现他的直觉是正确的，他的付出终将结出硕果。“在上斯肯德的课之前，我对会计一窍不通，”洛夫说，“而我通过这门课打下的基础知识最终帮助我走向了白宫。”在奥巴马的邮件收发室里，洛夫利用他从斯肯德的课上学到的关于存货的知识，开发出了一套更有效的流程，对一大堆积压的信件实行了数字化管理。“这是我做的第一项工作。”洛夫说。而正是这个工作给一位主管留下了深刻的印象，他从此注意到了洛夫。2011 年，洛夫离开了白宫，到沃顿商学院学习，他给斯肯德写了一封简短的邮件：“我正坐在去费城的火车上，准备开始学习行政工商管理硕士的课程，第一堂课就是财务会计——我只想对你说声谢谢，在我上你的课时，谢谢你为我花了这么多时间。”

12 年前，贝丝·特雷纳姆参加 CPA 考试之后，找到了斯肯德，并对他描述自己在考试中的糟糕表现。她说自己肯定不及格，但是斯肯德认为自己更清楚真相。他向她承诺：“如果你没有通过考试，我会为你支付抵押贷款。”斯肯德又押对了一次——而且他的正确判断不只限于贝丝一个人。这个春天，北卡罗来纳州 CPA 考试的银牌和铜牌得主都是他的学生。在全部 3 396 名考生中，斯肯德的学生包揽了前三名。这是北卡罗来纳州头一次由来自同一个学校的考生横扫了全部奖牌，而且，尽管会计是一个由男性主导的领域，但斯肯德的三名获奖学生都是女性。全部加起来，斯肯德有超过 40 名学生因为在 CPA 考试中位列全州的前三名而得到了奖牌。他也表现出了一种本领，能够鉴别出谁有当老师的潜质：超过 36 名学生后来追随他的脚步，在大学里教书。他为什么能把其他人的潜能发掘出来？

这听上去可能是纯粹的直觉，不过在 C.J. 斯肯德识别天才的本领背后，有着严谨的科学道理。鉴别和培育天才在每个行业都是一项必要的技能；用才华横溢之人把我们包围起来，这样做的价值怎么强调也不过分。就像拓展关系网络和合作一样，在发掘别人的潜力方面，人际交往风格也会塑造我们的行为，影响我们的效率。在这一章，我希望向你展示，付出者是怎样通过发现别人的潜能而取得成功的。除了追踪斯肯德的技术之外，我们还会看一看，星探如何鉴别世界级的运动员，人们为什么会在潜力较小的候选人身上花费过多心力，以及顶级的音乐家如何描述他们的启蒙老师。但是，最好的起点是军队，心理学家已经在那里花了 30 年的时间，研究如何发现最有天赋的军校生。

## 搜寻明星

在 20 世纪 80 年代初期，一位名叫多夫·伊登（Dov Eden）的心理学家发表了一系列成果显著的论文。在第一篇论文中，伊登指出，在以色列国防军（IDF）的士兵开始受训之前，他就能分辨出哪些人将来会有优异的表现。

伊登虽然身材纤细，但是心理非常强大。他在美国长大，完成博士论文后，移民到了以色列，开始与 IDF 合作展开研究。在一项研究中，他分析了将近 1 000 名士兵的测验数据，这些士兵即将与他们的野战排一起开始训练。他掌握的资料包括他们的能力测验分数、基本训练阶段的评估，还有之前指挥官的评价。仅仅使用这些在训练开始之前收集的数据，伊登就鉴别出了一组潜力较大的学员，他们可能会成为明日之星。

在接下来的 11 周里，学员们接受了战斗战术技能、地图和标准操作流程方面的测验，他们也展示了自己操作武器的技能，由专家进行评估。不出所料，伊登一开始鉴别出的那些潜力较大的候选人，在接下来的 3 个月中，果然比他们的同伴表现更好：与同伴相比，他们在技能测验上的成绩高出 9%，在武器评估上的成绩则高出 10%。伊登使用了哪些信息来鉴别潜力较大的学员？如果你是一个 IDF 的野战排指挥官，在你的士兵身上，你最看重哪一项品质？

我们知道，伊登的灵感来自于哈佛大学的心理学家罗伯特·罗森塔尔（Robert Rosenthal），后者与旧金山一家小学的校长莉诺·雅各布森（Lenore Jacobson）展开了合作。在从幼儿园到五年级的 18 个班级中，学生们接受了哈佛认知能力测验。测验的目标是测量学生的语言和推理技能，这些技能在学习和问题解决中发挥着关键的作用。罗森塔尔和雅各布森与教师分享了测验结果：接近 20% 的学生有可能出现智力上的增长或井喷。尽管这些孩子现在看起来可能和其他人没什么区别，但是测验结果显示，在接下来的一个学年中，他们可能会表现出“非同寻常的智力增长”。

哈佛测验确实很准：当学生们一年之后再次接受测验时，那些当初被认为有智力增长潜力的学生，比其他人进步更快。他们的智商分数平均提高了 12 点，相比之下，他们的同学只提高了 8 点。他们在一年级的智力增长比别的学生高出了差不多 15 点，在二年级则高出了 10 点。即使是两年后，他们的表现依然超过了同学。智力测验成功地鉴别出了潜力较大的学生：他们变得比同学更聪明，而且发展速度更快。

基于这些结果，智力看上去很可能是一个关键的因素，可以用来区分出潜力较大的学生。但实际上并非如此，至少一开始不是这样。为什么？

那些被标记为潜力较大的学生在哈佛智力测验中获得的分数实际上并不比别人高。他们是被罗森塔尔随机挑选出来的。

这项研究的目的是为了探究在教师相信学生具有极大潜力的情况下，学生会有怎样的表现。罗森塔尔从每个班随机选择了

20% 的学生，将他们标记为高潜力者，另外 80% 则是对照组。高潜力者并不比他们的同学更聪明——差异“完全存在于老师的头脑里”。

尽管如此，高潜力者的语言能力和推理能力都比其他同学更强。一些被标记为高潜力者的学生，在一个学年中智力增长的幅度超过了 50%。在学年结束时，另外一些对实验并不知情，也不知道谁是高潜力者的人员，对学生们进行了智力测验，结果高潜力者的优势依然存在。两年之后，那些被标记为高潜力者的学生继续保持了增长态势，即使教他们的老师已经换人，新的老师并不知道谁被标记为高潜力者。为什么会这样？

老师的信念创造了一种自我实现的预言。当老师相信他们的学生具有较高的潜力时，他们就对学生的成功设立了较高的期望。结果就是，老师会做出更多的支持行为，这会增强学生的自信心，并强化他们的学习和发展。老师们会用更加温暖的方式与高潜力者交流，给他们安排更有挑战性的作业，更频繁地联系他们，并给他们更多反馈。许多实验都重复产生了这些效应，表明教师的期望能够改善学生的成绩和智力测验分数，这对于那些学业成就低的学生尤其如此。在一篇全面的综述中，心理学家李·贾西姆（Lee Jussim）和肯特·哈勃（Kent Harber）总结说：“课堂中的自我实现预言是真实存在的。”

但是我们都知道，儿童在智力发展的早期阶段是非常敏感的。当多夫·伊登开始与 IDF 展开研究时，他好奇的是，这些类型的自我实现预言在更加成熟的成年人身上是否依然有效。他告诉一些野战排指挥官说，自己看过了能力测验分数、基本训练时的评估，以及之前指挥官的评价："你手下学员的平均智力要高于正常水平……因此，你可以期望他们取得不凡的成就。"

就像在小学里开展的研究一样，这些高潜力学员是伊登随机挑选的。他是在检验，如果指挥官相信学员具有高潜力，会产生怎样的效果。有趣的是，那些被随机标记为高潜力的学员，与没被标记的学员相比，确实在技能测验和武器评估测验上表现得更好。就像学校里的老师一样，如果野战排指挥官相信学员的潜力，那么他们就会通过行动让这些潜力转化为现实。对学员怀有更高期望的指挥官会提供更多的帮助，给出更多的职业建议和反馈。当学员犯错时，他们不会认为学员缺乏能力，反而会将此视为机会，指导学员并帮助他们学习。野战排指挥官的支持行为促使学员增强了自信心和能力，激发和鼓励他们有更好的表现。

研究证据显示，领导者的信念在军队之外的许多领域同样可以催生出自我实现预言。管理学研究者布赖恩·麦克纳特（Brian McNatt）全面地分析了 17 项不同的研究，领域涵盖各类工作机构，包括银行、零售业以及制造行业，涉及员工近 3 000 人。总体来看，如果随机要求管理者将员工视为高潜力者，那么其手下的员工就会高速成长。麦克纳特总结说，这些干预"对于绩效可以有非常大的影响"。他鼓励管理者认识到下面两种做法的影响力："其一对于员工的潜力怀有发自真心的兴趣和信念……；其二在行动上支持他人，并传递出这种信念……增强他人的动机和努力程度，帮助他们实现潜能。"

一些管理者和教师已经内化了这些信条。他们很自然地将人们视为高潜力者，即使没人告诉他们该这样做。这对于获取者来说非常少见，他们不太会信任别人。因为他们认为大多数人都是获取者，所以对于同伴和下属的潜力不会抱有太高的期望。研究显示，获取者质疑别人的动机，所以会警觉性地监测别人可能伤害他们的信息，常常用质疑和不信任的眼光看待别人。即使另一个人的能力和动机给获取者留下了深刻的印象，他们也更有可能将这个人的存在视为一种威胁，这意味着他们更不愿意支持他（她），帮助他（她）的发展。结果就是，获取者经常没法做出这样的支持行为，而这些行为对于他们的同伴和下属树立自信和职业发展都是非常有益的。

互利者在激发自我实现预言方面相对要好一些。因为他们看重互惠，所以当一个同伴或下属表现出了高潜力时，互利者会用友善的方式做出回应，努力提供支持和鼓励，培养有潜力的同事和直属下级。但是，互利者的错误在于，他们不会主动去发现潜力，而是等待潜力发出信号。因为互利者习惯安全地行事，所以经常要等到潜力存在的证据出现之后，才提供支持。结果就是，他们会错过机会，没有培养那些一开始没有表现出天赋的火花或是高潜力的人。

付出者不会等待潜力发出信号。因为他们倾向于信任他人，对于他人的意图保持乐观态度，所以作为领导者、管理者和导师，付出者会从每个人身上看到潜力。在默认状态下，付出者会自动将每个人视为高潜力者，这就是 C.J. 斯肯德能够培养出那么多明星学生的原因。他的过人之处并不是善于发现天才，他只是一开始就将每个人视为天才，并努力帮助他们做到最好。在斯肯德眼中，每个走进教室的学生都是一块璞玉——有能力，而且愿意被发掘、被切割和被打磨。他能在别人看不到的地方发现潜能，这带来了一系列的自我实现预言。

## 打磨璞玉

1985年，斯肯德有一位名叫玛丽·阿丘里（Marie Arcuri）的学生准备参加CPA考试。她并不擅长标准化测验，之前考过一次也没通过。几天之后，她收到了斯肯德写的一封信。他会给所有参加考试的学生写信，祝贺那些通过的人，也鼓励那些没通过的人。玛丽把这封信保存了25年：

> 你的丈夫、家人和朋友都很爱你，是因为你让自己成为一个美好的人——而不是因为一次考试的表现。请记住……把注意力集中到11月份。专注练习……我希望你能做到最好。你能够熬过这一段，玛丽。在我的考试中，我写道，“通过你对考试的准备，主要的目标已经完成了”……衡量一个人的标准不是你的成功，而是你的努力。

研究显示，会计师如果受到了像斯肯德给予的这种鼓励，会更容易将他们的潜力发展成能力。几年之前，72位新审计员加入了四大会计师事务所。一半的审计员被随机挑选出来，并告知他们拥有很高的潜力，可以取得成功。该项研究是由布赖恩·麦克纳特开展的，他拥有一个博士学位，两个会计学学位，一个CPA证书，还有5年的会计师和审计师工作经验。麦克纳特阅读了那些随机被告知具有高潜力的审计员的简历。接下来，他与每个审计师碰面，告诉他们已杀出重围被录用，管理层对他们的成功有很高的期望，而且他们确实有能力面对这种挑战，取得成功。三周以后，麦克纳特又给他们每个人发了一封信，进一步强化了这种信息。一个月之后，那些收到了麦克纳特信息的审计员的工作绩效超过了对照组。对照组里的人没有与麦克纳特碰过面，也没收到过他的信件。这种趋势即使在排除了审计员的智力测验分数和大学成绩等因素之后，也依然存在。

这正是斯肯德的信给玛丽·阿丘里带来的效果。他鼓励她，让她对自己的潜力树立信心，并对她的成功设置了较高的期望。“他过去一直能够看到学生身上最闪光的地方，现在也是如此。”玛丽说。她再一次参加了考试，通过了其中的两门，还剩下两门。在这个过程中，斯肯德一直持续鼓励她，“他不让我偷一点儿懒。他会给我打电话，检查我的进展。”1987 年，她通过了最后一门考试，得到了 CPA 证书，这距离她开始参加考试只过了两年的时间。“他为我的生活带来的改变在于，让我做事的优先顺序保持得井井有条，让我保持在正轨之上，并防止我过早放弃。”玛丽解释说，“我知道他在我身上花费了多少心力，我不会让他失望的。”现在，玛丽已拥有两款雷克萨斯汽车的代理权。“会计学的背景和阅读财务报表的能力非常重要。但是，C. J. 斯肯德除了教给我这些工作上的技能之外，还塑造了我的性格，使我能保持热情和决心。他专注于让我达成目标，这让我意识到，我更愿意通过坚持不懈的努力——而不是通过一次考试的结果——来定义自己。”

斯肯德的这种做法与大多数公司培养员工领导力时采取的基本模式形成了鲜明的对比：首先发掘高潜力人才，然后为他们提供所需的指导、支持和资源，帮助他们成长，充分发挥他们的潜力。为了鉴别出高潜力的未来领袖，公司每年都要花费数十亿美元来测量和评估员工的天赋。尽管这种模式非常流行，付出者却能看出，它在一个方面存在致命的缺陷。将鉴别天才作为出发点，可能从一开始就错了。

多年以来，心理学家相信，不管是哪个领域，成功首先取决于天赋，其次才是动机。为了培养世界级的运动员和音乐家，专家会寻找那些有更高天赋的人，然后想办法激励他们。如果你想找到像迈克尔·乔丹那样灌篮的人，或者像贝多芬那样弹钢琴的人，很自然的做法就是，首先筛选出那些具有弹跳能力或音乐天赋的人。但是，近年来，心理学家开始认为这种做法可能应该反过来实施。

在 20 世纪 60 年代，有一位心理学先驱名叫雷蒙德·卡特尔（Raymond Cattell），他提出了一套关于智力的投资理论。他认为，兴趣能够驱使人们投入自己的时间和精力，培养特定的技能和基础知识。今天，我们已经有足够令人信服的证据表明，兴趣的产生先于天赋的开发。在一开始，正是先有了动机，人们才能发展出天赋。

到 20 世纪 80 年代，心理学家本杰明·布卢姆（Benjamin Bloom）领导了一项标志性的研究，对象是世界级的音乐家、科学家和运动员。布卢姆的团队采访了 21 位钢琴演奏家，他们都是一项国际比赛的决赛选手。当研究者开始挖掘这些杰出钢琴家关于学习音乐的早期经历时，他们发现了一个意想不到的现象——原始天赋的缺乏。研究表明，大多数明星钢琴家在早年间，“只是比家中或邻居家的其他孩子强一点儿”。在本地或是全国水平上，他们并不是出类拔萃的——他们早期参加竞赛也很少胜出。

当布卢姆的团队采访世界级的钢琴家和他们的家长时，他们发现了另一个令人惊讶的现象。这些钢琴家最开始学钢琴，并不是师从专业的钢琴老师。他们通常是跟随住在附近的某个老师开始练琴。在《天才密码》（*The Talent Code*）一书中，丹尼尔·科伊尔（Daniel Coyle）写道：“从科学的角度来看，这就好像是研究者追踪世界上最美丽的天鹅的血缘，却追踪到了一群肮脏的乡村鸡身上。”随着时间的推移，即使在开始阶段没有专家的指导，这些钢琴家还是成为世界上最好的音乐家。他们付出了比同龄人更多的练习时间，为自己赢得了优势。就像马尔科姆·格拉德威尔（Malcolm Gladwell）在《异类》（*Outliers*）一书中向我们展示的，心理学家安德斯·埃里克森（Anders Ericsson）通过研究发现，要想在某个领域达到专而精的程度，通常需要一万个小时的认真练习。但是，一开始是什么因素激励人们投入如此多的时间去练习？这正是付出者登上舞台的起点。

当钢琴家和他们的父母谈论第一位钢琴老师时，他们大多关注同一个主题：这些老师关心学生、和蔼且有耐心。钢琴家渴望去上钢琴课，因为他们的第一位老师让音乐在他们眼中变得有趣而好玩儿。“孩子们的第一课带给他们非常积极的体验。他们在自己家之外，与另外一位成年人打交道，这个人温暖和蔼、富有支持性、充满爱意。”布卢姆的团队解释说。世界级钢琴家最初的兴趣，是由作为付出者的老师激发出来的。这些老师想办法让钢琴课变得愉快，这促使他们进行大量的练习，而这些练习对于发展技能来说是必需的。“探索各种可能性，参加一系列不同的音乐活动，这些做法处于优先地位”，超过了诸如“错与对、好与坏”这样的因素。

世界级的网球选手也表现了这种趋势。布卢姆的团队采访了18位美国网球运动员，这些运动员都曾经排名世界前十。他们发现，尽管运动员的启蒙教练“不是特别出色，但他们对孩子都非常好……启蒙教练提供给孩子的是动机，让他们对网球产生兴趣，愿意花时间练习”。

在领导者和导师的角色中，付出者会抵御住“首先寻找天才”的冲动。他们认识到，任何人都可能是高潜力者，于是他们将注意力集中在动机方面。布卢姆的团队注意到，顶级的网球运动员通常会有一位启蒙教练。“对于这位运动员有着特别的兴趣，通常是因为他认为运动员充满斗志，愿意刻苦努力，而不是因为这名运动员有什么特殊的能力。”

在会计学的课堂上，寻找动机和工作精神——而非仅仅是智力能力，这正是 C. J. 斯肯德在发现天才方面如此成功的原因之一。斯肯德与贝丝 · 特雷纳姆打赌，认为她可以通过 CPA（注册会计师）考试，这并不是因为他觉得她在会计方面有超常的天赋，而是因为他注意到了“她在整个学期中有多么努力”。其他人只是把雷吉 · 洛夫当作一个普通体育生，斯肯德却在他身上看到了潜力，这是因为洛夫“勤奋地工作，并且总是为课程做准备”，斯肯德说，“他有兴趣学习，让自己变得更好。”斯肯德鼓励玛丽 · 阿丘里，是因为她“是我遇到过的最专注和努力的人。她的持之以恒令她表现得与众不同”。

心理学家安杰拉·达克沃思（Angela Duckworth）将这种对于长远的目标富有热情、坚持不懈的品质称为毅力。她的研究表明，除了智力和能力因素，有毅力的人——凭借着他们的兴趣、专注和动力——可以获得更高的成就。“持久性非常重要。”心理学家汤姆·柯迪慈（Tom Kolditz）说道。他是一位陆军准将，是美国军事学院行为科学和领导力研究项目的领导人，担任该职务长达12年之久。军队选拔关键岗位军官的标准比率是12%；柯迪慈所在部门的同事被选中的比率则高达75%，他将此归结为基于毅力挑选候选人。正如乔治·安德斯（George Anders）在《罕见的发现》（*The Rare Find*）一书中所说：“你不能忽视动机的重要性。”

与生俱来的天赋当然重要，但是如果你已经有了一批已经达到必需潜力标准的候选人，那么毅力就成为一个主要的因素，你可以据此预测他们能够在多大程度上发挥自己的潜能。这就是为什么付出者关注那些有毅力的人：付出者投资毅力，因为收获了丰厚的回报，同时也带来了最有意义、最持久的影响。此外，除了花时间激励那些有毅力的人，像斯肯德这样的付出者首先会努力培养毅力。“设定高标准至关重要，”斯肯德说，“你需要推动他们，让他们努力发挥，做出自己认为不可能做到的事情。当他们参加我的考试时，我希望他们认为这是他们人生中经历过的最难的考试，这会让他们变成更好的学习者。”为了鼓励学生努力学习，作为练习，斯肯德会给他们过去6次考试的试题。“他们需要投入很多时间精力，这最终会带来回报。迫使他们以生命中从未有过的程度努力奋斗，从长远来看，这会给他们带来好处。”

培养毅力的关键之处在于，让眼前的任务变得更有趣，更能激发人的动力。在布卢姆的研究中，整体来看，有天赋的音乐家和运动员的启蒙教师通常都是付出者：

> 这些老师喜欢孩子，如果孩子做了任何正确的事，他们会用夸赞、表达认可甚至是发糖果的方式来奖励。他们非常善于鼓励人。他们对于天才的领域，以及自己要教给孩子的东西，都非常有热情。在许多情况下……他们就像是家族的朋友那样对待孩子。也许这些老师最主要的品质在于，他们能让最初的学习变得非常愉悦，富有回报。

这些文字也可以用来描述斯肯德。第一眼看上去，他很符合会计奇才的刻板印象。[①]但是，在职业生涯的不同阶段，他曾梦想过成为 DJ、音乐家、演员、脱口秀主持人和单口相声演员。走入他的课堂，你会发现他并没有完全放弃这些梦想。与其难以抑

---

① 斯肯德会强迫性地为所有东西建立清单，从他最爱的歌曲到生命中最美好的 10 天，并且会把钱包里的美元钞票按照序列号的顺序排好。他有超过 800 条背带，每条都有一个独特的名字和编号。他按字母顺序排列他的袜子和内裤，几周前就准备好要穿的衣服。在超过 20 年的时间里，他每周一、周四和周六都会打领结——即使是在草坪上锄草的时候。他有一种宗教式的情结，每天第一个到达工作地点的停车库，通常在早上五点之前。但他也会为了帮助学生考试而在复习课上待到午夜时分，并因此而闻名。他将他在互惠方面的建议翻译成了会计学的语言："我更愿意拥有一笔庞大的应收账款，而非一笔庞大的应付账款。"为了形象地说明他的教学任务，请考虑一下，一位普通的大学教授每年会教 3~8 门课。在整个职业生涯中，他们教过的课程总数大概在 100~300 之间。斯肯德的数字几乎是这个的两倍，而他最近告诉系主任说，他还想再教 35 年。在 2012 年一年中，就有 2 000 多名学生上过他的课。为了迎合如此庞大的需求，大学甚至曾经将他的课挪到一个远离主校区的庞大房间里。即使他的课开在早上，教室里也会坐满学生，而且还有更多的学生希望能选上他的课。有一门早上 8 点的课，备选名单里有 190 人。

制的天性和折中主义的品位相一致，他在课程中间插入了许多娱乐桥段，以此来让学生保持专注；每节课开始他会播放四首歌曲，然后问一些关于音乐的冷门知识，把糖果扔给第一个喊出答案的学生。这就是为什么他的墙上挂着一个饶舌歌手的海报。“如果你想要你的听众保持专注，如果你真的想要吸引他们的注意力，你必须知道他们生活在怎样的世界里，他们听什么音乐，看什么电影，”他解释说，“对于这些孩子中的大多数来说，会计学就像是牙齿根管治疗一样痛苦。但是如果他们听到我引用阿瑟小子或是希洛·格林的歌词，他们就会对自己说，‘哇哦，刚才那个白头发的老胖子真的说了我听到的那句话？’这样你就把他们拴住了。”

通过培养对会计学的兴趣，斯肯德相信，他的学生会更愿意投入必要的时间和精力来掌握这门学科。“C.J 是善解人意之人的代表，”雷吉·洛夫说，“他对音乐的了解比所有人都多，而且能够将音乐融入课堂，帮助人们熟悉材料。你开始可能会以为，自己将要上的是一门非常难的课程，不是很有趣，很容易走神。但是 C.J 让它变得有趣，结果就是，我最后付出了更多的努力。”洛夫在斯肯德的课上得了 A。戴维·莫尔茨（David Moltz）以前也是斯肯德的学生，现在在谷歌公司工作，他说斯肯德“会尽可能地帮助他遇到的每一个学生（和每一个人）。他牺牲了上百小时的个人时间来对学生们的生活产生影响，并尽可能多地教导他们。他努力让每个他遇到的人都感觉自己很特别”。

## 把钱浪费在庸才身上

因为付出者能够从周围所有人身上看到潜力，所以会花大量的时间鼓励他们，帮助他们实现潜力。这些投资并不总能获得回报；一些候选人确实缺乏天赋，另一些则不能保持他们的热情，或是维持足够的毅力。斯肯德曾经为一个在会计学领域之外申请研究生的学生写了上百封推荐信。她在第一年被所有的研究生项目拒绝了，决定再次申请，所以斯肯德忠实地重写了推荐信。当她再次被其他学校拒绝时，斯肯德连续第三年修改他的推荐信。终于，在三振出局之后，斯肯德鼓励她转向了其他的方向。

如果斯肯德是一个获取者或是互利者，他会不会更早放弃，为自己和这个学生省下时间？付出者会不会在那些满怀热情，但是天赋有限的人身上投入太多？他们如何能够将注意力放在那些有潜力的人身上，而在那些没潜力的人身上较少地投入注意力？要想找到答案，最好的办法莫过于看看职业篮球的世界，在每一年 NBA 选秀大会[①]上，天赋专家的能力都要在国际舞台上受到检验。

斯图·英曼（Stu Inman）之所以被人记住，是因为在整个 NBA 历史上最糟糕的两次选秀。1972 年，波特兰开拓者队（Portland Trail Blazers）拥有优先选秀权。那时英曼是他们的球员事务总监，他为球队挑选了中锋拉鲁·马丁（LaRue Martin），结果后者被证明非常令人失望，在开拓者的 4 个赛季里，每场平均仅

① NBA 联盟的制度之一，各支球队轮流挑选新加入联盟的球员。——译者注

拿到5分，仅抢到4个篮板。因为选择了马丁，英曼错过了NBA历史上最伟大的两位球员。那一年的榜眼是鲍勃·麦卡杜（Bob McAdoo），他在第一个赛季得到的分数就超过了马丁在整个职业生涯中得到的分数。麦卡杜是那一年的最佳新秀，两年后当选了NBA最有价值球员。在他14年的NBA生涯中，麦卡杜赢得了两次联盟得分王，在两支冠军球队内打球，5次入选全明星赛。在这次选秀中，英曼还错过了朱利叶斯·欧文（Julius Erving）——以"J博士"的外号为人们所熟知——他在第12位被选中。欧文后来带领他的球队夺得了3次总冠军，他本人4次赢得最有价值球员称号，16次入选全明星赛，并在整个职业篮球联赛历史上得分位居前五。麦卡杜和欧文都是篮球"名人堂"成员。

12年后，斯图·英曼被提升为开拓者队的总经理，他拥有了一次自我救赎的机会。在1984年的选秀大会上，英曼手握着第二位的选秀权。英曼挑选了另一位中锋萨姆·鲍维（Sam Bowie），他身高超过213厘米，但富有运动天赋，动作协调。他能投篮，能传球，也能抢断，更不要提盖帽儿和抓篮板了。但是，鲍维从没有好好发挥他的潜力。当他退役时，ESPN（娱乐与体育节目电视网）称他是整个北美职业体育史上最糟糕的选秀人选。2003年，当年盛赞鲍维的《体育画报》将他列为NBA历史上排名第二的失败选秀人选。最失败的一个是谁？拉鲁·马丁。

用第二位的选秀权选择了鲍维，这就意味着英曼错过了北卡罗来纳大学一位名叫迈克尔·乔丹（Michael Jordan）的得分后卫。芝加哥公牛队（Chicago Bulls）用第三位的选秀权选中了乔丹，剩下的故事已经成为历史。在当选年度新秀之后，乔丹拿下了6次总冠军、10 次得分王、11 次最有价值球员、14 次入选全明星，获得的分数超过了任何一名球员。他被 ESPN 评选为“20 世纪最伟大的北美运动员”。

英曼意识到了乔丹的潜力，但是开拓者已经拥有两个强力的后卫了。他们需要一个中锋，所以他选了萨姆·鲍维。由于这个选择，他不仅错过了迈克尔·乔丹，也错过了未来的篮球“名人堂”成员查尔斯·巴克利（Charles Barkley）（第 5 位被选中）和约翰·斯托克顿（John Stockton）（第 16 位被选中）。对于英曼来说，选了马丁而非麦卡杜或是欧文，选了鲍维而非乔丹、巴克利或是斯托克顿，这已经够糟糕的了。不过，挑选职业篮球运动员，充其量也只能算是一门不完美的科学，即使是伟大的总经理和教练也会犯错。

更糟糕的是，开拓者队让这两名球员待在队里的时间太长。他们把拉鲁·马丁留在队里 4 个赛季，当他们终于下定决心把他送走时，他已经一点儿价值都没有了。开拓者队甚至没法用他换来另一位球员——只是从西雅图超音速队（Seattle Sonics）换来了“未来的考虑人选”，而超音速队甚至在赛季开始之前就让马丁走人了。马丁的篮球生涯就此终结，对于英曼来说，这是一个尴尬的结果。“这是一个痛苦的话题。”杰克·拉姆齐（Jack Ramsay）说，英曼在开拓者队最后一年时，拉姆齐是球队的教练，现在则是 ESPN 的分析员，“因为拉鲁根本没法比赛。我到那里的时候，他想要打球，但是我们无法给他安排位置。他没有进攻能力，也抢不了篮板，无法助攻，虽然他有 211 厘米高……总之他什么本领都没有。”萨姆·鲍维在开拓者队的经历也差不多。1989 年，经过 5 个令人失望的赛季之后，开拓者队终于将鲍维换到了新泽西网队。为什么开拓者队会让萨姆·鲍维和拉鲁·马丁在队里待这么长时间？

斯图·英曼是一位广为人知的付出者。他打过学校篮球联赛，在高中执教了几年，然后一跃成为大学的教练，后来成了母校圣何塞州立大学球队的主教练。在这个位置上，英曼似乎将球员的利益置于自己的成功之上。英曼的明星队员之一是汤米·史密斯（Tommie Smith），他是一位杰出的运动员，在圣何塞州立大学练习田径，同时也在橄榄球队和篮球队打球。在新生篮球队中，史密斯是得分王和篮板王，因此到了大二的时候，他开始跟着校队在英曼的指导下训练。有一天，史密斯来到英曼的办公室，宣布他要退出篮球队，专注于田径。“我以为他会大发雷霆，”史密斯写道，“但是他没有。英曼说：‘好的，汤姆，我明白了。’他和我握手，告诉我说任何时候只要我想见他，就来找他，如果我改变主意了，永远欢迎我回来。对我来说，这是世界上最美妙的事情。”

对于英曼来说就不是这样了。史密斯的速度本来可以为圣何塞州立大学篮球队贡献良多，但是英曼希望史密斯能有最好的未来。几年之后，在 1968 年，史密斯赢得了奥运会 200 米短跑的金牌，打破了世界纪录。放走了顶尖的人才，英曼为那些有毅力的队员留下了空间，即使他们缺乏天赋也没关系。有一位名叫特里·莫非（Terry Murphy）的瘦弱的白人球员想为校队打球，英曼敬佩他的工作态度，邀请他加入。莫非回忆当年的经历，说自己是英曼教过的最糟糕的球员之一：“我一年一共才得了 4 分。”

尽管表现如此糟糕，英曼告诉莫非：“我永远不会赶你走。你充满了热情，打球非常努力，人也很好。”“英曼持续不断地给任何寻求帮助的篮球爱好者提供建议。”韦恩·汤普森（Wayne Thompson）写道。他是一位体育记者，英曼在开拓者队时，他一直负责追踪报道球队的新闻。英曼情不自禁地告诉汤普森说：“无论水平如何，用心教导是你能做的回报最丰厚的事情之一。我就是喜欢看到那些首次取得突破的学生脸上的表情。仅仅是看着学习过程开花结果就令我兴奋不已。”

一旦英曼形成了关于队员的积极印象，他会不会非常投入地指导和培养他们，以至于在那些动机强烈，但是缺乏天赋的人身上花费心力？在课堂上，C.J. 斯肯德可以把时间花在那些表现出了兴趣和动机的学生身上，因为他每个学期都可以指导许多学生。与此相反的是，在职业篮球领域和大多数工作组织中，我们都面临着限制：把赌注押在一个人的潜力上，就意味着错过另一些人。

英曼认为自己有责任培养拉鲁·马丁和萨姆·鲍维。如果英曼更倾向于是一名获取者，会不会自然而然地尽早避免损失，转向其他球员？对于获取者来说，一旦意识到了马丁和鲍维不会为球队带来成功，他们便会感觉自己不需要对这两名队员负有任何责任。如果英曼更倾向于是一名互利者，会不会更愿意放他们走？对于互利者来说，他们肯定会因为在马丁和鲍维身上的投资得不到回报或奖励，而变得非常失望。

看起来付出者似乎更难放弃他们。但是，真实的情况恰恰相反。付出者实际上最不容易犯下在别人身上过度投资的错误——而且，正是因为因曼是一名付出者，所以才避免了更糟糕的错误。

## 面对镜子：看上去很好，还是做得很好？

巴里·斯塔乌（Barry Staw）是加州大学伯克利分校一位世界知名的组织行为学教授，他在整个学术生涯中都在试图弄清楚，为什么人们在组织中会做出糟糕的决定。在一项有创意的研究中，斯塔乌和哈晃（Ha Hoang）收集了 1980 年到 1986 年之间，240 多位在 NBA 选秀大会的前两轮被选中的球员的数据，希望看看选秀顺位对于球员的生涯会有怎样的影响。他们通过一系列不同的指标，评估了球员的表现：得分（每分钟得分率、命中率和罚球命中率），强硬程度（每分钟篮板和盖帽儿率），以及速度（每分钟助攻和抢断率）。斯塔乌和哈晃掌控了每个球员在所有这些指标上的表现，以及球员的伤病，他们打的位置是后卫、前锋还是中锋，并根据球队的输赢纪录，掌握了球队的质量。接下来，他们检验了球员们得到的上场时间，以及球队把他们换走之前在队里所待的时间，以此来分析球队会不会因为较早地选中了球员，而在他们身上犯下过度投资的错误。

研究结果得出了一个毁灭性的结论：球队不会放走那些他们下了重注的球员。他们会留着早早选中的球员，给他们更多的上场时间，即使他们打得不好，也拒绝将其换出去。排除场上表现，较早被选中的球员依然会在场上打更长时间，更不可能被换走。选秀顺位每提高一位，球员在第二个赛季平均会多获得 22 分钟的上场时间，而到了第 5 年，球队依然会继续在他们身上投资，此时选秀顺位每提高一位，球员依然能多打 11 分钟。此外，顺位每提高一位，球员被换的概率会下降 3%。

这个研究是一个经典的例子，斯塔乌将这种现象称为对于失败行动的承诺升级（escalation of commitment）。在过去40年中，斯塔乌开展的大量研究表明，一旦人们在最开始投入了时间、精力或资源，那么当情况变糟时，他们就更有可能继续加大投入。赌徒相信，如果他们再多玩儿一把扑克，就能弥补损失，甚至赢大钱。挣扎中的创业者认为，如果在创业中再多付出一些汗水，就能力挽狂澜。当一项投资得不到回报时，即使期望价值是负数，我们依然会继续投资。

经济学家使用“沉没成本”（sunk cost）的概念来解释这种行为：在估计未来投资的价值时，我们很难忽视过去已经投入进去的东西。“沉没成本”是一个因素，但是新研究表明，其他因素的影响更大。为了弄清楚承诺升级发生的原因和时间，密歇根大学的研究者分析了166个不同研究的数据。“沉没成本”确实有一点儿效果，决策者会偏向于坚持他们过去的投资，但是其他三个因素更加强大。一个是预期的后悔：如果我没有再给一次机会，将来会不会感到后悔？第二个是项目的完成：如果我继续投入，就可以完成项目。但是，最强大的因素是自我威胁：如果不继续投入，我无论是看起来，还是感觉上，都像是一个傻瓜。面对自我威胁，人们选择投入更多，希望让项目变得成功，这样他们就可以向别人以及自己证明，他们当初是对的。

在斯塔乌的一项研究中，当加利福尼亚州的银行客户拖欠贷款时，当初批准贷款的经理更不愿意选择放弃，注销损失。“那些当初批准问题贷款的银行人员，在承认这些贷款的后续风险以及拖欠的可能性方面，表现出了最大的抵制。”斯塔乌和同事写道。

这项研究表明，当初批准问题贷款的经理离开银行之后，新来的经理更有可能注销贷款。新经理对于问题贷款并没有个人的责任，因为他们的自我没有受到威胁；他们并不需要去证明当初的决策是明智的。

研究表明，获取者更容易受到自我威胁的影响，所以比付出者更容易犯下承诺升级的错误。想象一下，你正在经营一家航空公司，需要决定是否投资 100 万美元开发一种隐形飞机。你发现这个项目在财务方面的状况并不好，而且一个竞争者已经完成了一个更好的模型。但是你已经投入了大量的资源：项目完成了一半，你已经花费了 500 万美元和 18 个月的时间。你有多大的可能性会再投资 100 万美元？

在伦敦商学院的亨利·穆恩（Henry Moon）开展的一项研究中，360 名参与者在做出投资决定之前，首先完成了一份问卷，里面包括一些与付出者相关的句子，如“我会信守诺言”，还有一些与获取者相关的句子，如“我会试图让别人做我该做的事情”。与付出者相比，获取者更有可能再投入 100 万美元。他们觉得自己对于一项糟糕的投资负有责任，所以会投入更多，以挽回自己的自尊和脸面。正如南加州大学管理学教授布鲁斯·梅格里诺（Bruce Meglino）和奥黛丽·科斯嘉德（Audrey Korsgaard）所解释的：“尽管对于组织来说，放弃可能是更好的选择，但是这种做法会让决策者蒙受巨大的个人损失（如损失职业流动性、损失声誉）。决策者通过让他或她的承诺不断升级，掩盖了失败的可能性，这种行为从个人角度来看也是理性的。”

在另一方面，付出者主要关心的是保护其他人和其所在的组织，所以他们更愿意承认当初的错误，不再升级承诺。其他一些研究显示，人们在选择为了别人而非为自己做事时，实际上会做出更准确、更有创意的决策。当人们在以自我为中心的心态下做决策时，他们更容易受到自我威胁的影响，经常会苦苦地寻找一个在所有方面都最为理想的选项。当人们把注意力放在他人身上时，就像付出者自然而然所做的那样，他们不太会担心自我以及琐碎的细节，他们会总揽全局，将那些对于别人来说最重要的东西放在首位。

理解了这些，我们可以再来看看斯图·英曼的故事。作为一个付出者，尽管他觉得应该在自己选中的球员身上投资，但是他对于球队也有强烈的责任感。“斯图是一个友善的人，关心别人的感受，”韦恩·汤普森告诉我，“但是他从来不会让这一点影响他的选择。如果他认为一个球员打不了，就会拍拍他的肩，祝他好运。”将萨姆·鲍维留在队中的决定并不是英曼做出的。1986年，在选择鲍维两年之后，他就离开了开拓者队。一个获取者可能会继续为自己糟糕的决策辩护，但英曼承认了自己选择鲍维而没选择乔丹的错误。“我们所有的球探都认为，鲍维是球队面临的主要问题的根源，我也是这么认为，”英曼说，“但这是一个错误。”①

英曼也没有让自己对拉鲁·马丁的承诺升级。尽管开拓者队让马丁留了4个赛季，英曼和他的同事面对马丁糟糕的表现，很

---

① 公平地讲，鲍维的职业生涯受困于伤病。在大学里，他因为胫骨受伤错过了整整两个赛季。在选秀之前，为了确保鲍维完全康复，英曼让他接受了7个小时的体检。鲍维第一年打得不错，但是伤病让他错过了接下来4年中81%的比赛，包括接近两个完整的赛季。此外，英曼和他的球探也不是仅有的将赌注（接151页）

早就采取了行动。在马丁的新秀年，他表现出了明显的挣扎迹象，这时一个获取者可能会给他更多的上场时间来证明自己选择他而非鲍勃·麦卡杜或朱利叶斯·欧文，是正确的。但是，实际情况并非如此。开拓者队将首发中锋的位置交给了努力的劳埃德·尼尔（Lloyd Neal），他身高只有201厘米，马丁则打替补。在新秀年，马丁每场平均只打了不到13分钟，麦卡杜则有32分钟，欧文更是有42分钟。在第二个赛季，马丁的表现依然糟糕，而开拓者队没有承诺升级，给他更多的上场时间，而是再度缩减了他的上场时间——每场比赛不到11分钟，而麦卡杜这一年每场平均打了43分钟，欧文也打了40分钟以上。英曼和他的同事成功地抵制住了诱惑，没有继续在马丁身上下注。

付出者与获取者相比，更不容易犯下承诺升级的错误，原因之一在于他们对于反馈信息的回应方式；奥黛丽·科斯嘉德、布鲁斯·梅格里诺和斯考特·莱斯特（Scott Lester）的研究揭示了付出者和获取者对于与自身表现相关的信息的反应方式。在一项研究中，人们填写了一份问卷，以检验他们是付出者还是获取者，然后

---

（接150页）押在鲍维而非乔丹身上的人。1984年6月，选秀大会之后《芝加哥论坛报》的头条是“满怀歉意的公牛队只能‘守着’乔丹了”。当时公牛队的总经理罗德·索恩（Rod Thorn）看起来也非常失望。“我们希望他有7英尺（约2.1米）高，但是他没有，”索恩叹息说，“当时没有中锋可供选择了。你能做什么呢？乔丹不会让这个球队发生质的变化……他是一名非常好的进攻型球员，但并没有压倒性的进攻实力。”即使是乔丹本人看起来也支持选择鲍维：“鲍维会比我适应得更好。”他在新秀年说，因为波特兰已经有了“一批高大的后卫和小前锋”。也许雷·帕特森（Ray Patterson）为英曼的选择提供了最佳辩护，1984年他是休斯敦火箭队的经理，在选秀第一位选择了哈基姆·奥拉朱旺（Hakeem Olajuwon）：“所有说他们会选择乔丹而非鲍维的人都是在说大话。乔丹没有那么好。”

完成了 10 项问题决策。接下来，所有的受试者得到了一个表现分数，并被建议今后应更多地把决策权授予别人。实际上，分数是随机分配的，一半受试者被告知他们的表现高于平均水平，另一半则被告知他们的表现低于平均水平。接下来，所有受试者又完成了 10 项决策任务。他们会不会遵从建议，更多地授权给别人？

获取者如果相信自己高于平均水平，那么就会遵从建议，授权的比率提高了 30%。但是，如果他们相信自己低于平均水平，那么授权的比率仅提高了 15%。他们一旦感觉受到了批评，就更不愿意接受改进的建议。他们会保护自己的自尊心，拒绝相信自己做了错误的决策，选择忽视负面的反馈信息。另一方面，付出者则会接受批评，采纳建议。即使收到了负面的反馈信息，被告知自己低于平均水平，他们的授权比率还是会提高 30%。

在逐步升级的情境中，获取者经常难以面对当初的决定已经变糟的现实。获取者倾向于"忽略那些与他们的自我印象不一致的社会信息和表现反馈"，梅格里诺和科斯嘉德写道，而付出者则"更善于接受社会信息，并以此为基础采取行动，而不会仔细考虑个人的后果"。付出者更关注他们的决策带来的人际之间和组织层面的后果，愿意接受自己的自尊和声望在短期内受到打击，以便做出从长期来看更有益的决策。

这种对于负面信息的接受能力让斯图·英曼能够意识到自己做出了一个错误的投资。因为对于批评意见的开放态度，英曼在整个联盟中备受尊重。许多教练"会对我的煽动性批评提出异议"，记者史蒂夫·杜因（Steve Duin）写道，但是"这些批评从不会给英曼带来困扰"，他"既有耐心又有雅量"，是"所有与 NBA 有关的人中最亲切的人之一”。当拉鲁·马丁表现糟糕时，当时开拓者队的教练杰克·麦克克劳斯基（Jack McCloskey）向因曼表达了他的担忧：“他非常努力，是个很好的年轻人，但球技不行。这很简单，我试过培养他的投篮技巧，但他打不了外线。他没有状元秀应有的能力。”一个获取者可能会拒绝接受这些负面反馈，但英曼愿意聆听。

1974 年，在马丁的第二个赛季之后，开拓者队又获得了第一顺位的选秀权。因为对马丁的承诺已经不复存在，他们需要另外一个中锋来取代他，于是英曼选了一位来自加州大学洛杉矶分校的年轻人，他叫比尔·沃尔顿（Bill Walton）。在他的新秀赛季，沃尔顿就是首发中锋，平均每场打 33 分钟，差不多是替补席上的马丁的两倍。这种安排又延续了一年，之后英曼换走了马丁。

接下来是 1976—1977 赛季，沃尔顿带领开拓者队战胜了朱利叶斯·欧文带领的费城 76 人队（Philadelphia 76ers），赢得了 NBA 总冠军。沃尔顿当选了总决赛最有价值球员，第二年他再次被评选为联盟最有价值球员。退役之后，他入选了篮球“名人堂”，并被提名为 NBA 历史上最伟大的 50 位巨星之一。英曼是 1977 年那支冠军队的缔造者，而这支队伍在前一年的排名还是分区垫底，这也是开拓者队 40 年历史中获得的唯一一次冠军。根据当时的球队教练杰克·拉姆齐（Jack Ramsay）所说，英曼“从没有站到聚光灯下，也从没有因为组建了这支球队而得到应有的认可”。

## 黑暗中的曙光

作为一名付出者，英曼组建这支冠军球队的方式很像C.J.斯肯德：从球员身上看到别人看不到的潜力。“英曼希望全面了解他感兴趣的每一个人，”韦恩·汤普森写道，“无怪乎他在发现璞玉方面如此成功。”这支冠军队伍中得分前六名的选手有3位、得分前九名的选手有5位，都是英曼在第二轮或第三轮选秀中选中的。“他在发现球员潜力方面走在别人的前面。”史蒂夫·杜因记述道。“斯图在篮球专家的亚文化圈子里，几乎处于最顶端的位置。他被认为是一个天才。”达拉斯小牛队（Dallas Mavericks）的主席诺姆·桑丘（Norm Sonju）说。在一部关于1984年选秀的纪录片中，福利普·邦迪（Flip Bondy）写道，英曼被许多人看作“联盟中最棒的人事专家。他如此优秀，如此受人尊敬，其他的俱乐部会追踪他的‘球探安排’，并认真参考他可能对某个球员感兴趣的小道消息”。

在20世纪70年代，大多数篮球队主要关注那些可见的身体天赋，比如速度、力量、协调性、灵活性和弹跳能力。英曼则认为，关注球员的内在也是很重要的，所以他决定开始评估他们的心理特性。在选秀之前，除了分析一位球员的技术数据和观看他的比赛之外，英曼还想了解他是一个什么样的人。他会仔细观察球员赛前热身的表现，看看他们努力的程度如何，并且会采访他们的教练、家人、朋友和老师，了解其动机、心态和品性方面的情况。据《俄勒冈州报》（*The Oregonian*）报道：“英曼因为发掘高性价比的球员而闻名……他对于天才的敏锐度就像他对人的感觉一样。他想找到那些人格和智力与弹跳能力一样优秀的球员。”

1970 年，英曼作为首席球探，加入了当时的 NBA 新军开拓者队。在那个夏天，他组织了一次公开试训，检验球员们的篮球技术。这在一定程度上是一个公关噱头，用来点燃当地人对于篮球的激情，但英曼也希望能找到那些被其他球队忽视的球员。参加这次试训的人最终都没能进入球队，但是英曼对于发掘那些看似不太可能成功的候选人的热情，在几年后获得了回报。1975 年，英曼用第二轮的第 25 顺位选秀权，选择了一个默默无闻的犹太人前锋鲍勃·格罗斯（Bob Gross）。教练和球迷都认为这是一个错误。格罗斯大学时期在西雅图打球，每场平均得 10 分，后来转学到了加州州立大学长滩分校，大三那年每场平均仅得 6.5 分。“对于鲍勃·格罗斯大学时期和职业篮球生涯的总结就是，没有人注意过他，”弗兰克·科菲（Frank Coffey）在一本关于开拓者队的书中写道，“直到他们开始凝神细视。”

英曼凑巧观看了一场加州州立大学长滩分校和密歇根州立大学的比赛，比赛中密歇根州立大学有一次快攻机会，本可以非常轻松地上篮，但是格罗斯奋不顾身地封盖了对手，这勾起了英曼的兴趣。英曼更加仔细地观察，看到了格罗斯工作态度上的更多表现：在大三至大四的一年里，他的得分翻倍，每场平均能拿下超过 16 分。英曼“发现了一颗宝石，一个稳定、努力、非常高效的篮球运动员”，科菲写道。格罗斯的一位大学教练称赞他“对球队有着无私的奉献”。在他的第三个 NBA 赛季，开拓者队打入总决赛，格罗斯表现出色，每场平均得到 17 分。在关键的第五场和第六场比赛中，他负责防守朱利叶斯·欧文，并凭借着 25 分和 24 分的数据领衔开拓者队的得分榜。据比尔·沃尔顿说，“鲍勃·格罗斯是那支球队的‘润滑剂’。他让这个球队流动起来……鲍勃会永不停息地奔跑和防守……没有鲍勃……波特兰不会赢得总冠军。”

英曼认识到，许多球队都会低估付出者的价值，因为他们不会成为焦点，也不会运用浮夸的技术。他的理念是，“决定球员成长的……不是他现在的水平，而是他的潜力。”当英曼看到一个球员充满毅力地练球，用付出者的方式打球时，他就将这个球员划分为“璞玉”这个类别。实际上，毅力和付出之间存在着紧密的联系。在我的研究中，我发现由于付出者专注于为他人奉献，他们比获取者和互利者更愿意长时间地努力工作。即使练习已经变得枯燥乏味，付出者也会出于对球队的责任感，继续努力奋斗。

这种模式在其他许多行业中也能看到。比如拉塞尔·西蒙斯（Russell Simmons），他是嘻哈音乐界德福·詹姆唱片公司（Def Jam Records）的共同创始人。埃勒·酷（LL Cool J）[①] 和野兽男孩（The Beastie Boys）的演艺生涯就是从这家公司开始的。西蒙斯通常被称为嘻哈音乐教父，早在 1978 年就开始提供免费音乐，比大多数唱片公司要早得多。当我向他请教成功的秘诀时，他将其归结为发掘和提拔付出者。“付出者是很好的行动者；他们让周围的人变得更好。”西蒙斯解释说。他最喜欢的付出者之一是凯文·利尔斯（Kevin Liles），他最早作为实习生免费工作，后来一路升迁，成为德福·詹姆的董事长。做实习生的时候，利尔斯每天第一个

---

① LL Cool J，原名詹姆斯·托德·史密斯，美国说唱歌手。1984 年与 Def Jam 唱片签约。

来，最后一个走。做营销总监的时候，利尔斯负责一个区域，但他还努力协助其他区域工作。“每个人都开始将凯文视作领袖，因为他们都向他寻求指引。他不断地付出，直到人们都离不开他。”在挑选和提拔天才方面，西蒙斯写道，“你能展示给我的最重要的特质，就是愿意付出。”

斯图·英曼知道，有毅力的球员愿意将球队的利益置于自身之上，他们会努力工作，完成自己需要扮演的角色。1984 年的选秀中，在挑选了萨姆·鲍维之后，英曼在第二轮总第 46 顺位上，又选择了一位名叫杰罗姆·科尔西（Jerome Kersey）的前锋。科尔西来自长木学院，这是弗吉尼亚州一家不知名的二级联盟学校，当时他还没有发展成一名出色的 NBA 球员。长木学院的一位体育主管说，科尔西“拥有无可匹敌的工作态度”，这让英曼认识到了他的潜力，而其他 NBA 圈内人士很少能认识到这一点。第二年，1985 年，英曼在第 24 顺位上找到了另外一块璞玉，一个控球后卫——特里·波特（Terry Porter），他是一位坚毅的付出者，因为拼抢和无私而闻名。他在开拓者队期间两次入选全明星，一共在 NBA 打了 17 个赛季，到了 1993 年，他赢得了 J. 沃尔特·肯尼迪公民奖（J.Walter Kennedy Citizenship Award），这个奖项每年被授予一位球员、教练或训练师，表彰他们“出色的服务和对于社区的奉献”。除了给残疾儿童提供球票，以及为毕业聚会提供免费的药品和酒水之外，波特还与前队友杰罗姆·科尔西一起，为男孩儿和女孩儿俱乐部付出了很多。

也许英曼最棒的投资出现在 1983 年的选秀中，当时开拓者手握第 14 顺位的选秀权。英曼选择了得分后卫克莱德·德雷克斯勒

（Clyde Drexler），他当时并未被其他队伍挑中，因为他们认为他不是一个非常强有力的投球手。尽管他是当年第五个被选中的得分后卫，现在公众都认为，能在 1983 年选秀大会上挑中德雷克斯勒简直像捡了一个大便宜。他的得分超过了这次选秀中的所有其他球员，职业生涯中每场平均能拿到 20 多分，他也是这次选秀中仅有的一个曾入选 NBA 第一阵容、至少参加了一次全明星赛（他一共参加了 10 次）、参加了奥运会，并入选了篮球“名人堂”的球员。到退役的时候，德雷克斯勒加入了传奇球星奥斯卡 · 罗伯逊（Oscar Robertson）和约翰 · 哈夫利切克（John Havlicek）的行列，成为 NBA 历史上第三位拿到 20 000 分、抢到 6 000 个篮板和实现 3 000 次助攻的球员。就像沃尔顿一样，德雷克斯勒也入选了 50 大巨星的行列。在如此多的球队错过了他的时候，为什么英曼能知道他会成为一位巨星？

获取者喜欢独立做出决策，但英曼作为一名付出者，对于其他人的建议持更加开放的心态。在圣何塞州立大学的时候，英曼遇到了布鲁斯 · 奥格尔维（Bruce Ogilvie），他是运动心理学的一位先驱人物。“在他进入体育领域的时候，心理学家被错误地认为是‘精神病学家’，任何球员如果去见了一位心理学家，会被认为哪里出了问题。”大多数总经理和教练都会回避像奥格尔维这样的心理学家，对于所谓的科学持怀疑态度。一些人认为心理测评没什么用；另一些人则担心，这会威胁到他们自己的专业和地位。

获取者总是希望能成为所在领域内最聪明的人，付出者却更愿意接受别人的专业技能，即使这会对他们自己的观念构成挑战。

英曼张开双臂，接纳奥格尔维和他的方法，要求球员在选秀之前接受几个小时的评估。英曼与奥格尔维一起，测评球员的无私程度，其是否渴望成功、是否坚持不懈、是否愿意接受教导，以及对于运动的奉献程度。通过这些测评，英曼可以更好地理解一个球员在毅力和付出方面的倾向。“其他 NBA 球队也会考察待选球员的心理状况，但没有人会像我们这样使用心理测评，并且信任心理测评，”英曼说，“你需要首先欣赏一个球员的天赋，才会对他进行评估。但是，这些评估确实提供了一种清晰的指标，告诉我们这个人能否发挥潜力。”

当奥格尔维评估德雷克斯勒时，英曼被他的心智状况所折服。英曼采访了观看过德雷克斯勒在休斯敦大学打球的教练，得到了相同的回应：德雷克斯勒用付出者的方式打球。“克莱德是那支球队的黏合剂。我被教练们完全一致的反应惊呆了，”英曼解释道，“他们说，他会做所有能够帮助队伍赢得比赛的事情。他的自我从不会干扰到他对于胜利的渴望。”根据当时的球探布基·巴克沃尔特（Bucky Buckwalter）所说，“一些球队不愿意选他……他不是一个好的投手。”但是英曼和他的团队决定，德雷克斯勒可以“学会从中距离投篮，或者用其他的天赋来弥补这个缺陷”。英曼是正确的，德雷克斯勒“变成了一个更有技巧的球员……超过了我的预期”，巴克沃尔特说。

英曼在篮球场上那些失败的赌注，在其他领域也取得了成功；他一旦看到一个付出者，就能把他认出来。拉鲁·马丁在 UPS（美国联合包裹速递服务公司）工作了 25 年，最近成为伊利诺伊州的社区服务主管。2008 年，他出乎意料地收到了一封信，这封信来自开拓者队前所有人拉里·温伯格（Larry Weinberg）："毫无疑问，你在为 UPS 工作时是一位杰出的职业楷模。"马丁曾与奥巴马总统打过篮球，在 2011 年，他被选入了退役球员联合会的管理委员会。"我非常愿意做出回馈。"马丁说。

此外，你还记不记得特里·莫非，英曼在圣何塞州立大学执教时手下那位最糟糕的球员？英曼给了莫非机会，但认为他在篮球领域不会有前途，于是鼓励他去打排球。英曼对于莫非工作态度的判断是完全正确的，莫非后来入选了美国排球国家队，但莫非并没有完全离开篮球。1986 年，为了给残奥会筹钱，他在达拉斯发起了一项三对三的街头篮球锦标赛。到了 1992 年，这项名为"箍起来"（Hoop It Up）的赛事已经拥有 15 万名运动员和 100 万名粉丝。5 年以后，"箍起来"在 27 个不同的国家或地区举办了 302 场赛事，筹集到了几百万美元的慈善捐款。

对于英曼的成功，最好的解释可能是，尽管他错过了迈克尔·乔丹这样的出色球员，但是作为天才的评估者，他胜过了乔丹。作为一名篮球管理者，乔丹的名声更多的是一个获取者，而非付出者。这种状况在球场上已经有所预示，乔丹在场上是出了名的以自我为中心和自尊自大的。正如乔丹自己曾说："为了取得成功，你必须自私。"教练不得不如履薄冰地向他提出建设性的反馈意见，他在入选"名人堂"时发表的演讲，因为没有感谢几个人，却攻击了那些质疑过他的人，而受到了广泛的批评。回到他的球员时代，他曾大力提倡球队应将更大的收入份额分给球员。现在，作为球队的拥有者，他却呼吁把更大的份额分给持有人——实际上就是把更多的钱揣进自己的腰包。[①]

在天才身上持久下注这个问题上，乔丹作为球队管理者的表现，与英曼形成了鲜明的对比。当乔丹成为华盛顿奇才队（Washington Wizards）的篮球事务总裁时，他使用 2001 年的第一顺位选秀权，挑选了中锋夸梅·布朗（Kwame Brown）。布朗是从高中直接参加选秀的，富有天赋，但是似乎缺乏毅力，从没有发挥出自己的潜能。后来，他被认为是 10 年来的第二大选秀失败，也是运动史上最糟糕的 100 个选秀之一。在布朗之后，榜眼和探花也是中锋，他们的表现就好多了。榜眼秀是泰森·钱德勒（Tyson Chandler），他入选了 2012 年的梦之队。探花秀是保罗·加索尔（Paul Gasol），另外一位年轻的中锋，只比布朗大一岁半。加索尔赢得了最佳新秀奖，在接下来的 10 年里 4 次入选全明星队，两次赢得总冠军，并赢得了 J. 沃尔特·肯尼迪公民奖。钱德勒和加

---

① 有趣的是，乔丹在北卡罗来纳大学的篮球教练，传奇人物迪恩·史密斯（Dean Smith），却更多的是一位付出者。不顾自己的利益，并且顶住了助手的强烈抗议，史密斯建议乔丹在大四之前就早点参加 NBA 选秀。史密斯有一条规则："我们会在赛季之外尽可能为球员着想，在赛季之内尽可能为球队着想。"随着 NBA 的球员薪水一飞冲天，史密斯鼓励每一个有机会在前 5~10 位被选中的球员提早离开大学，赚取更多的收益，只要他们承诺以后会回到学校，完成学业。在他作为主教练的 36 年间，史密斯让 9 位球员提早参加选秀，其中的 7 位兑现了他们的承诺。尽管史密斯鼓励最好的队员离队，但是他把队员的利益放到第一位，似乎帮助他招募到顶级的天才，培养出球员的信任和忠诚。史密斯退休时获得了 879 场胜利，超过了美国大学体育总会历史上任何一位教练；他的球队 11 次打入全美四强，两次赢得全美冠军。正像 NBA 的执行副总裁克里斯·格兰杰（Chris Granger）解释的，"有天赋的人会被那些关心他们的人所吸引。你为了帮助某人获得提升，使其离开你的球队，这在短期上是一种损失，但是长期来看肯定是一种收益。这让你更容易吸引别人，因为人们会传递你助人为乐的哲学。"

索尔在得分、篮板和盖帽儿方面的表现，都远远超过了布朗。

布朗令人失望的表现，看起来威胁到了乔丹的自我。当他复出与布朗一起为奇才队打球时，他经常会训斥和贬低布朗，说布朗糟糕的表现伤害了球队，并且让他的选秀选择看上去非常愚蠢。在第一个赛季，布朗的统计数字微不足道，每场平均只能得到 5 分，抢下 5 个篮板。在第二个赛季，布朗的上场时间却翻倍了。

乔丹在赛季结束后被奇才队解雇，但是他并不准备放弃布朗。10 年之后，在 2010 年，布朗与夏洛特山猫队（Charlotte Hornets）[①] 签约。这支球队的拥有者不是别人，正是迈克尔 · 乔丹。“迈克尔在这次签约中扮演了很重要的角色，”布朗的经纪人说，“他想要让这成为现实。”

到这个时候，布朗已经为 4 支球队打了 10 个赛季，在超过 500 场比赛里平均得分不到 7 分，抢下了 6 个篮板。在前一个赛季里，他每场只打了 13 分钟。当布朗加入乔丹的山猫队时，他的上场时间翻了一倍，达到了每场 26 分钟。山猫队给布朗的上场时间超过了他前两个赛季的总和，但是他在场上继续挣扎，平均得到 8 分和 7 个篮板。“乔丹想给夸梅另一次机会，”布朗的经纪人说，“许多人都写过，布朗是乔丹的第一个选秀对象，而当结果不好时，他们两个人都受到了众多的批评。”一个付出者可能会承认错误，继续前行，但乔丹仍然希望扭转糟糕的投资。“我爱乔丹，但是他所做的工作并不好，”他的朋友——前梦之队队友查尔斯 · 巴克利

① Charlotte Hornets，位于美国北卡罗来纳州夏洛特的职业篮球队。2010 年，乔丹以 2.75 亿美元入主该球队的交易。2014 年 5 月 21 日，球队更名为夏洛特黄蜂队。

说，“我不认为乔丹缺少向他提出反对意见的雇员。”在乔丹的引领下，2012 年山猫队创下了 NBA 历史上最低的胜率纪录。

与此相反的是，英曼的球队取得的成就令人惊讶。除了组建起 1977 年那支球队，凭借大量陌生的面孔，仅仅时隔一年就从垫底一跃成为冠军之外，英曼的选秀策略也让开拓者队在之后的多年里，成为一支令人敬畏的球队。1986 年他离开开拓者队之后，球队在德雷克斯勒、波特和科尔西的带领之下，继续繁荣发展。这三颗隐藏的宝石，被英曼在连续三年中发掘出来，带领开拓者队两次打入总决赛。英曼仍然没有包揽功劳。在一般球迷眼中，英曼似乎是一个失败者，篮球业内人士却将他视为篮球史上最伟大的天才评估者之一。英曼的经历，结合研究证据，揭示出付出者不仅善于识别和培养天才，还善于在事情不遂人意时，放下包袱，继续前行，这令人不可思议。

斯图·英曼在自己生命中最后的 4 年时光，志愿担任俄勒冈州奥斯威戈湖高中篮球队的助理教练。“他对这些球员都很好，”奥斯威戈湖高中篮球队的主教练说，“他不仅将他们培养成了篮球运动员，也培养了他们的品格。他不会浪费时间提前判定一个人的资质，而是以球员潜在的能力去对待他们。”在奥斯威戈湖高中，斯图·英曼帮助培养了一位名叫凯文·洛夫（Kevin Love）的年轻球员，他后来实现了萨姆·鲍维和拉鲁·马丁从未能实现的梦想：成为一个能够投篮的大个子。作为一名 208 厘米的中锋，洛夫在他的前 4 个赛季里入选了梦之队，并两次入选全明星队，被提名为 NBA 最有潜力球员，并且赢得了三分球大赛的冠军。

“如果你选择培养伟大的天才，你就需要秉持利他主义，为他人着想，”乔治·安德斯写道，“虽然在某段时间内，那些只顾眼前利益行事的人能够挣更多的钱，赢得更多的认可，至少暂时如此。但是，随着时间的推移，情况便截然相反。”

# 第五章　无力的沟通风格的力量

## 怎样保持谦虚，同时影响别人

温柔地讲话，但带上一根大棒。

——西奥多·罗斯福，美国总统

戴夫·沃尔顿（Dave Walton）做了一个深呼吸。他是一位就业法律专家，专精于商业机密和雇员竞争的案例。作为柯岑·奥康纳（Cozen O'Connor）公司的合伙人，戴夫是被选为股东的最年轻的几个律师之一；除此之外，几年来他还获得宾夕法尼亚州超级律师——“新星奖”（Pennsylvania Super Lawyer—Rising Star）的提名。此时此刻，他即将站起身来，对着陪审团发表自己的第一份结案陈词。

2008 年，戴夫曾为一家公司做过代理，这家公司旗下有阿克米–哈代斯蒂（Acme-Hardesty）子公司。这是一家宾夕法尼亚州的蓖麻油零售商，它的供货商是印度孟买的杰雅特油品和衍生物公司（Jayant Oils and Derivatives）。在 2006 年 12 月，阿克米母公司的 CEO 被告知，杰雅特准备在美国设立办公室和销售组织，不会再向阿克米供应蓖麻油。接下来的一个月里，阿克米的管理层了解到，杰雅特准备与阿克米开展商业竞争，直接向美国市场的消费者出售蓖麻油。

在 2006 年夏天，两位阿克米的员工跳槽到了杰雅特，帮助他们建立对手公司。阿克米的母公司起诉了杰雅特和这两位雇员，指控他们盗窃商业机密和保密信息。

戴夫认真地做了准备，充满热情地进行辩护。他呈交的证据显示，2006 年 3 月，这两名员工在为阿克米工作时，就已经接受了帮助杰雅特建立竞争经销商的财务条款。6 月，他们分别收到了 5 万美元，作为为杰雅特提供咨询服务的初始报酬。

这两名员工声明自己将离职，但并没有告知阿克米他们的新职位，就直接前往印度。戴夫陈述道，在印度的时候，他们把有关阿克米的知识纳入了杰雅特的商业计划中。一名员工给杰雅特提供了一份美国客户的关系清单；戴夫称，这个清单本来是阿克米出资让该名员工制作的，而杰雅特的总裁也承认，他们使用了阿克米的文件来准备那些向投资者做展示的材料。戴夫进一步指出，当这两名员工在印度帮助杰雅特制订计划时，他们使用了虚假的邮箱别名，让自己可以继续跟进阿克米的订单。

代理被告的是三家著名的法律公司，戴夫的对手在法庭辩论中的表现非常流畅。他有 25 年的经验，拥有哥伦比亚大学的法律学位，本科毕业于康奈尔大学，获得过许多奖项，包括宾夕法尼亚州的百强律师，以及全美的周度诉讼律师。有人将他描述为

“熟练的、渊博的、久经考验的律师，在法庭上的表现令人惊异”。

被告代理人的口才很好，表现完美，他告诉法官说，杰雅特开展的是合法的竞争，它有权这样做。这位律师承认，阿克米确实损失了一些客户，但这不是因为那两名员工做了任何错事。阿克米是将杰雅特的蓖麻油产品分销给客户的中间商。通过取消中间商，杰雅特可以更便宜地出售自己的产品，这正是公平竞争的要点所在。这两名员工在阿克米的待遇很差：一位将公司描述为“藏污纳垢之所”，声称这是他有生以来做过的最差的工作。被告代理人把握住了他的主要论点，质疑戴夫的主要证人的可信度。戴夫被对方展现出的技巧所折服，“他真的很棒。他的辩论超过了我们的预期。”

戴夫知道，此时审判可能倒向任何一边。一方面，他描绘了一幅令人信服的图景，证明杰雅特和两名员工是有罪的；另一方面，这是一个充满压力的高端案例。这是戴夫第一次主导法庭辩论；他是在场的律师中最年轻的一个。在一次查问中，他的老毛病又犯了：戴夫开始结结巴巴。这种情况后来又出现了几次，这可能会传递出危险的信号，表明他缺乏自信。

戴夫特别担心的是一位陪审员的影响。在审判中，这位陪审员声明，他更偏向于支持被告：他觉得杰雅特和两名员工没做错什么。陪审员非常热情地回应被告代理人，在被告代理人陈词的过程中频频肯定地点头，并为他的笑话放声大笑。相反的是，当戴夫发言时，这个陪审员避免和他的目光接触，面带着假笑，并表现出了轻蔑的姿态。在整个审判过程中，这位陪审员都穿着蓝色牛仔裤出席法庭庭审。但是在结案陈词这一天，他穿上了正装，打着领带。当戴夫看着他悠然地走进来时，不禁心头一沉。这个陪审员想要成为陪审团主席，很明显，他想要说服其他的陪审员反对戴夫。

戴夫完成了结案陈词，陪审团开始商议。当他们走出来时，那位持有反对意见的陪审员走在最前面。他被选为陪审团主席，由他宣读裁决。

陪审团一致裁定，支持戴夫的客户，将赔款数额定为700万美元。戴夫的胜利刷新了宾夕法尼亚州商业机密审判的纪录。毫无疑问，戴夫的表现非常精彩，作为这个领域真正的专家，他在发言时充满自信。但是，还有另外一个因素给他带来了微弱的优势。

有一些因素将戴夫和对面那位杰出的律师区别开来——在这一点上，他与通用电气的前任CEO杰克·韦尔奇（Jack Welch）、副总统乔·拜登（Joe Biden）、歌手卡莉·西蒙（Carly Simon）、《20/20》节目的主持人约翰·斯托塞尔（John Stossel）、演员詹姆斯·厄尔·琼斯（James Earl Jones），以及波特兰开拓者队的球星、现任篮球解说员比尔·沃尔顿（Bill Walton）都存在共同之处。

他们都有口吃。

口吃是一种言语障碍，大约有1%的人有这种问题。从小到大，戴夫·沃尔顿一直因为口吃而受到嘲笑和捉弄。大学毕业后，他申请了一个销售的岗位，但是被拒绝了。“面试官告诉他，因为他有口吃的毛病，他永远不可能做销售。”他的妻子玛丽说。当戴夫决定申请法学院时，他的许多朋友和家人都表示怀疑，希望他不要做任何公开演讲。在法学院里，看起来亲友们的担心是正确的。戴夫回忆起他的第一次模拟法庭辩论，法官在他发言的时候哭了："她为我感到难过。"

大多数人将口吃视为一种残疾，我们会为杰克·韦尔奇和詹姆斯·厄尔·琼斯这样的人折服，因为他们自信的风度掩盖了其言语障碍。但是，真相其实比这更加有趣和复杂。许多有口吃的人最后变得很成功，而这并不一定是因为他们克服了自己口吃的缺陷。在商业机密审判中，当戴夫在一些辩论中表现得磕磕巴巴时，有一些奇怪的事情发生了。

陪审员们都喜欢他。

在审判结束后，几位陪审员走到他面前。"他们告诉我说，他们真的非常尊敬我，因为他们知道我有口吃，"戴夫说，"他们强调说，我的口吃不严重，但是他们注意到了，并且谈论了这件事。陪审员们说，他们佩服我做为一名法庭律师的勇气。"

戴夫赢得这场审判，不是因为他的口吃。但是，口吃可能确实帮助了他，让他与陪审团建立起了更强的联系，让胜利的天平倒向他这一边。当陪审员们称赞他的时候，戴夫"感到惊讶，还有一点尴尬……我的第一个念头是：'我不记得我口吃了这么多次。'当陪审员走远时，我意识到，我有一些先天的天赋。我忽然顿悟到——我的口吃反而可能是一种优势"。

在这一章里，我将要探究的问题是，通过戴夫·沃尔顿的经历，我们可以知道，在影响他人方面，有哪些至关重要但不合常理的因素——此外，我们还将探究付出者在发挥影响时采取的不同做法。在《每个人都在推销》（*To Sell Is Human*）一书中，丹尼尔·平克（Daniel Pink）提出，我们的成功在很大程度上取决于影响他人的技巧。为了说服别人购买我们的产品、使用我们的服务、接受我们的想法，并给我们投资，我们需要用劝服和激励的方式与他们交流。但是，影响他人的最佳方法可能并不是一下子就能想到的。

研究表明，影响他人有两种基本的方法：确立支配性地位和获得声望。当我们确立支配性地位时，我们获得了影响力，因为别人认为我们是强大、有力、权威的。当我们获得声望时，我们变得更有影响力，因为别人尊敬和欣赏我们。

这两种影响他人的方法与我们的人际交往风格紧密相连。获取者更愿意，也更善于确立支配性地位。为了占有尽可能多的价值，他们会努力让自己高人一等。为了确立支配性地位，获取者非常善于做出强有力的沟通：他们说话强硬，提高音量以强调自己的权威，表达确定性以传递出自信，炫耀自己取得的成就，并通过肯定和骄傲的方式推销自己。他们会通过伸展胳膊来显示力量，摆出支配性的姿势，挑起眉毛做出挑衅的表情，占据尽可能多的空间，并在必要的时候表现出愤怒，发出威胁。在寻求影响力的过程中，获取者通过发出权力性的言语和非言语信号来定下基调，控制谈话的走向。结果就是，获取者在取得支配性方面，要比付出者有效得多。但是，这种方法是否能够维持影响力？

当我们的听众心存怀疑时，我们越是试图支配他们，他们就会越抗拒。即使听众愿意接受，支配性也是一场零和游戏：我拥有越多的权力和权威，你拥有的就越少。当获取者遇到更有支配性的人时，他们会面临失去影响力的风险。与此相反，声望并不是零和游戏，我们可以给出的尊敬和欣赏并不存在上限。这意味着，声望通常拥有更持久的价值，我们应该检视一下人们是如何获得声望的。

与获取者强有力的沟通方式相反的，就是所谓的无力的沟通（powerless communication）。无力的沟通者倾向于用不那么肯定的方式讲话，表达出更多的疑惑，并非常依赖别人给出的建议。他们使用示弱的方式交谈，显示出自己的弱点，并会做出免责声明[①]、避免正面答复和表示迟疑。苏珊·凯恩在《安静》（*Quiet*）一书中写道，在西方社会里，人们期望我们用强有力的方式交流。我们被告知，伟大的领导者会使用“强势演讲”和“强势话语”来有力地传递出他们的信息。如果使用无力的沟通，人们在获得影响力方面肯定会处于劣势。

嗯，不完全是这样。

我是这样认为的。

在这一章里，我的目标是挑战传统的观念，这些观念认为，果断和自信对于获取影响力至关重要。实际上，这种风格并不一定总能给我们带来好处，付出者会本能地采取一种无力的沟通风格。令人惊讶的是，这种风格被证明在建立名声方面是非常有效的。我想要追溯付出者是如何通过建立声望，在展示、销售、说服和谈判 4 个领域获取影响力。因为付出者更看重别人的观点和利益，他们更愿意提出问题，而非给出回答；更愿意谨慎而非大

① 免责声明：一些特定类型的免责声明比其他形式的无力的沟通更危险。例如，人们经常用“我不想让你觉得我很自私，但是……”这样的句子开头。心理学家发现，这类免责声明会起到反面的效果，它会让听众更加预期讲话者会说一些自私的东西，这会导致他们寻找——并且找到——确认讲话者的自私的信息。

胆地讲话；更愿意承认自己的弱点，而非显示自己的长处；更愿意寻求别人的建议，而非将自己的观点强加给别人。这些无力的沟通方式，有没有可能产生影响力？

## 展示：示弱的价值

我 26 岁的时候，已经获得组织心理学博士学位两年了，有人找我向高级军官讲授激励士兵的办法。军队希望改变以命令和控制为主的模式，转向合作模式，而我的研究领域恰好与此相关。我的第一项任务，是给 23 位空军上校上一堂 4 个小时的课。他们都当过战斗机飞行员，平均飞行时间超过 3 500 小时，战斗时间超过 300 小时。他们驾驶的飞机是：装载着导弹和精确制导武器的 F-16 战机。就像电影《壮志凌云》（*Top Gun*）里一样，他们每个人都有很酷的外号。

“打击者”负责管理超过 53 000 名军官，以及 3 亿美元的预算。“沙丘”是一名航天工程师，在“沙漠风暴”（Desert Storm）、“自由伊拉克”（Iraqi Freedom）和“不朽自由”（Enduring Freedom）行动中执行过飞行任务。“炸弹狂”管理的项目开销超过 150 亿美元，包括能够远程控制从新墨西哥州飞到阿富汗的无人驾驶飞机。

这些上校四五十岁——年龄比我大一轮。他们在整个职业生涯中都待在一个强调资历的组织里，而我在这方面一片空白。尽管我具有一些相关的知识，还拥有一个博士学位，但我还是和他们相去甚远，而且这一点明显地表现了出来。在这一天结束之后，上校们填写了课程反馈表。有两条评论特别能说明问题：

“隐形”：“台下的人比台上的人拥有更多高质量的信息。”

“炮手”：“讲课的人知识丰富，但经验不足……没有很好地把握听众的需求。讲课的材料非常学术……我没有任何收获。我相信讲课的人确实学到了一些有用的东西。”

其他的人更温和些，不过传递的信息仍然是响亮而清晰的。“轰炸机”说，“现在的教授越来越年轻了。”而“黄貂鱼”补充说，“我希望教授比我年纪大，否则我会相信自己已经趋近中年，而我们都知道这并不符合事实……是不是？”

面对这些上校，我使用了强有力的交流方式开场：我满怀自信地谈论自己的资历。这并不是我在课堂里常用的开场方式。作为一名教授，我总是感到一种强烈的责任感，为我的学生付出，所以我更关心的是如何与学生建立联系，而非确立自己的权威。给本科生上课时，在第一堂课上，我会以自己人生最大的失败经历开场。但是，面对着空军上校们，我担心自己在他们眼中的可信度，而且我只有 4 个小时的时间——而不是我习惯的 4 个月——来建立可信度。因此，我没有采取常用的示弱风格，而是使用支配性的口吻来描述自己的资历。但是，我越是想要支配，上校们就越抗拒。我没能赢得他们的尊重，我对此感到失望和尴尬。

后来，我又给空军上校上了另一堂课，这一次我尝试了不同的开场白。我没有谈论自己的资历，而是用更加无力的、自嘲的方式开场：

“我知道你们中的某些人正在想什么：‘我能从这个 12 岁的教授身上学到什么？’”

刹那间，现场陷入了令人尴尬的沉默。我屏住了呼吸。

然后房间里爆发出了笑声。一位名叫“老鹰”的上校说：“嗨，这也太荒唐了。我很确定你有 13 岁。”从这里开始，我完全重复了上一次讲课的内容——不管怎样，我所讲授的关于激励的信息并没有变化。但是，当我在课后查看他们的反馈时，发现与上一次课有着天壤之别：

“用个人经历说话。他的年龄正合适！充满能量；很显然这已经很成功了。”

“亚当很明显对于讲课的主题非常了解，这让他对主题充满热情和兴趣。这让他非常有效率。三个字——棒极了！”

“尽管经历有限，但是他用有趣的方式介绍了各种研究。干得非常好。充满了能量和活力。”

“我不敢相信亚当只有 12 岁！他做得非常棒。”

无力的沟通方式，是造成这种反差的唯一原因。我没有试图建立起自己的可信度，而是展示了自己的弱点，把显而易见的事实清楚地说出来。后来，我采用同样的方式给陆军将军和海军军官讲课，效果同样很好。我采用了对自己来说最自然的沟通风格，它帮助我与心存疑虑的听众建立起联系。

获取者通常会担心，如果暴露自己的弱点，可能会削弱自己的支配性和权威。付出者能够更轻松地表现出自己的弱点：他们感兴趣的是帮助别人，而不是从他们那里获得权力，因此不害怕暴露盔甲中的破绽。通过显示出自己的弱点，付出者实际上可以更容易地建立起名声。

但是这里还有更复杂的情况：只有当听众能够接受其他的信

息，证实讲话者的能力时，示弱才是有效的做法。在心理学家埃利奥特·阿伦森（Elliot Aronson）开展的一项经典实验中，大学生听了 4 盘磁带中的一盘，磁带的内容关于一位参加急智问答面试的候选人。一半内容涉及的候选人是一名专家，他答对了 92% 的问题；另一半内容涉及的候选人具有一般的知识水平，只答对了 30%。

正如预期的那样，听众更偏爱专家。但是，当磁带里加入了候选人的一个笨拙行为时，有趣的情况出现了。盘子摔碎了，候选人说，“哦，天哪——我把咖啡洒到新买的正装上了。”

当平庸的候选人表现出笨拙时，听众更不喜欢他了。

当专家表现出笨拙时，听众却更喜欢他了。

心理学家将这种现象称为“失态效应”（pratfall effect）。洒了一杯咖啡会损害平庸候选人的形象：这只是听众不喜欢他的另外一个原因。但是，同样的事故让专家显得更加人性化、更容易接近——而非高高在上、遥不可及。[①] 这解释了戴夫·沃尔顿的口吃为什么会给陪审团留下积极的印象。戴夫愿意展示自己的弱点，让他的口吃被全世界知道，这个事实为他赢得了别人的尊重和欣赏。陪审员们喜欢他、信任他，所以会更仔细地聆听他讲的内容。这为戴夫提供了舞台，用他的辩论说服陪审团。

展示弱点对于像戴夫·沃尔顿这样的律师来说特别重要。戴夫

---

① 值得注意的是，失态效应取决于听众的自尊。无力的沟通让说话的人更加人性化，因此应该对于那些将他们视为平常人的听众最为有效：也就是那些自尊处于平均水平的听众。的确，阿伦森和同事发现，当有能力的人犯错误时，自尊处于平均水平的听众与处于高水平和低水平的听众相比，会做出更具偏好的回应。

有付出者的倾向：他花很多时间指导年轻的同事，并充满热情地为客户争取公平，为了正义的事业奋斗。但是，这些并不是陪审团首先看到的特质：他的外表并不能传达出温暖。“我是个大个子，看起来像军人。”戴夫解释说：

> 而且我线条硬朗。在商业机密审判中，我不能说口吃是我胜利的原因，但它确实帮我建立起了可信度：它让我看起来是一个真实的人。它让陪审团能够了解我的性格，看到他们喜欢的东西。这让我显得更加人性化：这是一个我们可以支持的家伙。它让我看上去不那么精雕细琢，使我作为倡议者显得更加可信。人们可能以为，你必须表现为一个精雕细琢的、完美的人。实际上，你不会想要一个过于光鲜的律师。优秀的庭审律师的目标是，既做一个专家，同时也做一个普通人。

当戴夫不顾自己的口吃，站到陪审团面前时，人们可以看到，他确实深深地关心着自己的客户——他足够信任自己的客户，宁愿暴露自己的弱点来支持他们。这向他的听众传递了一种强大的信息，帮助他提高了自己的声望，并弱化了他的外表中与生俱来的支配性，从而为他赢得了陪审员的支持。

## 销售：将骗子和好人区分开

在与能力无关的方面展示自己的弱点，可以帮助我们建立起名声，但是对于付出者来说，这只是施加影响力的开始。为了有效率地影响他人，我们需要将赢得的尊敬转化成听众改变态度和行为的理由。这一点在销售领域显而易见，这项工作完全取决于说服人们购买你的东西，并且继续购买。我们经常刻板地认为，销售人员都喜欢操纵别人，都是马基雅维利式的，认为金牌销售员具有威胁性、对抗性、自私自利，有时甚至善于欺骗。丹尼尔·平克发现，我们一想到销售员时，进入头脑的第一个词是“纠缠不休”（pushy）、“呸”（ugh）和“啐”（yuck）。在一项研究中，人们依据社会责任感水平，对 44 种与 MBA 相关的职业进行排序。在社会责任感的排行榜中，销售人员排名第 43 位，仅高于垫底的股票交易员。这让人们普遍预期，最顶尖的销售人员一定是获取者，但是在第一章中，我们已经看到了一些初步的证据，表明高效的销售人员是付出者。为什么付出者在销售方面如此高效？

比尔·格兰博斯（Bill Grumbles）是一位富有权势的高管，但是如果你见到他，大概不会意识到这一点。他说话如此温柔，以至于你可能发现自己会下意识地靠近他，以便听清他说什么。在 HBO 电视网步步高升成为副总裁之后，他成为了 TBS（东京广播公司）在世界范围内的营销总裁。在他的职业生涯中，格兰博斯一直努力帮助和指导他人。如今，他把时间花在培养商学院学生的领导力上，并志愿给他们提供职业建议。早些时候，无力的沟通方式实际上帮助他占据了 HBO 电视网销售业绩排行榜的榜首。

1977 年，HBO 仍然是一个默默无闻的品牌：大多数美国人甚至都没有有线电视。格兰博斯那时将近 30 岁，他被派到堪萨斯城设立 HBO 的销售办公室。他并没有销售经验，于是就做了作为付出者最擅长的事：提问题。他的问题很真诚，客户会给出回应。

“我会拜访客户，看看墙上挂着什么，在办公室里走走，并了解他们的兴趣。我会询问他们孙辈的情况，或是他们最喜欢的体育队。我问出一个问题，客户会谈上 20 分钟。”其他的销售人员每个月可以谈成一笔订单。格兰博斯的效率是他们的 4 倍：他每周都可以谈成一笔订单。

通过提问和倾听，格兰博斯向客户展示出他关心他们的利益。这可以建立起名声：客户尊重并欣赏他表现出来的关心。在一次销售拜访之后，一位客户把他拉到一边告诉他，说他是一个“伟大的谈话家”。格兰博斯笑着说：“我几乎没说什么！”

提问可以为客户打开道路，让他们体验到心理学家詹姆斯·彭尼贝克（James Pennebaker）所说的“谈话的乐趣”。几年前，彭尼贝克将一些陌生人分成小组。请想象一下，你刚刚加入了其中一个小组，并且有 15 分钟的时间，可以就一个自己选择的话题，与这些陌生人交谈。你可能会聊一聊你的家乡、你在哪里上大学，或者你的事业发展情况。

15 分钟之后，你评定一下自己有多么喜欢这个小组。结果显示，你谈的越多，你就越喜欢这个小组。这并不令人惊讶，因为人们喜欢谈论自己。但是，我问你另一个问题：你对于这个小组了解了多少？

逻辑上讲，要想了解身边的人，你需要用心倾听。你谈得越少，你对于小组的了解就应该越多。但是彭尼贝克发现了相反的结果：你谈得越多，你会认为自己越了解这个小组。通过像获取者一样交谈，主导对话，你相信自己实际上了解了周围的人，尽管他们很少发言。在《开场白》（*Opening Up*）中，彭尼贝克反思道："我们大多数人都发现，表达自己的想法是一种令人惊讶、非常愉悦的学习体验。"

正是因为那些付出者有兴趣了解我们，向我们询问问题，我们才能体验到了解自己的快感。而且，通过把舞台交给我们，付出者实际上从我们这里获得了更多关于我们的信息，这可以帮助他们想出办法，向我们推销那些我们已经非常看重的东西。

为了弄清楚付出者是如何取得销售方面的成功的，我要带你去一趟北卡罗来纳州的罗利市，在那里我会扮演一位神秘的购物者。我为一家名叫"护眼联合会"（Eye Care Associates）的创新型眼科公司工作，希望找出那些明星销售人员。每个公司的雇员都按要求填写了一份问卷，用来测量他们是付出者、获取者还是互利者，现在让我们看看他们实际的做法吧。

我进入一家护眼中心，向他们表达了意向，希望更换一副破损的太阳镜，这副眼镜之前是从亮视点购买的。我走向一个展柜，第一位销售人员走过来迎接我。他给我看了一副时髦的眼镜，很快就使用强有力的沟通方式，开始了一段咄咄逼人的宣传。这些镜片是为开车人士特制的，镜框的轮廓非常贴合我的脸，颜色与我的肤色搭配。从没有人说我酷，但是我很快地幻想了一下，这些墨镜可以将我变成詹姆斯·邦德——或者至少是詹姆斯·伍兹（James Woods）。当我表达了对于价格的犹疑时，销售员自信地向我保证，它值这个价，而且看起来非常合适，他说，设计师在创造这些墨镜时，脑海中想的一定是像我这样的胜利者的脸孔。我私下开始有些怀疑，他是在拍我的马屁，为的是卖出东西。这是获取者？

在另一家护眼中心，销售员表示愿意帮我一个忙。如果我转到他的办公室做眼科检查，他会免费帮我换镜架。这是互利者……而且我有问卷数据，足以支持我的判断。哪一个是最成功的销售员：获取者还是互利者？

都不是。二者的业绩都处于平均水平。

第三家护眼中心位于北卡罗来纳州的骑士谷，在那里我遇到了基尔代尔·埃斯科托（Kildare Escoto）。基尔代尔身材高大，有着浓密的眉毛和细细的山羊胡。他的臂力强劲，如果你提出要求，他可以当场趴下来做100个俯卧撑，不流一滴汗。他的父母来自多米尼加共和国，自己则在乱糟糟的纽约市长大。他的职位与我在前两家护眼中心遇到的销售人员相同，风格却与他们截然不同。

我们年龄完全相同，但基尔代尔管我叫"先生"，而我可以感到他是真诚的。他说话温柔，在从柜子里拿出一盒太阳眼镜之前，首先问了我一些基本问题。我以前来过这里吗？我有需要拿药的处方吗？我的生活方式是什么样的——我平时做运动吗？他仔细地聆听我的答案，并给了我一些空间来思考。

我的视力是20/20（正常视力），但是基尔代尔人这么好，我忽然感到一阵冲动，想买一副墨镜。我撕下了自己的伪装。我告诉他，我正在研究出色的销售人员的技能——问他是否愿意谈谈自己的方法。基尔代尔提出了反对意见。"我并不认为这是销售，"他解释说，"我将自己视为一个眼镜师。我们首先进入医学领域，然后是零售领域，推销可能排在第三位。我的任务是接待患者，问他们问题，看看他们需要什么。我的心态并不是销售。我的工作是帮助人。我的主要目的是教育患者，让他们知晓重要的东西。

我真正关心的，是从长远来看患者能够看清楚东西。”

数据显示了关于基尔代尔·埃斯科托的两点令人惊讶的事实。首先，在我的调查中，他的付出者分数比公司里任何一位雇员都要高；其次，他也是整个公司销售业绩最好的眼镜师，销售额超过了平均水平一倍以上。

这不是一个巧合。排名第二的销售员，其销售额也超过了平均水平一倍以上，而她也是一名付出者。她的名字是南希·菲尔普斯（Nancy Phelps），她的工作理念与基尔代尔相同。“我与患者打交道，问他们在哪儿工作，他们的爱好是什么，在假期喜欢做什么。都是关于患者及其需求的问题。”结果就是，当患者走进门时，他们会主动找南希。“我真心地相信，通过给患者一副新眼镜，他们可以看到自己的最佳利益所在。”她说。

为了弄清楚基尔代尔和南希是不是例外，戴恩·巴恩斯（Dane Barnes）和我要求几百名眼镜师完成了一项调查，测量了他们是获取者、互利者还是付出者。我们还让他们接受了智力测验，测评了他们解决复杂问题的能力。接下来，我们追踪了他们在一整年间的销售业绩。

即使在排除了智力因素之后，付出者的销售业绩依然超过了互利者和获取者。付出者的年度销售额平均要比互利者高 30%，比获取者高 68%。尽管互利者和获取者加起来涵盖了 70% 的销售员，但顶级销售员一般都是付出者。如果所有的眼镜师都是付出者，那么公司的平均年收入将会从接近 1 150 万美元蹿升至超过 1 510 万美元。付出者之所以能够成为顶级的销售员，一个关键的原因在于无力的沟通方式。

询问是一种无力的沟通，付出者自然而然地掌握了这种技术。当听众本身已经对于你的影响力心存疑虑，或者你的可信度或地位不够高，抑或是你处在一个高度竞争的谈判情境中时，提问题特别有效。尼尔·拉克姆（Neil Rackham）花了9年的时间研究谈判专家和平庸的谈判者。他将那些富有成效的，并且有着辉煌的胜利纪录，很少遭遇失败的谈判者鉴定为谈判专家。他记录了超过100次谈判的情况，仔细梳理它们，以此分析谈判专家和普通谈判员之间的区别。谈判专家会花更多的时间理解对方的视角：提问占了谈判专家发表意见的21%，对于平庸的谈判者来说却只有10%。

如果基尔代尔是一名获取者，他会更愿意给出自己的回答，而非询问问题。但是，他没有告诉患者他们应该要什么，而是询问他们需要什么。有一次，琼斯太太结束了一次眼科检查，基尔代尔走上前，想了解她是否有兴趣买一副新眼镜。琼斯太太一只眼睛近视，另一只眼睛则远视。她的医生让她配一副多焦点镜片，但她对此显然持怀疑态度。因此，她接受了眼科检查，并且不准备花大钱买眼镜。她告诉基尔代尔说，她不想试新眼镜。

基尔代尔没有进行肯定语气的推销，而是开始问她问题。“你做什么工作？”他了解到，她在电脑前工作，并且注意到，当她想要读东西的时候，她会转动脑袋，让近视的眼睛靠前。当她看远处的东西时，比如开车的时候，她会把头转向另一边，依靠她的远视的眼睛。基尔代尔问她，为什么医生让她配一副新镜片。她说自己在距离判断、电脑工作和阅读方面都有困难。他能看出她为此感到沮丧，于是宽慰她：“如果你觉得自己不需要戴矫正眼镜，我不会浪费你的时间。让我再问你一个问题：你什么时候戴这些眼镜？”她说这些眼镜真的只是在她工作时才有用，如果她只在一天中的一段时间戴它们，那这价格就太贵了。

在聆听她的回答的时候，基尔代尔意识到，他的客户对于多焦点眼镜的使用方式存在误区。他温柔地解释道，她不仅在工作时可以用到多焦点眼镜，也可以在开车时和家里使用。她被说服了，开始试眼镜。几分钟之后，她决定花费 725 美元，买下她的第一副多焦点眼镜。如果是一位获取者，可能已经失去了这次销售机会。通过提问题，基尔代尔得以理解她的担忧，并解决这些担忧。

但是，也许我们是在暗中偏向付出者。不管怎样，眼镜师是在医疗领域做销售，容易让人相信产品的功效。此外，他们还关心患者的需求。付出者能否在客户更加容易生疑的地方，比如保险领域取得成功？在一项研究中，经理们评定了超过 1 000 名保险销售人员的付出行为。即使是在保险领域，付出者的销售人员分数越高，则销售业绩，推销出去的条款、应用，完成的销售配额和挣得的佣金都会越高。

通过询问问题，了解他们的客户，付出者可以提高自身的可信度，获得关于客户需求的知识。随着时间的推移，这让他们越来越擅长销售。在一项实验中，研究人员向制药销售人员分配一项没有客户基础的新产品。在每个季度，即使销售员能收取佣金，付出者也领先于其他人。[①] 此外，付出是预测业绩的唯一特性：销

---

① 另一项研究也发现了同样的趋势。对超过 600 名女性用品的销售人员完成了一份问卷调查，测试他们是否是付出者：他们是不是根据客户的需求，推荐最适合的产品？当研究者追踪他们的销售业绩时，付出者最初并没有优势。随着他们理解了客户，付出者越来越领先。到了第三和第四季度，付出者已经取得了更多的销售收入。付出者收集了更多关于客户需求的信息，并且在回应客户方面更加灵活。

售人员是否负责任、外向还是内向、情绪稳定还是焦虑、观念开放还是传统，都不重要。顶级药剂销售人员的决定性特征就是做一名付出者。以提问为主的无力的沟通方式是付出者销售的决定性特征。

好奇地问一句，你是否准备在下次总统大选中投票？

我问你这个问题，只是想让你做出投票的概率提高41%。

这是无力的沟通带来的另一个好处。许多人认为，说服技能的关键是给出自信、肯定的宣传。但是在日常生活中，我们已经遇到了太多试图说服我们购买产品、订阅服务、支持某项事业的广告人员、电视营销人员、销售人员、募捐者和政治家。当我们听到一个强有力的说服信息时，我们会心生疑虑。在一些情况下，我们会担心自己被一名获取者欺骗、愚弄或操纵。在其他情况下，我们只是想做出自己的自由选择，而不是让我们的选择被其他人控制。因此，如果我要求你去投票，你可能会抗拒。但是，如果我问你是不是准备投票，你不会认为我在试图影响你。这是一个无害的询问，所以你不会抗拒我的影响，而是会思考这个问题。“嗯，我确实想要做一个好公民，而且我想支持我的候选人。”这感觉上不像是我在说服你。正如阿伦森所解释的，你被一个你已经喜欢和信任的人劝服了。

这个人就是你自己。

戴夫·沃尔顿知道为什么提问是有效的说服方式。他将一流的律师视为销售人员，而且，重点在于他们不会像获取者那样，过于肯定地兜售他们的观点。“宣传的艺术在于，我能够引导你，让你自己得出我的结论。我想要让你形成自己的结论：你会加倍坚定地守护它们。我试图把陪审员们领到那里，然后离开，让他们自己决定。”深思熟虑的问题为陪审员们打开了道路，让他们被自己说服。据阿伦森所说，“在直接的说服中，听众会持续地意识到，他们正在被另一个人说服。当他们开始自我说服时，他们相信改变的动机来自于自己的内心。”

通过询问人们的计划和意向，我们提高了他们实际依据这些计划和意向行事的概率。研究显示，如果我问你，你是不是计划在接下来的 6 个月内买一台新电脑，你实际去买的概率会提高 18%。但是，这种办法只有在你认为我的问题没有恶意时才有效。研究显示，通过询问你使用牙线清洁牙齿以及避免食用高脂肪食物的计划，可以显著地提高你实际使用牙线和吃健康食品的概率。这些都是好的行为，因此这些问题为你开启了道路，让你可以劝说自己做出这些行为。[①]但是，如果我问的是一些你不想做的事，那么问题并不会奏效。比如，你是否计划在这个月吃一些裹着巧克力的蚂蚱？

仔细思量过后，你可能会更不愿意这样做了。在我们讲到的例子中，付出者都是在向感兴趣的客户销售理想的产品。当比尔·格兰博斯推销 HBO 时，他的客户愿意得到更好的有线电视产品。当基尔代尔·埃斯科托和南希·菲尔普斯卖眼镜时，他们的患者确实需要新的镜框或镜片。如果听众不太配合，付出者如何改

---

① 意图问题之所以有效，一部分原因在于它们可以激发承诺：一旦人们给出了肯定的回答，他们就感到是在被迫遵守。但是研究显示，有趣的是即使人们开始的回答是否定的，意图问题仍然可以起作用。问题会触发思考，如果行为本身确实有吸引力，那么一些人会改变想法，决定采取行动。

变他们的想法？

## 说服：试探性谈话的技术

2004 年，大众汽车的销售主题是“驾驶它，你会得到它。”（Drive it.You’ll get it.）消费者会联想到双重的意思。这条宣传语传达了这样的信息，为了完全了解大众汽车的性能特点，你必须要坐在方向盘后亲自去感受。它也传达了另一层信息：如果你试开一下，你会立刻爱上它，最后买下它。这只是大众汽车的代理公司——阿诺德环球广告公司发起的一系列令人印象深刻的宣传语之一。但是唐·莱恩（Don Lane），这位想出“驾驶它，你会得到它”这句妙语的人，从来没有出现在致谢名单中。

莱恩是一位高级会计经理，并不是创意团队的成员。他的任务是包装和销售创意团队的点子。有一天，在与创意团队开展战略会议时，一个点子跳进了他的脑海。他没有写下战略计划，而是写了一个简单的脚本，最后用一句话收尾，“驾驶它，你会得到它。”

一位会计人员没有为创意团队呈现一个问题，却提供了一个解决方案，这并不是常见的做法。实际上，会计人员不允许参与创意过程。因此莱恩面临着一个抉择：他如何能够让创意团队采纳他的想法？如果他是一个获取者，他可能会冲进创意总监的办公室，开始宣传那句台词，强有力地游说对方接受，并向对方邀功。如果他是一个互利者，他可能会提出帮创意团队一个忙，希望获得回报，或者是偿还之前欠下的人情。但是，莱恩更偏向于付出者的风格。他并不关心功劳，他只是希望帮助创意团队想出一句好的台词。“在我们这个领域中，创意人员都是才华横溢的，理应将大多数的功劳归于他们，即使不是全部的功劳。一些会计管理人员对此感到愤恨，”莱恩说，“我知道，我的工作是帮助创意人员，提供给他们空间，让他们想出点子。我并不真的关心是不是有人知道这是我想出的点子，点子从哪里来的不重要。如果它有效，我们所有人都能分享到成功。”

莱恩走进了创意总监的办公室。他没有使用强有力的沟通方式——“我想出了一句很棒的台词，你应该用它”——而是采取了更温和的方式。他播放了一段录音脚本样例，来展示它是如何发挥作用的。接下来，他对创意总监说，“我知道这违反了规定，但我想让你知道一下我说的是什么。你觉得这句台词如何？‘驾驶它，你会得到它。’”

创意总监理解了。他抬起头看着莱恩，面带微笑地说：“这就是我们要用的宣传方案。”这次宣传卖掉了相当多的汽车，并且赢得了几个广告奖项。

艾利森·弗拉格尔（Alison Fragale）是北加州大学的教授，他对于唐·莱恩有效运用的这种无力的沟通风格很有研究。弗拉格尔发现，说话风格可以传递出信号，告诉我们谁是付出者，谁是获取者。获取者倾向于使用强有力的讲话方式：他们的表达肯定而直接。付出者则倾向于使用更为无力的讲话方式，使用诸如下面的试探性标记：

- 迟疑：“哦”（well）、“嗯”（um）、“呃”（uh）、“你知道”（you know）

• 回避："也许"（kinda）、"没准"（sorta）、"可能"（maybe）、"大概"（probably）、"我认为"（I think）

• 免责声明："这也许是一个坏主意，不过"（this may be a bad idea,but）

• 标记问题："这很有趣，是不是？"（that's interesting, isn't it?）或"这是个好主意，对不对？"（that's a good idea,right?）

• 强化："真的"（really）、"非常"（very）、"十分"（quite）

这些标记向听众传达出了清晰的信息：讲话者缺乏自信和权威。缺乏自信是一件坏事，对不对？

如果我们分析一下唐·莱恩是如何宣传他的想法的，我们可以看到两种无力讲话方式的标记：一个"免责声明"和一个"标记问题"。他的免责声明是"我知道这违反了规定，但是"，而他的标记问题则是"你觉得怎么样？"弗拉格尔通过研究发现，当人们一起紧密地工作，比如处在团队中或是服务关系中时，无力的讲话实际上要比有力的讲话更有影响力。

为解释他的一项研究，请想象一下你的飞机刚刚在沙漠中坠落，你和你的同事詹姆在一起，你必须给 12 样东西排序，包括一个手电筒和一张地图，来确定它们对于生存的重要性。你把自己的排序方案和詹姆分享，他不同意。你并不喜欢手电筒，但是詹姆认为这非常关键，并决定传达出强迫性的信息：

手电筒必须排得更靠前，这是唯一可靠的夜间信号设备；此外，反射镜和棱镜可以用来生火，这是另外一种发出信号的方法。

把它们排得靠前一些。

詹姆听上去像是一个获取者——可能确实是，因为获取者更愿意像这样发号施令。你是否愿意听詹姆的？

如果你像大多数人一样，那么回答会是否定的。你们本来应该合作，你不想被指挥应该做什么，所以你会抗拒詹姆的影响。在试图确立支配性地位的过程中，詹姆丢掉了声望。但是，如果詹姆给出了同样的建议，但是采用更具试探性的方式来表达，加入一些问题和限定字眼，又会怎样呢？

你是否觉得手电筒可能应该排得更靠前一些？它可能是一个非常稳定的夜间信号装置。此外，也许反射镜和棱镜可以用来生火，这也许是另一种发出求救信号的办法。

在弗拉格尔的研究中，人们更愿意接受这个版本。无力的讲话表明詹姆是一个付出者。通过试探性的谈话，詹姆表现出顺从你的意愿，或者至少会考虑你的意见。弗拉格尔发现，即使詹姆两次使用相同的语气传达相同的信息，只要加入了诸如限定、标记问题和强化之类的标记或是试探性的话语，也能赢得更大的尊重和影响力。这就是为什么创意总监对于唐·莱恩的点子持如此开放的态度：莱恩表明他并不想威胁总监的权威。创意总监心里清楚，莱恩只是试图分享一个好点子，而当总监看到好点子时，他就意识到了它的价值。

随着时间的推移，试探性的谈话给莱恩带来了好处。他温柔地提出想法，不求功劳。“创意人员对这种做法反馈良好。它在我拥有一个值得分享的创意点子时，使我具有可信性。”莱恩解释说。他的许多同事都与创意人员存在冲突，他却建立起了一种名声：一个很少见的、创意人员喜欢与之一起工作的会计人员。创意人员没有将他视为外来的绊脚石，而是将他视为有帮助的贡献者。他们经常邀请他参加项目，经常会说："他帮了我们。他不是一个一般的会计工作者。我们继续邀请他，给他更多的机会吧。"因为知道他是慷慨而开放的，创意人员愿意与他分享想法，欢迎他发表意见，而非紧守自己的地盘。

莱恩为创意团队做出贡献的能力引起了高级管理层的注意。在职业生涯非同寻常的早期阶段，莱恩受邀在大众公司世界知名的"征集司机"宣传活动中扮演了一个关键的角色。"付出者害怕被人忽视，"莱恩说，"但我见过一些付出者取得成功，因为人们喜欢和他们工作，信任他们。意识到这一点对于我早期的职业生涯起了巨大的推动作用。"莱恩的升迁速度超过了他的许多同事，现在他已经是阿诺德公司的管理副总裁和执行总监。据一位创意副总裁说："唐是一位全面的团队型选手……如果我有机会与他一起工作——我会毫不犹豫地抓住这个机会。"

一项关于试探性谈话的分析也指出了另一个原因，告诉我们为什么戴夫·沃尔顿的口吃可能帮助了他在商业机密庭审中与陪审团建立起联系。迟疑、回避和强化正是口吃的内在特征。当陪审团听到戴夫·沃尔顿口吃时，他听上去就不再有支配性或是咄咄逼人之感。他们并不觉得他在试图说服他们，所以降低了防御心理。他们就更容易被他说服。

付出者采用的无力的沟通方式表明他们将我们的利益置于心间。但是，有这样一个角色，倾向于避免试探性的谈话：领导者。不久之前，一位名叫巴顿·希尔（Barton Hill）的市场经理终于弄清楚了背后的原因。他正在领导一家财务公司的一个商业部门，并被邀请参加职位升迁面试，其职能是领导多个商业部门。面试官开始抛出了一个简单的问题：给我们讲讲你的成功史。希尔开始讲述他的团队取得的成就，这些成就令人印象深刻。

尽管希尔在这个职位的竞争中处于领先地位，但他最后落选了。面试官告诉他，他听上去不像是一个领袖。“我一直使用‘我们’、‘我们的’这样的词，”希尔说，“我没有使用足够的第一人称单数代词，比如‘我’和‘我的’。我后来才发现，我看上去不像是一个领导。他认为我没有能力领导团队取得成功，希望找到能做到这一点的人。”面试官期望希尔更加肯定地讲话，无力的沟通方式让他失去了这个职位。

获取者通过提高语速和音量，更加肯定和果断地说话，让我们相信他们确实知道自己在讲什么。加利福尼亚州的心理学家开展的一项研究中，团队成员认为获取者“更有能力”，但实际上，他们的能力并不比别人更强。这项研究的作者报告说，获取者“获得影响力是因为他们的言语举止让他们看上去有能力——即使他们实际上缺乏能力”。

巴顿·希尔没能在面试中使用有力的谈话方式，导致他没能给人留下支配性的印象。同样的无力沟通方式，虽然让他没能得到升迁，却为他赢得了名声，让他的团队更加成功。尽管强有力的沟通方式在一次工作面试中可能是有效的，但是在一个团队中或是一段服务关系里，它会让你失去别人的尊重和欣赏。阿姆斯特丹的心理学家发现，尽管团队成员将获取者视为更加高效的领导者，但获取者实际上会阻碍团队有更好的表现。他们用支配性的方式说话，这让团队成员相信他们是强势有力的，但它影响了信息的分享，阻碍团队成员交流好的想法。“如果领导者将工作产品作为集体努力的成果来展示，团队成员会感到更加开心，这会激励他们继续做出贡献，”希尔反思说，“矛盾在于，人们认为一位包容的领导者不够强势，不能领导一个团队，但实际上这样的领导者是更加强大的，因为他能激发团队成员的支持情绪。人们就像磁铁一样，被付出者所吸引。”后来，希尔跳槽到了另一家公司，他之前的三位雇员也加入了他的新团队。这种类型的忠诚在长远来看取得了回报：希尔的团队取得了巨大的成功。他现在是花旗交易服务公司的管理总监和全球领导人，其领导的部门员工超过两万名。

当然，确实有一些时间和场合，适合让领导者使用强力的沟通方式。在一项关于比萨巨头的研究中，弗朗西丝卡·吉诺（Francesca Gino）、戴夫·霍夫曼和我发现，如果一家店面里大多数雇员都是忠实的追随者，那么经理用强有力的方式讲话效果会更好。但是，如果大多数雇员都是积极主动的，能够想出更高效的烹调和配送比萨的方法，那么强力的讲话方式就会产生负面影响。当雇员积极主动时，那些使用强有力的方式讲话的经理，与那些更少用肯定性，而是用更具试探性的方式讲话的经理相比，会让他们的店面收益下降 14%。通过传递出支配性的信息，强有力的讲话者限制那些积极主动的雇员做出贡献。当人们使用强有力的沟通方式时，其他的人会认为他们“更偏好和追求个人的成功”，弗拉格尔写道，“甚至以团队的成功为代价”。通过试探性的谈话，无力的讲话者可以赢得声望：他们对于积极主动的想法表现出了开放性的态度，这会令整个团队受益。

为了研究这种效果在一个更加受控的环境中是否依然存在，我的同事和我让一些人组成团队来折叠T恤衫。我们让一半团队领导用强有力的方式讲话，另一半则采用更具试探性的方式讲话。事实再一次证明，如果团队成员是被动的追随者，那么强有力的讲话者不会遇到问题。但是，如果团队成员是高度积极主动的，能主动提出更快速的折叠T恤的方法，那么无力的讲话者就有效率得多。积极主动的团队在无力的讲话者领导下，与由强力的领导者领导相比，产出会提高22%。团队成员认为强有力的讲话者会因为别人的新想法而感到威胁，而无力的讲话者更愿意接受建议。试探性地讲话不会建立起支配性，但是可以赢得较高的声望。如果试探性的讲话者对于建议持开放态度，那么团队成员会更有效率地工作。

对于获取者来说，接受建议的意愿听上去可能像是一个缺点。通过聆听他人的建议，付出者最后可能会过度地被同事影响。但是，如果寻求建议实际上是一种影响他人的策略呢？如果付出者坐在谈判桌前，他们会出其不意地从建议中受益。

## 谈判：心怀疑虑地寻求建议

2007年，某家《财富》杂志500强公司关闭了位于美国中西部的工厂。在丢掉职位的人中，有一位性格活泼的研究科学家，名叫安妮。公司提议将安妮调到东岸，但是这就需要她放弃自己的教育计划。在全职工作的同时，安妮还参加了一个夜间的MBA

课程。她的财务状况使她没法承受辞去工作的后果，可如果她真的辞职了，公司就不会继续资助她的教育计划。但是，如果她接受调动，就没法继续学习了。她面临着一个困境——既没有多少时间，也没有多少选择。

两周以后，一些非同寻常的事情发生了：她得到了公司私有飞机上的一个座位，可以无限次地使用，直到完成MBA课程，而通常只有公司高管才有这样的待遇。她接受了调动，接下来的9个月里，每两周坐公司的飞机往返一次，最终得到了学位。公司还替她支付了租车的费用，如果公司的飞机没有飞行安排，公司还会替她支付商务飞机的机票。她是如何让公司对她做出如此大的投资的？

安妮并不是经过谈判协商得到这些额外的福利。相反，她使用了一种无力的沟通方式，这对于付出者来说是非常熟悉的。

谈判开始后，获取者通常会努力建立起一种支配性的地位。如果安妮是一位获取者，她可能会列出自己所有的功劳和吸引对手公司的提案，以此来强化自己的地位。互利者更愿意将谈判视为等价交换的机会。如果安妮是一位互利者，她可能会找到一个欠她人情的高管，要求得到回报。但是，安妮是一位付出者：她指导了几十位同事，自愿参加联合之路公益基金，并去小学讲课，提高学生对于科学的兴趣。当她的同事犯了错误时，她经常把责任揽到自己身上，以自己的绩效为代价，保护他们不受责备。有一次，她放弃了一个工作申请，因为她听说一个朋友也在申请相同的职位。

作为一名付出者，安妮并不习惯于像获取者或互利者那样谈判，所以她选择了一种完全不同的策略。她找到一位人力资源经理，向她征求建议：“如果你处在我的位置上，你会怎么做？”

这位经理成为安妮的支持者。她找到安妮所在的部门和工作地的领导，开始帮助安妮进行游说。于是，部门领导给安妮打电话，想知道自己能做点什么来留住她。安妮提到，她想要完成 MBA 课程，但是付不起往返的机票。作为回应，部门领导给她提供了公司飞机上的一个位置。

最新的研究表明，寻求建议是一种令人惊讶、非常有效的策略，可以让我们在缺乏权威时对人施加影响。在一项实验中，研究者凯蒂·李简奎斯特（Katie Liljenquist）让人们谈判交易商业地产。如果卖方关注获得最高的价格，那么只有 8% 的谈判能够成功达成协议。如果卖方询问买方的建议，看看如何能够达成双方的目标，那么有 42% 的谈判能够达成协议。寻求建议可以激发更多的合作和信息分享，将潜在的竞争性谈判变成双赢的局面。研究显示，无论是制造业、金融服务、保险业还是制药业，寻求建议都是影响同事、上级和下级最有效的方法之一。与获取者喜欢采用的打压下级、谄媚上级的策略相比，寻求建议在说服方面的效果更加显著。此外，与互利者默认采取的交易方式相比，寻求建议的影响力也更加稳定。

即使是在大公司的高层也适用。最近，战略学教授以太·斯特恩（Ithai Stern）和詹姆斯·韦斯特法尔（James Westphal）研究了美国 350 家大工业公司和服务业公司的经理，希望发现他们坐上董事会位置所选取的途径。董事会的席位是经理们梦寐以求的，因为到这个位置能有 6 位数的薪水，可以发出清晰的地位信号，而且可以通过与企业高层建立联系，拓展自己的人际网络。

获取者假设，取得董事会席位的最佳路径就是讨好上级。他们会恭维一位董事，或是找到他的朋友，让他们间接地夸奖自己。但是，斯特恩和韦斯特法尔发现，奉承只有在和寻求建议搭配到一起时才有效果。得到了董事会席位的经理，所做的不仅仅是恭维一位董事，而是更有可能在恭维的同时也寻求建议。在称赞一位董事的技能的时候，寻求建议的经理会询问对方是如何掌握这种技能的。在吹捧一位董事在某项任务上的成功时，这些经理会向对方寻求建议，询问如何能复制他的成功。当经理用这种方式向董事寻求建议时，这位董事就更有可能在董事会任命中推荐他——结果就是，他们更有可能得到董事会席位。

寻求建议是一种无力沟通的形式，它将展示弱点、寻求问题和试探性地讲话结合在了一起。当我们向其他人寻求建议时，我们提出的问题会传达出不确定性，让我们暴露出弱点。我们没有充满自信地表现出我们知道所有问题的答案，而是承认其他人可能拥有更多的知识。而获取者和互利者更倾向于避免寻求建议。在获取者的眼中，寻求建议意味着承认你并不知道所有问题的答案，还可能会担心，寻求建议让他们看起来软弱、有依赖性或是无能。但他们错了，研究表明，经常向知识渊博的同事寻求建议和帮助的人，与那些从来不寻求建议和帮助的人相比，实际上更讨上级的喜欢。

展现弱点并不会让付出者感到困扰，因为他们不会过度地关心自我，也不会一定要表达出确定性。付出者如果寻求建议，那是因为他们真的想向别人学习。互利者会出于不同的原因避免寻求建议。他们担心会欠下别人的人情，需要用某种方式来回报。

根据李简奎斯特的观点，寻求建议有 4 项好处：学习、换位思考、承诺和奉承。当安妮寻求建议时，她发现了一些以前不知道的东西：公司的飞机有额外的座位，而且恰好在她关键的两个地点往返飞行。如果她用更加肯定的方式游说，而非寻求建议，她可能永远也不会获得这种信息。实际上，安妮与上司之间的几次对话都没有提到飞机。

这为我们带来了寻求建议的第二个好处：鼓励其他人从我们的角度看问题。在安妮之前的对话中，她没有寻求建议，而部门领导关注的是她的调动为公司带来的利益，同时尽可能多地省钱。寻求建议的请求改变了对话。当我们寻求建议时，为了给我们做出推荐，提出建议的人需要从我们的角度出发看待问题，并体会我们面临的抉择。只有当安妮向部门领导寻求指引后，领导才开始从她的角度看问题，于是想到了以公司的飞机作为解决方案。

一旦部门领导提出了这个方案，第三项寻求建议的好处就开始发挥作用：承诺。部门领导在提出用公司飞机作为解决方案上发挥了关键的作用。因为这是他的点子，而且他已经花了一些时间和精力试图帮助安妮，所以继续帮助她的动机很强烈。结果就是，他愿意支付她在中西部租车的花费，并同意在公司飞机不飞行的情况下，资助商用飞机的花销。

毫无疑问，安妮能够赢得这些特权，是因为努力工作、天赋和慷慨大方的综合影响。但是，一项卓越的研究进一步表明了，部门领导为什么如此愿意为安妮提供公司飞机之外的帮助。半个世纪之前，心理学家乔恩·杰克尔（Jon Jecker）和戴维·兰迪

（David Landy）让人们参加一项几何任务，并为成功者支付报酬。在对照组，参加者可以留下报酬，并到系里秘书处完成最终的问卷。但是，当另一组受试者离开时，研究者会向他们寻求帮助。“我在想你能不能帮我一个忙。这项实验的经费用完了，我需要自己垫钱完成实验。为了帮助我，你能不能把赢的钱还给我？”

几乎所有的参加者都把钱还了回来。当他们被问起有多喜欢研究者时，那些帮助过他的人与没帮过的人相比，明显更喜欢他。为什么会这样？

当我们付出自己的时间、精力、知识或资源帮助别人的时候，我们会努力维持一种信念，相信他们值得和应该得到我们的帮助。寻求建议是邀请别人对我们做出承诺的一种微妙的方式。一旦部门领导花时间为安妮提出建议，他就增加了对她的投入。帮助安妮找到解决办法强化了部门领导对她的承诺：她肯定值得部门领导为其花费时间。如果她对他不重要，为什么他要帮她呢？正如本杰明·富兰克林在自传中写到的：“帮助过你的人，比起那些你帮助过的人，更愿意继续帮你。”

当我们向别人寻求建议时，我们赋予了他们声望，显示出我们尊敬和欣赏他们的洞察力和专业技能。大多数人是互利者，他们倾向于积极地做出回应，感到有动力通过支持我们的方式，给我们回报。当安妮向人力资源经理寻求建议时，经理站了出来帮她说话。据传记作家沃尔特·艾萨克森（Walter Isaacson）说，本杰明·富兰克林将寻求建议视为一种奉承。富兰克林“有一条赢得朋友的基本原则”，艾萨克森写道，诉诸“他们的自尊心和虚荣心，持续地向他们寻求建议，他们就会因为你的判断力和智慧而欣赏你”。

无论人们的人际交往风格是什么，他们都喜欢有人向他们寻求建议。给出建议可以让获取者感觉自己很重要，并且让付出者感觉自己对别人有帮助。互利者喜欢给出建议的原因通常有所不同：这是一种以低成本的方式来赢得功劳的方式，之后可以获得回报。结果就是，当我们向别人寻求建议时，他们会积极地回应我们。

但重点在于：只有发自真心的寻求建议，才会有效。李简奎斯特在关于寻求建议的研究中发现，成功“取决于人们是否将寻求建议视为一种真诚和发自真心的表示”。当他直接鼓励人们将寻求建议作为一种影响策略时，结果却不尽如人意。同伴看破了他们的伪装：他们能够分辨出寻求建议是一种奉承的手段，背后隐藏着不可告人的动机。“那些刻意操纵印象的人，更容易被视为自私的、冷漠的、爱操纵别人的和不可信的人。”李简奎斯特写道。出于本能而自发地寻求建议才是最有效的。因为付出者比获取者和互利者更愿意寻求建议，因此在他的研究中，许多自发寻求建议的人可能都是付出者。他们实际上对别人的观点和推荐很感兴趣，而且被认为是更好的聆听者。

我相信，这一点也可以应用到其他的无力沟通方式上：它们对于付出者是有效的，是因为他们拥有真诚的意图，以别人的最大利益为目标采取行动。在展示的时候，付出者会清楚地表明，他们展示自己的弱点不只是为了赢得声望，而且也是为了与听众建立起真诚的联系。在推销的时候，付出者提问题的方式会传达出帮助客户，而非利用客户的渴望。在说服和谈判的时候，付出者试探性地讲话并寻求建议，因为他们真的很看重别人的想法和视角。

无力的沟通方式对于许多付出者来说，是一种先天的语言，也是他们成功背后最大的助推器之一。展示弱点、询问问题、试探性地讲话，以及寻求建议，这些做法可以帮助我们获得影响力；但是，我们发挥影响力的方式也会对我们的职场生活产生影响，其中有些方式我们已经讨论过，比如建立人际网络和与同事合作。正如你将在后面看到的，并不是每个付出者都使用无力的沟通方式，但是那些经常这样做的人会发现，在我们需要建立默契和信任的情境中，这种做法是非常有效的。这一点不容易伪装，但是如果你伪装的时间足够长，它可能会变得比你想象得更真诚。正如戴夫·沃尔顿所发现的，无力的沟通可能远比听到的更加强大和有效。

# 第六章　维持动机的艺术

## 为什么一些付出者熄火了，另一些却开足马力

聪明的利他者，尽管利他性比不聪明的利他者低一些，却要比不聪明的利他者和自私的人适应得更好。

——赫伯特·西蒙，诺贝尔经济学奖得主

截至目前，我们一直关注付出者在构建人际网络、合作、沟通、影响和帮助别人实现潜力方面，如何运用他们独特的方式，攀升到成功阶梯的顶端。但是，正如你在第一章中看到的，付出者也更有可能跌至成功阶梯的底端。成功不仅仅需要利用付出的优势，也需要避免付出带来的问题。如果人们付出了太多的时间，最后会牺牲自己的合作者和网络关系，并耗尽自己的精力。如果人们做出了太多的贡献，使用了太多的无力沟通方式，这会让他们很容易变成失败者和垫脚石，无法推进自己的利益。结果就是：付出者变得精疲力竭，缺乏效率。

因为帮助付出者登顶的策略和让他们垫底的策略非常不同，我们应该弄清楚成功的付出者和失败的付出者之间的区别。接下来的三章考察了为什么一些付出者会精疲力竭，另一些则大获成功；付出者应如何避免被获取者利用；以及个人、团体和组织可以做些什么来保护付出者，传递他们的成功。

最近，加拿大心理学家杰里米·弗莱莫（Jeremy Frimer）和拉里·沃克（Larry Walker）开展了一项雄心勃勃的研究，旨在找出高度成功的付出者背后的动机。研究的参与者是加拿大关爱奖（Caring Canadian Award）的得主，这是加拿大关于付出行为的最高荣誉奖项，授予那些多年帮助社区或是投身于促进人道主义事业的人。许多得主为了实现改变，做出了超常的付出行为，并坚持了许多年。

为了揭示他们行为背后的动机，所有的参加者填写了一份问卷，让他们用“我经常试图……”开头的句子，列出自己的10个目标。接下来，沃克对25位加拿大关爱奖得主以及25个对照组进行了深度访谈，这些对照组在性别、年龄、种族和教育程度上与那25位获奖者相匹配，但没有维持同样持久或同样强度的付出行为。沃克花了100个小时，访谈了全部50个人，询问了他们的生活情况，包括关键的时期，以及童年、青少年和成年时期的关键事件。以此为基础，独立的评定者阅读了目标列表，聆听了访谈磁带，并评定了每位参加者在多大程度上表现出了两种关键的动机：自利和利他。自利涉及追求权力和成功，而利他则关注于慷慨大方和帮助他人。加拿大关爱奖的得主在哪一种动机上比对照组更高？

直觉的答案是利他动机，这是正确的。在他们的生活故事中，关爱奖得主提到付出和帮助的次数要比对照组多三倍。在列出目标时，关爱奖得主列出的与利他相关的目标是对照组的两倍。关爱奖得主强调的目标包括“为年轻人担当积极的职业模范”以及“为低收入阶层的女性呐喊”。对照组的参加者则更有可能提到诸如“让我的高尔夫成绩进步到一位数”、“对别人有吸引力”和“狩猎到最大的鹿，抓到大鱼”这样的目标。

但是，令人震惊的是：关爱奖得主在自利上的分数也更高。在他们的故事中，这些高度成功的付出者提到寻求权力和成就的次数，是对照组的两倍。在他们的目标中，关爱奖得主提到获得影响力、赢得认可和追求个人卓越的次数，要多出 20%。与同辈相比，成功的付出者不仅看重利他，同时也更加关注自我。结果显示，成功的付出者与获取者和互利者一样雄心勃勃。

这些结果对于我们理解为什么一些付出者取得了成功，另一些却失败了，有着非常有趣的意义。到此为止，我们一直在探究获取和付出的交互风格：你最关心的是自己的利益，还是别人的利益？现在，为了让你们深入理解，我们不妨看一看自利和利他之间的交互作用。获取者在自利方面得分较高，在利他方面得分较低：他们的目标是让自己的成功最大化，而不关心其他人。与此相反，付出者总是在利他上得分很高，但是他们的自利水平各有不同。有两种付出者，他们的成功率存在巨大的差异。

无私的付出者利他程度较高，自利程度较低。他们会付出自己的时间和精力，而不顾自己的需求，并会因此付出代价。无私的付出是一种病态性的利他主义，研究者芭芭拉·奥克利（Barbara Oakley）将它定义为“一种对于他人的不健康的关注，会损害自己的需求”，这样的付出者在努力帮助别人的过程中，伤害了自己。在一项研究中，在无私付出项目得分较高的大学生，在学期内成绩下降。这些无私的付出者承认他们“缺课和不学习是因为处理朋友的问题”。

大多数人认为自利和利他是相反的两极。但是，在我关于工作人群动机的研究中，我持续地发现，自利和利他是各自独立的动机：你可以同时拥有这两种动机。正如比尔·盖茨在世界经济论坛（World Economic Forum）上提出的：“世界上有两种伟大的人性力量：关心自己和关心他人。”那些被这两种“混合动机引擎”驱动的人，最容易取得成功。如果说获取者是自私的，失败的付出者是无私的，那么成功的付出者可以说是“利他且自利”的：他们关心他人的利益，但同时也有雄心勃勃的目标，努力推进自己的利益。

**利他关注**

| | | 低 | 高 |
|---|---|---|---|
| 自利关注 | 低 | 冷漠的 | 无私的：自我牺牲的付出者 |
| | 高 | 自私的：获取者 | 利他且自利：成功的付出者 |

缺乏自我保护本能的无私付出很容易变得令人难以承受。利他且自利则意味着，愿意付出比你得到的更多的东西，但是仍然把握着你自己的利益，使用它们作为指引，来选择何时、何地、如何和对谁付出。加拿大的关爱奖得主没有将自利和利他视为相

互竞争的关系，而是找到了把它们整合到一起的办法，这样他们就可以通过行善来让自己过得更好。正如你将看到的，当对于他人的关心与适量的自我关心搭配在一起时，付出者就更不容易精疲力竭，或是被人伤害——而且他们将处于更有利的位置，繁荣发展。

> “我在费城西部出生和成长，我把大部分时间花在操场上……我打了一小架，我的妈妈感到害怕……”

当威尔·史密斯为将他演艺生涯送上正轨的情景喜剧《新鲜王子妙事多》写下这段著名的歌词时，他刚刚从费城的欧弗布鲁克高中（Overbrook High School）毕业。欧弗布鲁克高中有着宏伟的外观，一座五层的楼房像城堡一样矗立在小山顶上。待在城堡里的时候，史密斯受到皇室成员般的礼遇，因为他凭借着魅力摆脱麻烦的本事，从老师那里赢得了“王子”的外号。多年以后，他创办了一家制作公司，将它起名为欧弗布鲁克娱乐公司（Overbrook Entertainment）。史密斯不是唯一一位从欧弗布鲁克走出来的成功者，还有他的校友——第一位登上太空的黑人航天员小盖恩·布卢福德（Guion Bluford Jr.）以及奥运会赛跑金牌得主乔恩·德拉蒙德（Jon Drummond）。欧弗布鲁克是全美仅有的6所拥有超过10位毕业生在NBA打球的高中之一，其中一位是传奇球星威尔特·张伯伦（Wilt Chamberlain）。

但是对于大多数学生来说，欧弗布鲁克并不是童话。

欧弗布鲁克坐落在59号公路一角、费城西部心脏地带的兰卡斯特，与美国十大毒品中心之一只隔几个街区。在学校里闲逛一下，经常能看到路过的汽车司机摇上玻璃，锁上车门。2006年，基于犯罪统计数据，欧弗布鲁克被认定为具有“持久的危险性”的全美28所学校之一。2011年，有大约1 200名学生在欧弗布鲁克上学，其中有将近500人在学年的某个阶段被迫停课，并且发生了接近50起袭击和20起武器或毒品案件。学生的教育前景也非常渺茫。在SAT（学术能力评估测试）考试中，欧弗布鲁克的平均成绩大约比全美平均分低300分，超过3/4的学生排名位于全美的后25%。将近一半在欧弗布鲁克上高中的学生没能完成学业：毕业率只有54%。

为了改变这种悲剧性的局面，一群富有天赋和热情的年轻教育者通过“美国援教”（Teach For America，TFA）（一家著名的非营利组织，将大学毕业生送到美国最落后的学校当两年老师，以此来对抗教育不平等现象）来到了欧弗布鲁克。TFA里遍布付出者，研究表明，大多数老师加入组织，都是为了改变学生的生活。许多人有显赫的背景，他们立志于帮助那些不那么幸运的学生。正如一位匿名的教师所说：

> 在我的生命中我一直知道，我想要在自己能帮上忙的地方，做一些事情……社会公正问题令我煎熬，如此多的学生因为我们国家的教育系统，遭受了如此糟糕的失败，这个事实让我生气，同时也给了我干劲儿。我希望每个成长中的孩子都能做出选择……教育可以成为一种平衡器……这是一个关于公正的问题，通过加入TFA，我发现了一种办法，让它也能够成为我要解决的问题。

在过去的 20 年中，有超过两万名教师为 TFA 工作，在促进教育平等方面做出了巨大的贡献。但是，郊区社区和妇女联合会中受保护的生活，让许多老师完全没有做好准备，应对内城区学校的考验和折磨。

在欧弗布鲁克的走廊中，学校最大的难题全部落到了 24 岁的 TFA 新人康利 · 卡拉汉（Conrey Callahan）的肩上。康利拥有白皮肤和金发，在走廊中非常引人注目：欧弗布鲁克 97% 的学生是黑人。康利喜欢小狗，与她救下的混血狗路易生活在一起，她从小成长在马里兰一个温馨的郊区社区，读的是全美最好的高中之一。说她是一个“能量球”并不过分：她能跑半程马拉松，在高中足球队和曲棍球队担任队长，连续参加了 6 年跳绳比赛，入选了青少年奥林匹克运动会。她聪慧机智，范德堡大学的教授鼓励她学历史，但康利将眼光放到了更加实际的事务上：“我希望带来改变，改善低收入社区儿童的教育。”

但是，康利激励下一代学生的理想主义梦想很快就被严酷的现实碾得粉碎，她早上 6 点 45 分就要来学校，晚上批作业和准备西班牙语课程要到凌晨 1 点，白天则要劝架、与犯罪作斗争，还要找到那些旷课的学生，他们一年只来上两天课。康利有一位潜力非凡的学生，生活在孤儿院，但这名学生不得不辍学，因为她生下了一个发育有问题的孩子。

康利一直向她最好的朋友抱怨。这个朋友是一位投资银行家，每周工作 100 个小时，无法理解为什么在欧弗布鲁克工作会有如此大的压力。在绝望之中，康利邀请这位朋友一起去学校考察了一趟。这位朋友终于明白了。“她无法相信在一天结束之后，自己会感到如此疲惫。”康利回忆说。终于，康利达到了极限。“太糟糕了。我整个人都精疲力竭了，感到难以应付，准备放弃了。我再也不想走进这所学校了。学校、学生还有我自己，都让我厌恶。”

康利表现出的是经典的枯竭（burnout）症状，她不是唯一一个有此症状的人。加州大学伯克利分校的心理学家克里斯蒂娜·马斯拉齐（Christina Maslach）是工作枯竭研究的先驱。她报告说，在各种职业中，教师有着最高的情绪枯竭率。一位 TFA 教师欣赏组织的目标，但是说它“太关注于努力工作和奉献，几乎达到了错误的程度……你结束训练时，会怀有这样的心态，认为如果自己不把每天的每个小时投入到工作中，那么就是在虐待孩子”。在所有的 TFA 教师中，超过一半的人在两年合同结束后离开，而三年后离开的人超过了 80%。大约有 1/3 的 TFA 教师干脆彻底离开了教育领域。

因为付出者倾向于将别人的利益置于自己之上，他们经常以自己的利益为代价，帮助别人，让自己面临精疲力竭的危险。40 年的大量研究表明，当人们精疲力竭时，他们的工作表现会下降。疲惫的员工很难专注，也没有足够的能量去努力、持久且明智地投入工作当中，因此他们工作的数量和质量都会急速下降。他们也会遭受更差的情绪和生理健康状况的困扰。有充分的证据表明，精疲力竭的员工面临着更高的抑郁、生理疲劳、睡眠障碍、免疫系统受阻、酒精滥用，甚至是心血管疾病的风险。

当康利在欧弗布鲁克高中达到身心疲惫极限时，她感到自己付出了太多。她早早来上班，待到很晚，周末也工作，实在坚持不下去了。在这种情况下，看起来最自然的恢复和充电的方法，就是减少她的付出行为。但她并没有这么做，与此相反，康利付出了更多。

在维持她那令人难以应付的教学任务的同时，康利开始作为 TFA 的导师提供志愿服务。作为内容支持专家，每隔一周她都会帮助 10 位不同的教师编写试题，设计新的教学计划。接下来，在她有限的空余时间里，她建立了一个指导项目。她与两个朋友一起，在费城创立了“益善心智”（Minds Matter）的分会，这是一个全国性的非营利组织，旨在帮助成就大但收入低的学生为读大学做好准备。康利利用夜晚和周末为组织的非营利状态建档，寻找免费的法律公司和会计，申请国家许可。一年之后，她终于可以开始招募学生和导师，并制订了每周课程的计划。由此开始，康利为高中生增加了每周 5 小时的指导。

把所有这些加起来，康利每周多花了 10 个小时用于付出。这意味着，她的日程表上留给放松和休息的时间更少了，对别人承担的责任更多了。尽管如此，当她开始付出更多时，她精疲力竭的症状却消退了，能量也恢复了。实际上，突然之间，她好像重新在欧弗布鲁克找回了能量，找到了力量来为有天赋的学生服务，做他们的协调人，并从零开始创立了西班牙语三级课程。与她的许多同事不同，她没有退出。有 5 位老师与她一起从 TFA 加入欧弗布鲁克，4 年之后康利是唯一留下来的人。在她加入的 3 年内，一共有 12 位教师加入，她是留下的两个人之一。她成为 TFA 中非常少见的、连续教学超过 4 年的教师，并获得了一个全国性的教学奖项提名。为什么更多的付出没有榨干她，却让她恢复了活力？

## 影响力的缺失：没有目标的付出者

10 年前，霍华德·席福纳（Howard Heevner）——一位大学呼叫中心的执行主管——邀请我帮助他找到激励手下话务员的方法。这些话务员负责与大学的校友联系，请求校友捐款。他们需要在挂机之前，三次请求对方捐款。即便如此，他们仍然面临超过 90% 的拒绝率。即使是最有经验、最成功的话务员也会精疲力竭。正如一位经验丰富的话务员所说的："我发现打电话非常困难。许多人在我说了几句话之后就打断我，告诉我他们没有兴趣捐款。"

我假设获取者会纷纷放弃：他们不像付出者那样坚持不懈。因此在培训期间，我测验了每一位话务员究竟是付出者、互利者，还是获取者。在他们工作的第一个月中，获取者每星期平均能获得超过 30 笔捐款。与我的期望相反，付出者的效率更低：他们很难维持自己的积极性，打的电话更少，每周获得的捐款不到 10 笔。我感到很迷惑：为什么这些想要带来改变的话务员，实际上做出的改变最少？

一次造访呼叫中心的时候，我找到了答案。我注意到，一位话务员在自己的桌子上贴着一个标签：

> 在这里工作时表现得优秀
> 就像穿着黑裤子尿裤子
> 你感到一阵温暖
> 但是没人会注意到

根据我的数据显示，骄傲地贴上这个标签的话务员是一位纯粹的付出者。为什么这位付出者会感到不被认可？在反思这个标签的时候，我开始意识到，我最初的假设是正确的：基于这项工作的动机结构，付出者应该比获取者的效率更高。问题在于，付出者被剥夺了他们认为最具激励作用的奖赏。

获取者的动机是，他们从事着整个学校薪水最高的工作。但是，付出者没能获得那些对他们来说最重要的回报。获取者主要关注于个人从工作中的收益，付出者则非常在意工作给别人带来的好处。当话务员获得捐助时，大多数的钱会直接用做学生奖学金，但是话务员对此并不知情：他们不知道谁收到了钱，以及这些钱如何影响了那些人的生活。

在下一次训练课程中，我邀请一位新话务员阅读了一些信件，这些信来自因为话务员们的工作而获得奖学金资助的学生。一位名叫威尔的学生这样写道：

> 到了作决定的时候，我发现州外的学费非常贵。但是，我真的非常热爱这所大学。我的祖父母就是在这里相遇的。我的父亲和他的4个兄弟都在这里上学。甚至我的弟弟也属于这所学校——他是我妈妈在我们赢得美国大学体育联赛（NCAA）冠军的那个夜晚怀上的。在我的生命中，我一直梦想着能来到这里。获得奖学金令我欣喜若狂，我来到学校，准备好充分利用它带给我的机会。这所学校在许多方面改善了我的生活……

读了这些信之后，付出者只花了一周时间，工作效率就赶上了获取者。获取者确实表现出了一些改进，但是付出者的反应最为强烈，其每周打出的电话和获得的捐款几乎翻了三倍。现在，他们对于自己带来的影响，在情感上有了更强大的认识：如果他们能引入更多的捐款，就能帮助更多的像威尔这样的学生。仅仅花 5 分钟的时间阅读一下他们的工作如何帮助了别人，付出者就充满了积极性，取得与获取者同样高的效率。

但是，付出者仍然没有看到他们的工作带来的全部影响。如果他们没有阅读信件，而是与奖学金的得主见面，又会怎样呢？当话务员与一位奖学金得主见面时，他们备受激励。话务员平均每小时打电话的数量和每周的通话时间都翻倍了。通过更加努力地工作，话务员联系了更多的校友，使每周捐款的校友增加了 144%。更令人惊讶的是，捐款收入是原来的 5 倍：话务员在与奖学金得主见面之前，平均收到 412 美元的捐款，见面之后捐款额则超过了 2 000 美元。一位话务员的成绩从每班打 5 个电话、获得 100 美元，蹿升到了打 19 个电话、获得 2 615 美元。在对照组中的几位话务员，没有和奖学金获得者见面，他们拨打电话的数量、通话时间、获得的捐款次数和捐款收入都没有变化。总体来看，仅仅与奖学金获得者交流 5 分钟，就激励了 23 位话务员，让他们每个星期为大学多筹集到 38 451 美元的捐款。[①] 尽管付出者、获取者和互利者都会因为与奖学金获得者的会面而受到激励，但在努

---

① 有趣的是，如果相同的信息由领导和经理传达，就起不到效果。奖学金获得者能够从第一手的经历出发，说明话务员的工作有多重要，以及对于他们个人的意义。尽管我们经常指望领导和经理激励员工，但是在应对付出者的精疲力竭方面，那些能够证明付出者工作影响的外部来源，比如客户、顾客、学生和其他终端用户的激励，可能更有效果。

力程度和收入方面，付出者表现出了最明显的改善。

这种反转体现了付出者精疲力竭的一个重要原则：这种精疲力竭与付出行为的数量关系不大，却与这些付出行为的反馈数量息息相关。健康护理领域的研究者也得出了相同的结论，他们经常将精疲力竭描述为一种同情心的损耗，是“照顾他人带来的压力、紧张和损耗”。一开始，专家们认为同情心的损耗是因为他们表达了太多的同情心。但是，新的研究对这个结论提出了质疑。正如研究者奥尔佳·科里梅基（Olga Klimecki）和塔妮娅·辛格（Tania Singer）总结的：“导致照料者抑郁的因素，是他们感知到被照料者的痛苦，这个因素的影响超过了其他所有因素，包括……用于照料的时间。”付出者不会因为付出太多的时间和精力而精疲力竭。他们精疲力竭是因为，他们为需要帮助的人做事，却没法有效地解决他们的问题。

教师特别容易遭遇付出者的精疲力竭的状况，这与教育相关的特殊时间体验有关。即使教师能够每天与学生沟通，但他们的影响需要多年之后才能显现。到那个时候，学生已经离开，教师则会感到疑惑：我的工作是不是真的起了作用？对于自己的付出行为能带来什么好处缺少清晰的确认，这让他们的工作变得越来越疲劳，越来越难以为继。在像欧弗布鲁克这样的环境中，这些挑战是普遍存在的，教师在这里需要与许多分心之事和不利条件对抗，才能集中学生的注意力——更不要说出勤率了。康利·卡拉汉在情绪上感到疲惫，不是因为她付出得太多，而是因为她感觉不到自己的付出带来了改变。“通过教学，我是否带来了影响？我并不确定，”康利告诉我说，“我经常觉得，自己做的事好像没有任何效果，我在浪费时间，没有带来任何改变。”

当康利启动费城“益善心智”项目时，她有可能把自己的日程表弄得过于庞大了，但是带来的净收益是，这填补了她在欧弗布鲁克教学工作中体验到的影响力缺失。“在我的教导项目中，这是毋庸置疑的；我知道我带来了更直接的影响。”她说。通过指导那些收入低但表现出色的学生，她感到自己带来的改变超过了在欧弗布鲁克的课堂，因为那里每个学生都带来了独特的挑战。在指导那些表现出色的学生时，她很快就能收到积极的反馈，证实她的努力确实产生了效果。她目睹了一位自己指导的学生戴维从一位羞涩的、沉默的孤独者，变成了一位开朗的年轻人，有了一群亲密的伙伴。就像募集捐款的话务员与因他们的工作而获益的奖学金获得者会面一样，看到自己的项目带来的影响，让康利备受鼓舞。

而且，这种效果不限于指导项目。由于能量提升，康利重新燃起了希望，相信自己可以在欧弗布鲁克的工作中发挥影响。目睹了自己指导的高成就学生取得的进步，这使她信心大增，她开始相信自己可以帮助在她的课堂上挣扎的那些学生。“我知道，我发起的活动真的给这些孩子带来了改变。在三个月的时间内，我从他们身上看到了巨大的变化，他们让我意识到，孩子们有能力取得如此大的成就。”她花费更多的时间在“益善心智”教导学生的同时，也会更加充满热情地走入欧弗布鲁克的课堂，重新获得的责任感让她充满活力。

在一项与两位同事一起开展的研究中，我发现对于影响力的感知，可以成为压力的缓冲器，让员工可以避免精疲力竭，维持他们的积极性和表现。在一项研究中，一位学生和我发现，那些在工作中备感压力的高中教师，报告的精疲力竭水平明显较高。但是进一步的检验表明，只有那些认为自己没有带来改变的教师，工作压力才会给他们带来更高水平的精疲力竭。能够感知到持久的影响力，可以保护我们免受压力的影响，避免疲劳。

在课堂上，有的时候老师讲授的课程，需要花许多年的时间，才能对学生产生影响。到了那时，许多老师已经和教过的学生失去了联系。但是至少在一段时期内，老师有机会在与学生进行面对面交流时，看到自己带来的短期影响。在许多其他的工作中，我们根本没有机会联络到因为自己的工作而受益的人。例如，在健康护理领域，许多医疗专业人士甚至不会与患者碰面，只是根据测试结果给出关键的诊断。在以色列，一组放射学家评估了将近 100 位患者的 CT 检查[①]结果。三个月之后，这些放射学家已经忘记了当初的检查结果，又重新评估了一遍。一些放射学家在发现与检查目的无关的异常状况方面表现出了 53% 的改善。其他放射学家则做得很差：面对同样的 CT 检查结果，时间仅仅过了三个月，他们的准确率下降了 28%。为什么一些放射学家做得更好，另一些则做得更差？

在接受检查之前，他们给患者拍了照片。有一半放射学家在第一次 CT 检查之前，没有看到患者的照片，当他们在三个月之后再次进行 CT 检查时，他们查看了照片，正是这些放射学家的表现改善了 53%。另一半放射学家在第一次为患者检查时就看了照片，

① CT 检查，电子计算机线断层扫描技术，在医学上广泛用于影像检查。——译者注

三个月后为患者第二次检查时则没有看照片，这些放射学家的表现下降了28%。

将患者的照片附在CT检查结果上，可以使诊断准确率提高46%。而且大约有80%的关键诊断，是在放射学家看到患者的照片时才做出的。没有照片时，放射学家就错过了一些重要的发现——即使他们在三个月之前就已经发现了迹象。当放射学家看到患者的照片时，他们有了更多的怜悯，这种怜悯激励放射学家更加仔细地做出诊断。当CT的检查结果附有患者照片时，他们的报告篇幅比原来长了29%。当放射学家看到了患者的照片时，他们更强烈地感受到了自己的工作给人类带来的影响。患者的照片让“每一份CT扫描变得更加独特”，一位放射学家说。

在近期的一项研究中，研究者妮古拉·贝勒（Nicola Bellé）也发现了类似的趋势。这项研究邀请了90位意大利护士组装手术器具。随机安排了一些护士，先与将要使用这些设备的医护工作者见面，结果显示这些护士组装手术器具的效率更高也更准确。对于那些在问卷调查中表现出强烈付出者倾向的护士，这种效果尤其明显。有趣的是，在与能从这些手术设备中获益的医护工作者见面一周之后，所有的护士实际上都更倾向于付出。除了降低付出者的疲劳程度之外，获得关于影响力的第一手经验还能让所有交互风格的人向付出的方向倾斜。如果人们知道自己的工作会带来怎样的改变，他们就会感到能量充沛，愿意做出更多贡献。

付出者看到自己带来的影响，可以降低自身的精疲力竭程度，并激励他人付出更多。基于这种认识，有的组织设计了一些做法，以便让员工和他们的产品及服务的影响力建立联系。在富国银行

（Wells Fargo），一位名叫本·索克希（Ben Soccorsy）的副总裁制作了一些视频，让客户讲述低息贷款如何帮助他们减少和消除不必要的负债。“在许多案例中，客户感到他们肩头的重担被卸下了：他们现在有了一个计划来偿还债务。”索克希说。当银行的工作人员观看这些视频时，“就好像有一束光被点亮了。他们意识到自己的工作能够带来怎样的影响——这种贷款真的能为客户的生活带来改变。这是一种非常强有力的激励”。美敦力（Medtronic）医疗仪器公司会让每位员工——从工程师到销售人员——造访医院，看到他们的医疗仪器为患者带来的好处。“当他们感到疲惫时，”美敦力前任CEO比尔·乔治（Bill George）告诉我，“非常重要的一点是让他们去那里，观看整个过程。他们可以看到自己对患者产生的影响，这提醒了他们，他们之所以在这里，是为了帮助人们重拾健康和完整的生活。”美敦力每年还会为全公司超过三万名员工举办一次年度聚会，邀请6位患者在会上分享他们的故事，讲述公司的产品如何改变了他们的生活。第一次看到自己的工作有多么重要时，许多员工流下了眼泪。

尽管听上去似乎不合常理，影响力的产生确实可以帮助付出者避免疲惫，但这不是全部原因。还有第二个原因，它决定了康利额外的付出为什么会让她充满活力，这与她在哪里付出和对谁付出有关。大约一个世纪之前，心理学家安妮特拉·卡斯滕（Anitra Karsten）邀请人们来完成一些重复性的任务，只要人们愿意就可以一直做，如果累了就停下。在很长的一段时间里，参加者努力完成画图或大声朗诵诗歌的任务，直到他们再也没法应付为止。有一个人的任务是一遍又一遍地写“ababab”。正如哈佛大学的心理学家埃伦·兰格（Ellen Langer）回忆的："他一直做下去，直到心理上和生理上都精疲力竭了。他的手麻木了，好像哪怕再多写一笔都不行了。这个时候，研究者让他为了另外的目的写下自己的名字和地址，他很容易就做到了。"

同样奇怪的事也发生在其他受试者身上。一位女性说，她太累了，没法举起胳膊再写一笔，但是她接下来就举起胳膊，调整了自己的头发，很显然没有任何困难或不适。当受试者大声朗读诗歌，直到声音嘶哑时，他们可以毫不费力地抱怨这个任务——在他们抱怨的时候，他们的声音听上去就不嘶哑了。据兰格所说，他们并不是在伪装，而是"情境的改变让能量得以更新。"

康利志愿担任 TFA 教师的导师时带来的情境改变，让付出行为充满活力。"与成年人一起工作，做一些教学方面的事，这并不会让我精疲力竭，这让我充满了活力。"康利说。额外的付出行为如果是出现在相同的领域，可能会让人疲惫。她没有一遍又一遍地用相同的方式付出，而是将她的贡献拓展到了一组不同的人身上。当她开始在"益善心智"指导高中生时，同样的事情发生了：她有了一个新的环境，有一组陌生的人需要她的帮助。通过将她的付出行为转移到一个新的领域，她得以重新补充自己的能量。

## 利他且自利的选择：集中、分散，以及志愿服务的 100 小时规则

我们在本章开始讨论过利他且自利的行为，无论是在康利的

例子中，还是在募集捐款的话务员例子中，无私付出者和利他且自利的付出者之间的区别开始显现。在这些情境中，以何种方式、在哪里、做出多大程度的付出，这些决策会导致精疲力竭或是火力全开。看起来，康利更多的付出，是一种无私的表现。但是，她实际上为自己创造了一个机会，让付出行为同样也能带来个人收益，从其贡献带来的可见影响中获取能量。在这个例子中，如果想要更加无私，就意味着在学校付出更多，那里需要无穷无尽的帮助，但是她感觉自己的能力不足以带来变化。与此相反，康利更多地考虑了个人的福祉，找到了一种办法，通过用新的方式付出，来让自己的福祉得到改善。

这种选择会给付出者带来真实的后果。在许多研究中，卡内基梅隆大学的心理学家维基·赫尔格森（Vicki Helgeson）发现，当人们奋不顾身地持续无私付出时，他们就面临着使心理和生理健康状况欠佳的风险。[①] 但是，当他们用一种更加利他且自利的方式付出，对于自己和他人都表现出了极大的关注时，就不用付出损害健康的代价。研究表明，如果人们在让自己获益和让他人获益之间维持平衡，就可以在 6 个月的时间中，提升幸福感和生活

① 研究显示，在工作中，那些无私付出的人最后会感到负荷超重、压力重重，同时体验到工作和家庭之间的冲突。这甚至在婚姻中也适用：一项关于已婚夫妇的研究表明，那些没能在个人需求和伴侣的需求之间维持平衡的人，在之后的 6 个月中变得更加抑郁。通过将别人的利益置于优先位置，忽视自己的利益，无私的付出者会让自己精疲力竭。

满意度。[①]

为深入理解利他且自利的付出者和无私的付出者，我们应该更加仔细地检视一下其付出的时间和方式。康利的付出行为帮助她避免精疲力竭，不仅是因为付出方式的变化，还与她对付出行为的计划有关。

请想象一下，你这个星期准备做出5种随机的善举。你可能会帮助朋友完成一个项目、给以前的老师写一封感谢信、献血，或者拜访一位年长的亲戚。你可以选择两种方式之一来组织你的付出行为：集中或是分散。如果你是一个集中者，你会将5种付出行为安排到每周的同一天。如果你是一个分散者，你会将付出行为平均分配到5天，这样每天你只需要付出一点点。你觉得哪种安排会让你更快乐：集中还是分散？

在心理学家索尼娅·柳博米尔斯基（Sonja Lyubomirsky）开展的一项研究中，需要人们在6个星期的时间里，每周完成5种随机的善举。他们被随机分成两组：一组把他们的付出行为集中到每周中的同一天，另一组则将付出行为分散到一周的5天。在6周结束之后，尽管完成了同样数量的善举，但只有一组人感到更加快乐。

---

① 利他且自利带来的好处，在我们的作品中就能看到，心理学詹姆斯·彭尼贝克观察了健康增长和人们在日记中的用词之间的关系。“那些健康状况得到改善的人，在一些情况下使用‘我’的频率较高，在另一些情况下使用‘我们’的频率较高，并在这两种风格之间切换，”彭尼贝克在《代词的秘密生活》（*The Secret Life of Pronouns*）中解释说，“健康的人在一些情况下谈论自己的想法和感受，然后探索在别人身上发生了什么，之后再重新回到自己身上。”另一方面，那些日记用词完全自私或完全无私的人，不可能出现健康状况的改善。

集中者获得了更多的快乐，分散者则没有。当人们将所有5种付出行为集中到同一天施行时，与每天做一种善举相比，快乐程度会上升。柳博米尔斯基和同事推测："将善举分散到一周里，可能会削弱它们的突显性或效力，或者使它们更不容易与受试者的习惯性行为区别开。"

就像那些变得更快乐的受试者一样，康利也是一位集中者。在做"益善心智"项目时，康利将她的志愿服务集中到了一周中的同一天，在周六花5个小时指导高中生。通过将她的付出行为集中到每周一次的区块中，她能够更加生动地体验到自己带来的影响，让她的努力感觉上"不只是沧海一粟"。

集中的付出行为是一种利他且自利的策略。康利没有在课后精疲力竭的时候指导学生，而是把付出行为留到了周末，那个时候她的能量已经得到了补充，日程安排也更加方便。与此相反，无私的付出者更愿意把他们的付出行为分散到不同的日子里，只要人们需要，就会提供帮助。这很容易让无私的付出者分心和疲惫，消磨掉他们的注意力和能量，而这些东西对于完成他们自己的工作是必需的。

某年9月，一家《财富》杂志500强企业的17位软件工程师奉命为一个重要的新品编写代码。这是一款彩色激光打印机，成本只有市场上其他产品的1/10。如果它取得了成功，这家公司将成为市场上的主角，并可以随后发布整个系列的相关产品。这个部门为这个项目投入了大量资金，如果这款打印机不能按时上市，整个部门将倒闭关门。为了完成这个项目，工程师没日没夜地工作，周末也不休息，但是仍然赶不上进度。情况对他们很不利，在这个部门的历史上，只有一个产品按时完工。他们感到“压力”和“疲惫”。

哈佛大学的心理学家莱斯利·珀洛（Leslie Perlow）写道，“没有足够的时间满足所有的要求。”这些工程师陷入了一种无私付出的模式：他们总是帮助同事解决问题。一位工程师报告说，“我工作中最令人沮丧的地方，就是总要帮助别人，没法完成自己的工作。”另一个人抱怨说，“我的工作风格的问题在于，回应别人会催生出更多的需求，这样我就忙于回应，没法完成自己的工作。”在典型的一天中，一位名叫安迪的工程师会从早上 8 点工作到晚上 8 点 15 分。直到下午 5 点之后，安迪才腾出来了一段 20 分钟以上的完整时间，可以专注于自己的核心任务。为了挤出时间来完成自己的工作，像安迪这样的工程师很早就来上班，待到夜里才回去。这是一种短期的解决方案，随着更多的工程师开始熬夜，自己的工作被打断的情况也蔓延到了晚上的时间。工程师们付出了更多的时间，却没有取得更多进展，而且这个过程让人疲惫不堪。

珀洛想出了一个办法，将这些无私的付出者转变成利他且自利的付出者。她建议他们不要把付出行为分散进行，而是集中到一起。她与工程师们一起制订了详细的计划，设定了安静时间和交流时间的范围。尝试过几种不同的方案之后，珀洛决定将每周的安静时间设定为三天，从早上持续到中午。在安静时间，工程师们独自工作，他们的同事被告知不要打断他们。在剩下的时间，同事们可以自由地寻求帮助和建议。

当珀洛在工程师中调查安静时间的情况时，有 2/3 的人报告说达到了高出平均水平的工作效率。在一个月的时间里，珀洛后退一步，让工程师们自己安排自己的安静时间，结果有 47% 的人维持了超过平均水平的工作效率。通过将他们的帮助时间集中到一起，工程师们得以节省下时间和能量，来完成自己的工作，并从无私的付出转向了利他且自利的付出。用一位工程师的话说，安静时间让“我可以在白天做一些平时要拖到晚上的事情”。三个月之后，工程师们按时发布了激光打印机，这是该部门历史上第二次按时完工。部门副总裁将成功归结于通过安静时间建立起来的付出界线：“如果没有这个方案，我不认为我们可以赶上截止期限。”

因为面临着紧迫的需求，要按时完成产品，所以工程师们有足够强大的理由，让自己的付出转向利他且自利的“模式”。但是在许多情况下，付出时间的适宜界线更加模糊。肖恩·哈格蒂（Sean Hagerty）是先锋集团（Vanguard）（一家专精于互助基金的金融服务公司）的投资管理主管。肖恩是一位奉献型的导师，一直以来他对教育满怀热情，并且养成了一个习惯，每年至少要把一周的时间贡献出来，教导先锋集团企业大学的员工。当先锋集团的首席学习官计算他的时间时，首席学习官注意到，肖恩把大量时间花在了课堂里。首席学习官担心肖恩会精疲力竭，而肖恩也承认自己面临着风险：“考虑到我有一整天的工作，这是一种非常重大的承诺。”但是，肖恩没有缩减他的时间，而是要求更多：“这是我所做的最有价值的事情之一。”志愿教学的时间越长，他的精力就越充沛，甚至教学时间增加到了接近两个星期，他每年有 100 个小时会花在志愿教学活动上。

在付出方面，100 似乎是一个神奇的数字。有一项研究调查了超过两千名 60 多岁的澳大利亚人，在他们当中，那些每年志愿服务 100~ 800 小时的人，其快乐和生活满意度超过了志愿服务少于 100 小时和多于 800 小时的人。在另一项研究中，1998 年至少参加了 100 小时志愿服务的美国成年人，在 2000 年时更有可能仍然在世。志愿服务超过 100 小时没有任何好处。这就是志愿服务的 100 小时原则（100–hour rule）。似乎在这个范围内，付出行为能带给人最大限度的活力，同时消耗最少。

每年 100 小时，分开计算每周只有两个小时。研究表明，如果人们开始每周志愿服务两个小时，他们的快乐度、满意度和自尊心在一年后都会提升。每周花两个小时在新的领域，似乎是最佳的时间长度，可以给人们带来有意义的改变，同时又不会让人感到难以应付或是牺牲其他的优先事物。此外，在这个时间范围内的志愿服务也更容易达成一种健康的平衡，对于志愿者和接受者都有好处。① 在一项全国性的研究中，几千名加拿大人报告了每年投入志愿服务的小时数，以及他们是否从志愿服务中获得了新的技术性、社会性或组织性的知识和技能。在每周的最初几个小时中，志愿者以稳定的速率获取知识和技能。到了一周 5 个小时后，志愿服务的边际效益出现了下降趋势：每增加一个小时，人

① 随着人们年龄的增长，每年最佳的志愿服务小时数可能会降到 100 小时以下。在一项针对 65 岁以上的美国人的研究中，那些在 1986 年提供了 1~40 小时的志愿服务者，比那些不做志愿服务或志愿服务时间超过 40 小时的人，在 1994 年更有可能活着。即使是在控制了健康状况、身体活动、宗教、收入和一大批其他可能影响生存的因素之后，这种趋势依然存在。

们学到的东西越来越少。超过一周 11 个小时之后，额外的志愿服务时间就不会再带来新的知识和技能了。

当康利开始志愿担当 TFA 的学员导师时，她每年会付出大约 75 个小时。当她启动了“益善心智”项目（针对高中生的非营利教育项目）时，她的时间突破了 100 小时大关。也许并非巧合，她的能量正是在这个点左右得到了恢复。但是，重要的不只是时间的多少：在康利的付出行为中还有另外一种形式的集中，也出现于肖恩·哈格蒂的付出行为中，这种形式为我们揭示了无私和利他且自利付出的一个重要区别。

当肖恩·哈格蒂把更多的时间花在先锋集团的课堂上时，他开始为付出创造更多的机会。“我希望用我自己的方式，让这个地方在我离开的时候，变得比我刚来的时候更好。”他说。他开始询问自己，怎样可以为世界带来影响。在思考不同形式的付出时，他注意到了自己花费空余时间的一种模式。“我发现自己会越来越多地阅读与教育相关的内容。我对它有一种先天的热情。”肖恩决定领导和发起两个与教育有关的新项目。一个项目叫作“课堂经济学”（The Classroom Economy），它的关注范围涉及全美：肖恩和他的同事为美国各地的幼儿园孩子讲授金钱管理的基本知识；另一个项目“先锋小组”（TeamVanguard）则是本地性的：肖恩与费城一家特许学校合作，开展了为期 4 年的指导项目，员工们会将他们的晚间、周末和午休时间贡献出来，自愿参加。尽管需要投入大量时间，但肖恩发现这两个项目“对于我的能量水平有着巨大而积极的影响。这正是我向高级职员宣传的卖点，他们担心志愿服务需要占用一天中的大部分时间。有时确实如此，但我的观点是，它可以创造出更加专心的员工，包括我。这项工作为我的博爱动机提供了一个出口，这让我非常开心”。

如果肖恩是一个纯粹的无私付出者，他可能会出于责任感和义务感，将自己的能量分散到许多不同的事情上，不考虑自己对它们是否有兴趣和热情。与此相反，他采取了一种利他且自利的方式，选择将他的付出行为集中到教育领域，这正是他的热情所在。“我用这种方式回馈社区，从中获得了极大的满足。”肖恩说。

心理学家妮塔·温斯坦（Netta Weinstein）和理查德·瑞安（Richard Ryan）发现，只有当付出行为是一种令人愉悦的、有意义的选择，而非出于责任和义务时，付出行为才拥有激发活力的效果。在一项研究中，人们在两周的时间里，每天报告他们的付出情况，说明他们是否帮助了某人、出于善意做了什么事，以及付出的原因。在一些日子里，人们的付出是出于愉悦感和意义——他们认为关心别人很重要，并感到自己乐在其中。在另一些日子里，他们的付出是出于责任和义务——他们认为自己必须这样做，如果不这样做就会感觉很糟。每一天，他们都报告自己感受到的能量水平。

温斯坦和瑞安追踪测量了每天的能量变化。付出行为本身并不会影响能量：人们在帮助了别人的日子里，与没有帮助别人的日子相比，并没有显著地表现出更快乐的情绪。但是，付出的原因对能量会有巨大的影响：在那些出于愉悦感和使命感帮助别人的日子里，人们显著地感受到了能量的提升。[①] 出于这些原因而付出，可以带来更大的独立感、掌控感，并能增加与别人的联系，这激发了他们的能量。在研究消防员和募捐话务员时，我发现了相同的趋势：如果他们付出自己的能量和时间是出于愉悦感和使命感，而非责任感和义务感，就可以更努力地工作，投入更长的时间。对于康利来说，这也是在欧弗布鲁克教书与在“益善心智”项目及 TFA 提供志愿服务的一个主要区别。

在欧弗布鲁克的课堂上，付出是一种责任。她的工作需要她劝架、维持秩序，这些任务（尽管重要）与吸引她投身教学的热情并不一致。在她的志愿服务中，付出是令人愉悦的选择：她喜欢帮助出身贫苦但表现出色的学生，并喜欢指导青涩的 TFA 教师。这是另一种方式的利他且自利的付出：康利注重让学生和教师受益，但是她采取的做法结合了她的核心价值观，点燃了她的热情。这些能量也被带到了她的课堂上，帮助她保持积极性。

但是在欧弗布鲁克，康利并没有逃避责任，依然会为她的学生付出，尽管这些付出方式并不会令她感到兴奋，或是令她感觉有激励作用。她是怎样做到在保持责任感的前提下保持积极性的？

在压力特别大的一周中，康利感到很难和学生接触。“我感到非常可悲，孩子们也很糟糕。”她找到一位名叫萨拉的老师，向她

---

① 有趣的是，付出对于情绪的促进作用并不总是能立刻生效。心理学家萨拜因·桑恩塔格（Sabine Sonnentag）和我调查了欧洲的消防员和营救人员，发现在他们对别人产生了显著积极影响的那些日子里，他们下班回到家后感觉能量充沛，在工作期间却没有这种感觉。亲眼看到自己产生的影响使他们体验到了更大的价值感和掌控感，但是只有在反思了自己行动的影响之后，他们才能从付出行为中体验到完全的恢复效果。

寻求帮助。萨拉推荐了一项在她的班级里非常受欢迎的活动：让孩子自己设计游荡在费城的怪兽。他们会画一幅怪兽的图片，写上一段故事，并制作一张“通缉”海报，这样人们就可以密切地关注。这正是康利需要的激励。“我们10分钟的交谈，让我为课堂而感到兴奋。我与孩子们一起玩耍，这让我愿意为自己教的课程投入更多的时间和精力。”

尽管康利向另一位教师寻求帮助的决定听上去并不奇怪，但有研究表明，这种做法在无私的付出者当中是很少见的。无私的付出者“不习惯于接受支持”，赫尔格森和同事海迪·弗里茨（Heidi Fritz）写道。无私的付出者下定决心要扮演帮助者的角色，因此他们不愿意麻烦或拖累别人。赫尔格森和弗里茨发现，与利他且自利的付出者相比，无私的付出者获得的支持要少得多，这导致了其心理上和生理上的成本亏损。正如精疲力竭问题专家克里斯蒂娜·马斯拉齐及其同事总结的，“极具说服力的证据表明，缺乏支持和精疲力竭之间存在着联系。”

与此相反，利他且自利的付出者意识到了保护自己福祉的重要性。在濒临精疲力竭时，利他且自利的付出者会寻求帮助，这让他们可以获取建议、帮助和资源，这些对于保持动机和能量是非常必要的。30年的研究显示，接受同事的支持是对抗精疲力竭的一种可靠办法。“拥有一个教师间的支持网络，这真的意义巨大。”康利说。

但是，欧弗布鲁克并没有一个正式的教师间的支持网络，康利是从哪里得到自己的支持网络的？她通过付出帮助行为，在欧弗布鲁克建立起了一个这样的网络。

在许多年里，专家们一直相信，压力反应的选择是：战斗或逃跑（fight or flight）。因为精疲力竭意味着我们缺乏战斗能量，因此很自然地选择逃跑，通过逃避压力的来源来应对压力。研究职业疲惫问题的专家乔纳森·哈尔贝斯勒本（Jonathon Halbesleben）和马修·鲍勒（Matthew Bowler）花了两年的时间研究了专业消防员。毫无疑问，当消防员开始精疲力竭时，他们的绩效评估水平也下降了。精疲力竭的状态使他们忽视成就和地位。结果就是，他们在工作中投入的精力更少，效率受到了影响。

但令人惊讶的是，在这项研究中，精疲力竭并没有降低所有领域的努力程度。在某一个方面，消防员在感到精疲力竭后，在帮助他人这方面却加大了投入。当消防员体验到了精疲力竭时，他们更有可能努力帮助那些工作负担沉重的同事、与上级分享新知识、给新同事提供建议，甚至倾听同事遇到的问题。为什么精疲力竭会促使他们加倍付出？

加利福尼亚大学洛杉矶分校的心理学家谢利·泰勒（Shelley Taylor）发现了战斗或逃跑之外的另一种压力反应，她称之为趋近和交友。“人类压力反应最令人惊讶的一个方面，就是一种归属的倾向——也就是说，在遇到威胁时，投向团体的怀抱，彼此提供和获取保护。”泰勒的神经科学研究发现，当我们感到压力时，大脑的自然反应是释放驱使我们相互联结的化学物质。这就是消防员们做的事：当他们开始感到精疲力竭时，他们将自己有限的能量投入到了帮助同事中。他们本能地认识到，付出会强化他们的关系，互相支持（至少对于互利者和付出者来说是这样）。尽管大多数付出者都意识到了这种机会，但似乎只有利他且自利的付出者才能真正利用它。

康利·卡拉汉通过趋近和交友的方法，在压力中建立起了自己的支持网络。当她处在疲惫的顶峰时，她开始指导 TFA 的教师和自己学校的一些年轻老师。萨拉是康利指导过的老师之一。在指导的过程中，康利教给萨拉的一项练习就是怪兽游戏。康利已经把它忘掉了，而当她寻求帮助时，萨拉提醒了她。这个建议本身很有帮助，同时也强化了康利的影响：她教给了萨拉一项活动，这在她的学生中大受欢迎。

利他且自利的付出者建立起一个支持网络，让他们在需要的时候可以寻求帮助。这种做法，结合集中付出行为以便激活能量的做法，让利他且自利的付出者与无私的付出者相比，更不容易感到精疲力竭。但是，利他且自利的付出者如何与获取者和互利者相较量呢？

## 付出者的疲惫谜题

多年以前，荷兰的心理学家研究了几百位健康领域的专业人士。研究者追踪了他们在患者身上投入的时间和能量，并让他们报告了感受到的疲惫水平。一年之后，心理学家再一次测量了付出和精疲力竭之间的关联程度。毫无疑问，这些健康专业人士付出得越多，他们在接下来的一年里感受到的疲惫程度也就越高。那些无私付出的人有着最高的疲惫率：他们贡献的远远超过了自己得到的，这让他们精疲力竭。那些用互利者或获取者的方式行事的人，精疲力竭的状况要好得多。

但奇怪的是，在另一项研究中，荷兰心理学家发现有证据表明，一些健康护理专业人员似乎不知疲倦，即使他们付出了大量的时间和精力，也没有让自己筋疲力尽。这些坚韧的健康护理专业人员都是利他且自利的付出者，他们报告说自己喜欢帮助别人，而且经常会努力这样做，但是在需要的时候，并不害怕向别人寻求帮助。利他且自利的付出者的疲惫程度显著地低于互利者和获取者，后两者没有精力持久地做贡献。这项研究指出了一种意想不到的可能性：尽管互利者和获取者看上去要比无私的付出者更不容易精疲力竭，但最坚韧的情况出现在利他且自利的付出者身上。

西北大学的心理学家伊丽莎白·西利（Elizabeth Seeley）和温蒂·加德纳（Wendi Gardner）开展了一项引人注目的研究，可以说明这种现象背后的部分原因。他们要求人们完成一个困难的任务，消磨其意志力。例如，想象一下你非常饿，你的面前摆着一盘非常好吃的巧克力饼干，但你必须抵御住它的诱惑。在类似这样的任务中消耗了意志力之后，受试者紧握一个握力器，坚持尽可能长的时间。一般的受试者能够握 25 秒，但是有一组人握的时间延长了 40%，达到了 35 秒。

这组拥有非同寻常耐力的受试者，在一个测试“他人导向”的问卷上得分很高。这些“他人导向”的人以付出者的方式行事，通过持续地克服自己的自私冲动，帮助别人，他们强化了自己的心理肌肉，使得他们在不会筋疲力尽的情况下，运用意志力完成痛苦的任务。与这种理论一致，其他的研究显示，付出者在控制自己的想法、情绪和行为方面，具有一种优势。随着时间的推移，付出行为可以像举重锻炼肌肉那样，让意志力得到锻炼。当然，我们都知道，过度使用肌肉时，它们会疲劳，甚至撕裂——这正是发生在无私的付出者身上的情况。

在犹他州，一位75岁的老人能够体现出利他且自利的付出者身上的坚韧。他是老乔恩·亨茨曼，在第二章我们曾提到，他的照片出现在公司的年报上，与肯尼思·莱的大幅照片形成了鲜明的对比（你可能也会认出，他是前任犹他州州长、2012年共和党总统候选人小乔恩·亨茨曼的父亲）。回到1990年，老亨茨曼正在与查尔斯·米勒·史密斯（Charles Miller Smith）商谈一桩收购，后者是一家化学公司的董事长和CEO。其间，史密斯的妻子去世了。亨茨曼很同情史密斯，于是决定不再向前推进："我决定接受20%点数的提案。我也许可以从交易中再多获得两亿美元，但这会以史密斯的情绪状态作为代价。现在的协议已经足够好了。"

对于亨茨曼来说，一位CEO的情绪状态真的值两亿美元吗？不管你信不信，这不是亨茨曼第一次在谈判中放弃一笔财富了。在4年前，即1986年，他与一位名叫埃默森·坎普恩（Emerson Kampen）的CEO达成了口头协议。亨茨曼会将自己公司一个部门以5 400万美元的价格卖给坎普恩。因为法律事务的延迟，这份合同直到6个月之后才签订。在那个时候，亨茨曼的盈利已经一飞冲天：这个部门值2.5亿美元。坎普恩给出了一个互利者的提案，建议平均分担这个价格差，表示愿意支付1.25亿美元，而非当初商定的5 400万美元。亨茨曼可以轻松地赚到接近原有协议三倍的钱，但是他拒绝了，5 400万美元足够了。坎普恩感到难以置信："这对你不公平。"

亨茨曼坚信自己应该遵守对坎普恩的承诺。即使律师当初没有把收购协议写成文书，但他们在6个月之前已经达成了口头协议。他签署了5 400万美元，放走了另外的7 100万美元。什么样的生意人会做出这样的非理性决策？

1970年，亨茨曼成立了一家化学公司，后来该公司曾达到了全世界最大的规模。他被提名为年度创业者，并被世界各地的大学授予十几个荣誉博士学位。他是一位亿万富翁，曾被《福布斯》杂志评选为全世界最富有的1 000人之一。

正如他的谈判决策所展示的，亨茨曼也是一位付出者，而且他的给予行为不仅限于商业领域。从1985年，他就开始认真地参与慈善事业。他曾经至少捐出10亿美元，这是当时全世界仅有的19人之一。亨茨曼捐出3.5亿美元，建立了世界级的亨茨曼癌症中心，他还捐出大笔资金帮助亚美尼亚地震受害者、支持教育事业、解决家庭暴力和无家可归的问题。因为这些事迹，他赢得了许多重要的人道主义奖项。当然，许多富人都捐过一大笔钱，但是亨茨曼表现出的力度是少见的，这让他与众不同。2001年，化工行业不景气，他损失了一大笔钱。大多数人在这种情况下会选择停止付出，直到恢复元气。但亨茨曼做出了一个非同寻常的决定。他申请了一笔个人贷款，借了几百万美元，在接下来的三年里补贴他的慈善事业。

亨茨曼的事迹听上去是一个先赚钱后回馈的典型案例。但是，我们也可以从另外一个角度来看，如果没有他的个人经历和对科学研究的支持，我们很难相信亨茨曼的成功。也许他并非因为富有才成为一位付出者。或许我们弄反了原因和结果？

亨茨曼相信，做一名付出者，实际上让他更富有了。在他的付出许诺中，亨茨曼写道：“从最早的童年记忆开始，有一点对我来说非常明确：我存在的原因就是为了帮助他人。正是付出的渴望，驱使我接受商业方面的教育，应用这些知识建立了一家成功的容器公司，并利用这段经历，来发展我们不同种类的化学公司。”早在 1962 年，亨茨曼就告诉他的妻子，他“想要经商，这样就能为那些身患癌症的人带来改变”。亨茨曼的双亲都死于癌症，他自己也经历过三次抗癌过程并幸存了下来。治愈癌症的想法在亨茨曼的头脑中如此根深蒂固，他甚至将它放到了自己的政治观念之前的优先位置。尽管他曾在尼克松时期的白宫工作，并且是共和党的长期支持者，但众所周知的是，如果一位民主党候选人对于治愈癌症做出了更强有力的承诺，亨茨曼就会转向支持他。

毫无疑问，亨茨曼是一位技巧娴熟的商人。但是他提出，正是施财的做法，帮助他变得富有。他在《成为事业与生活的双重赢家》（*Winners Never Cheat*）一书中写道：“在金钱方面，我生命中最令人满足的时刻，不是通过敲定一笔大买卖或是从中获利而产生的兴奋感。最令人满意的时刻是我能够帮助有需要的人……我不否认自己沉迷于做生意，但我也有一种付出的瘾。一个人付出越多，感觉就越好；而一个人感觉越好，付出也就变得更容易。”

这拓展了我们之前提到的一种观点，即利他且自利的付出者可以磨炼自己的意志力，让付出变得更容易，但是亨茨曼是否真的可以通过付出来赚钱？显然，确实有研究证据支持这种说法。

经济学家阿瑟 · 布鲁克斯（Arthur Brooks）检验了收入和慈善付出之间的关系。通过 2000 年大约三万名美国人的数据，他掌握了所有能想到的影响收入和付出的因素。他掌握了教育、年龄、种族、宗教信仰、政治信念和婚姻状况。他也掌握了人们志愿服务的次数。与预期一致，更高的收入导致了更多的付出。每多收入 1 美元，慈善捐款的数量将增加 0.14 美元。①

但是，一些更有趣的事情发生了。慈善捐款每增加 1 美元，收入则增加 3.75 美元。似乎付出实际上会让人更富有。例如，想象一下，你和我每年都挣 60 000 美元，我捐出 1 600 美元给慈善机构，你捐出 2 500 美元给慈善机构。尽管你捐出的数额比我多 900 美元，但是根据研究结果，你在明年会比我多赚 3 375 美元。尽管看似令人惊讶，但付出更多的人确实后来挣得也更多。

老乔恩 · 亨茨曼可能确实把握住了一些重要的东西。研究显示，付出可以提升幸福感和价值感，激励人们更加努力地工作，挣更多的钱，即使收益没有达到亨茨曼这个级别。由心理学家伊丽莎白 · 邓恩（Elizabeth Dunn）、劳拉 · 阿克宁（Lara Aknin）和迈克尔 · 诺顿（Michael Norton）开展的一项研究中，早上，人们评定了他们的幸福感，接下来，他们接受了一笔意外之财，得到一

---

① 有一点需要注意的是：当人们变得富有时，他们付出的金钱总数增多了，但是付出的数量占年收入的比例变小了。在一项研究中，心理学家发现，仅仅是考虑社会经济地位，就能改变我们认为适宜的慈善捐款数量。当人们认为自己在财富阶梯上处于中等位置时，他们感到应该捐出自己年收入的 4.65% 用于慈善。当他们想象自己处于阶梯的顶端时，却感觉应该捐出自己年收入的 2.9%。相似的趋势在现实世界中也能观察到：在美国，年收入低于 2.5 万美元的家庭，捐出了 4.2% 的收入用于慈善。年收入高于 10 万美元的家庭，则只捐出了 2.7% 用于慈善。

个装着 20 美元的信封，他们必须在下午 5 点之前花掉它，然后再一次评定他们的幸福感。究竟是把钱花在自己身上还是花在别人身上会令他们更幸福？

大多数人认为，把钱花在自己身上更幸福，但事实并非如此。如果你把钱花在自己身上，你的幸福感并不会改变。但如果你把钱花在别人身上，你实际会报告自己更加幸福。这就是利他且自利的付出：你自己选择想要帮助的对象，这可以改善你的情绪，让你从中获益。经济学家将这种效果称为“付出的温暖光辉”，心理学家则称之为“助人者的兴奋”。近期的神经科学研究表明，付出实际上会激活我们大脑中负责奖赏和意义的中枢，当我们为了他人的利益行事时，它们会给我们传递愉悦和目标的信号。

这些好处并不限于金钱上的付出，付出时间也会给人们带去幸福感。有一项研究调查了超过 2 800 名 24 岁以上的美国人，发现志愿服务可以预测一年后幸福感、生活满意度的提升程度，并可以预测抑郁的下降程度。对于 65 岁以上的人来说，那些参加志愿服务的人，在 8 年的时间中会出现抑郁程度降低的情况。其他研究显示，那些参加志愿服务或是为别人提供帮助的老年人，实际上寿命会更长。即使在掌握了他们的健康状况，以及从他人那里得到的支持数量之后，这种趋势依然存在。在一项实验中，成年人或者给婴儿按摩，或者自己接受按摩，在按摩之后，那些为别人按摩的人与接受按摩的人相比，压力荷尔蒙（如皮质醇和肾上腺素）的水平会降低。看起来，付出行为可以使我们的生活更有意义，将我们的注意力从自己的问题上转移，并让我们感到自己被他人所珍视。正如研究者罗伊·鲍迈斯特（Roy Baumeister）、凯瑟琳·沃斯（Kathleen Vohs）、珍妮弗·阿克尔（Jennifer Aaker）和埃米莉·加宾斯基（Emily Garbinsky）在一项关于美国人的全国调查中总结的，“价值感与付出者的联系超过了获取者”。

有大量的研究证据表明，幸福感可以激励人们工作得更努力、更长久、更高明，也更高效。幸福感可以让人们觉得高强度的努力和长时间的工作不那么痛苦，并且更加愉悦，使人们设立更有挑战性的目标，更敏捷、灵活而全面地思考问题。一项研究甚至显示，如果医生收到一份作为小礼物的糖果，情绪会变得更快乐，能做出更加快速和准确的诊断。总体来看，更快乐的人平均可以挣到更多的钱，获得更高的绩效评定，做出更好的决策，商谈更有利的交易，并为自己的组织做出更多的贡献。幸福感本身可以解释员工之间在工作绩效上大约 10% 的变动。付出有助于提升幸福感，激励亨茨曼更加努力、机智地工作，帮助他积累了财富。

亨茨曼不是唯一一个将付出视为能量来源的有影响力的商人。2003 年，维珍集团（Virgin）的大亨理查德·布兰森（Richard Branson）建立了长老会，来对抗地区冲突，促进和平。他邀请纳尔逊·曼德拉（Nelson Mandela）、吉米·卡特（Jimmy Carter）、科菲·安南（Kofi Annan）、戴斯蒙德·图图①和其他领袖一起，缓解苏丹、塞浦路斯和肯尼亚地区人们的痛苦。2004 年，戴斯蒙德启动了维珍联合会，这是一个非营利性的组织，通过调动人员和资源，来对抗艾滋病和疟疾这样的致命疾病，促进和平和正义，预防气候变化，并用小额贷款和增加工作岗位的方式，支持发展中

---

① 戴斯蒙德·图图（Desmomd Tutu），是南非大主教，因与种族歧视作斗争而赢得巨大声誉，1984 年获诺贝尔和平奖。——译者注

国家的创业者。2006 年，他承诺捐出维珍航空和火车业务在未来 10 年的全部 30 亿美元收益，来对抗全球变暖。2007 年，他设立了 2 500 万美元的奖金，用以奖励在对抗气候变化方面的创新。这一系列事件是不是由中年危机引起的？

实际上，布兰森早在变得富有和出名之前，就已经在付出了。17 岁时，在创立了《学生》(*Student*) 杂志一年后，启动维京唱片公司 5 年前，布兰森开展了他的第一项慈善事业——“学生建议中心”(Student Advisory Centre)，这是一家非营利组织，为面临风险的年轻人提供一系列服务。他列出了年轻人面临的问题，从意外怀孕到罹患性病，并说服医生提供免费或廉价的服务。有很多个夜晚，他在凌晨三点打电话，安慰那些想要自杀的人。回首往事，他注意到，在自己职业生涯的早期，他“之所以有兴趣地赚钱，只是为了保证《学生》杂志继续成功，并资助学生建议中心”。在今天，付出行为继续为他提供着能量。“让我每天早起的，是想要做出改变的信念，”布兰森写道，“共同保护我们在这个星球上的未来。这是否让我变得成功？这确实让我快乐。”

这些激励人心的效果帮助我们解释了为什么利他且自利的付出者能够免于精疲力竭：通过付出行为，他们积累了快乐和价值，而获取者和互利者就不那么容易获得这些。无私的付出者用完了这些储备，让自己精疲力竭，经常会跌落至成功阶梯的底部。通过以激励人心的，而非令人精疲力竭的方式付出，利他且自利的付出者更有可能登上顶峰。在两项针对各种工作和组织中的雇员进行的研究中，心理学家戴维·迈耶(David Mayer)和我发现，利他且自利的员工做出的贡献超过了无私的付出者、获取者或是互利者。那些报告说自己强烈关注于令他人获益，以及为自己建立积极形象的人，被上级评定为最乐于助人和最主动的员工。

值得回味的是，因为关注自身的利益维持了他们的能量，利他且自利的付出者实际上比无私的付出者付出得更多。这呼应了诺贝尔经济学奖得主赫伯特·西蒙在本章开篇的引语中所说的话。利他且自利的付出者看上去可能没有无私的付出者那么利他，但是他们面对疲惫时的坚韧，促使他们可以做出更多的贡献。

# 第七章　不再当笨蛋

## 超越垫脚石效应

没有不受惩罚的善行。

——克莱尔·布斯·卢斯，编辑、剧作家，美国国会女议员

莉莉安·鲍尔（Lillian Bauer）是一位才华横溢、努力工作的经理，在一家精英咨询公司工作。她刚从哈佛大学毕业就来到这家公司上班，后来离开公司攻读 MBA，之后公司又把她请了回来。她被许多人视为一颗明日之星，很可能提早获得合伙人的身份，直到出现了一些流言，说她太慷慨了。她晋升到合伙人的进程延后了 6 个月，并且收到了非常直接的反馈，说她需要更经常地对客户和同事说“不”。一年之后，她仍然没能做到这一点。

鲍尔非常热心于带来改变。她把几年的时间投入到一个非营利组织上，帮助女性创立和发展

公司。在那里，她引入了一个小额贷款项目，为低收入女性打通了道路，让她们可以创建自己的生意。有一次，一位妇女需要一笔贷款来开一家沙龙，但是先后有两家银行都拒绝了她。鲍尔帮助她改进了她的商业计划和财务报表，最后那两家银行都向她提供了贷款，并给出了极具竞争性的利率。作为一位咨询师，鲍尔花了无数个小时指导新员工，给同事提供职业上的建议，甚至帮助年轻的同事改进他们的商学院申请资料。“我真的想帮忙。如果我可以用自己的一个小时为别人节省 10 个小时，或者给他们一个在别处得不到的机会，那就很容易做出权衡，再多付出一个小时的时间。”

鲍尔非常有天赋，而且很努力，但是她付出得太多，以至于影响到了自己的名声和效率。“她从没有拒绝过任何事情，”一位咨询同事解释说，“她如此慷慨，愿意付出自己的时间，以至于落入了陷阱，变得容易被人控制和利用。这确实阻碍了她晋升为合伙人。”在一次绩效评估中，鲍尔被告知，她需要更加自私。她缺少果断的棱角，而这是一位咨询合伙人本应该具有的特质。她花了太多的时间来培养身边的人，而且她专注于帮助客户，拼命地满足他们的请求。大家都知道，鲍尔“在那些关键的时刻，如果需要向客户传达严酷的信息，或者客户正在将一项议程推向错误的方向，她不会强硬地逼迫客户；人们认为她需要做到这一点才能跨过合伙人的门槛”。对于鲍尔来说，做一名付出者，她的职业发展受到了限制。

有一项研究能够反映鲍尔的经历，在这项研究中，管理学教授黛安娜 · 伯杰龙（Diane Bergeron）、阿比 · 希普（Abbie Shipp）、本·罗森（Ben Rosen）和斯塔西·弗斯特（Stacie Furst）研究了一家大型专业服务公司中超过 3 600 名的咨询师。公司记录了每位咨询师每周花在付出行为上的时间，包括帮助新同事、指导更年轻的咨询师，以及与同事分享知识或专业技能。研究者据此进行了编码。在一年的时间里，他们追踪记录了每周的这些付出行为，并取得了每位咨询师的薪水、升迁速度和晋升方面的数据。

付出者在这三个指标上都处于落后水平。他们薪水的上涨速度较慢，职位升迁的速度较慢，晋升率也更低。付出者平均薪水增加了 9%，相比之下，获取者和互利者的增幅分别是 10.5% 和 11.5%。不到 65% 的付出者晋升到了经理的岗位，相比之下，获取者和互利者获得晋升的比例分别是 83% 和 82%。此外，那些确实得到了晋升的付出者，也要等待更长的时间；他们平均需要 26 个月才能晋升，相比之下，获取者和互利者只需要不到 24 个月。这种模式对于鲍尔来说非常熟悉："如果我犯过什么错误，那可能就是太慷慨了，把别人放在了第一位，放到自己之前。"

向东几百公里，在纽约市的德勤咨询公司[①]，贾森·盖勒（Jason Geller）也处在晋升合伙人的快速通道上。当他刚开始投身咨询业时，德勤刚刚采用电子邮件系统，还没有一个成形的知识管理流程——对于咨询师收集的针对特定行业和客户的信息，还没有一个存储和提取系统。盖勒主动开始收集和分享信息。当他听说了一个项目时，他可能会向负责团队询问结果。他把一叠文章放在床头柜上，在床上阅读它们。而当他读到一篇有趣的文章

① 德勤咨询公司（Deloitte Consulting），德勤集团的子公司，世界著名的管理咨询公司之一。——译者注

时，就把它归档起来。他调研了德勤的竞争对手在干什么。“我当时有一点儿像极客。”

贾森·盖勒的大脑，以及他的硬盘，变成了德勤的知识管理系统。他的同事开始叫它 J–Net（贾森网络）。当他们有问题，或者需要信息时，就会找他解决。与自己搜寻信息相比，向贾森询问更加容易，而且他总是愿意分享自己头脑里，或是不断增长的数据库里的信息。没有人要求他建立 J–Net，他做这件事只是因为，这件事似乎是应该做的。

从康奈尔大学毕业后，盖勒整个职业生涯都在德勤度过，其间在哥伦比亚大学攻读了一个 MBA 学位。他非常感谢导师们为自己提供的支持。互利者会希望做出回馈，寻找方法回报他的导师们。但是作为付出者，就像莉莉安·鲍尔一样，盖勒想要将它传递下去。“这变成了自然的做事方式。你可以看到，那些成功的人，正是那些帮助别人的人。我很自然地开始帮助别人。我明白其他人为我创造了那些机会，现在我也努力为别人创造机会。”盖勒为每位新员工提出了一个长期有效的提议：他愿意用任何力所能及的方式，帮助和指导他们。

在德勤，通向合伙人的道路通常需要 12~15 年来完成。盖勒只用了 9 年时间，就提前完成了目标。年仅 30 岁，他就成为德勤历史上最年轻的合伙人之一。今天，盖勒是德勤的人力资本咨询实务的合伙人，他在全球范围和在美国管理的业务，在市场中排名第一。尽管如此，一位同事将他描述成这样一个人：“他经常回避聚光灯，来让同事获得好处。”作为德勤的人力资源改进实务的全球和美国领导者，盖勒将 J–Net 带上了一个新的台阶，并且坚决拥护德勤正式的全球知识管理体系和技术。一位分析师同事既欣赏又不可置信地说道："尽管他非常忙，他还是会经常与分析师举行会谈，这样他就可以帮他们解决那段时间遇到的任何问题。"盖勒不愿意宣扬自己的成就，但是在追问之下，他承认说"慷慨大方是我在这里成功的原因"。

尽管莉莉安·鲍尔和贾森·盖勒都是付出者，但他们发现自己处于完全不同的轨迹上。为什么付出阻碍了鲍尔的事业，却推动盖勒走向成功？

直觉告诉我们，这与性别有关，但这不是关键的区别——至少在传统意义上不是如此。莉莉安·鲍尔陷入了三种主要的陷阱，许多付出者，无论男女，在与他人打交道方面都存在这些问题：太过于信任他人、太容易同情别人，以及太胆怯。在这一章里，我的目标是向你说明，像贾森·盖勒这样的成功者如何避免这些危险，而像莉莉安这样的付出者如何能够通过较少的无私以及较多的利己且利他来克服危险。变成垫脚石是付出者最害怕的梦魇，我将通过事实证明，利他且自利的方法可以改变付出者的人际交往风格，让他们变得更具灵活性和适应性，从而避免掉入过度信任他人的陷阱。我还会提出，利他且自利的风格可以调整付出者先天拥有的一些技能，从而帮助他们躲开过度同情别人和过度胆怯的地雷。

## 真诚性的筛选：在大多数的时候相信大多数人

在第一章中，我们介绍过一位名叫皮特·奥代特的澳大利亚理财顾问，他的付出者风格让他驱车拜访一位废旧金属客户，并因此获得了回报。但是在此之前很久，在他搞懂了如何做到利他且自利而非无私之前，他曾被几位获取者欺骗。22岁的时候，他进入了一家公司，开始了财务顾问的职业生涯。他的职责是为一项主要面向老年人的业务积极地创建一个保险部门。皮特在周末也继续工作，为部门赢得了6位数的年收入，但自己只拿到了其中很小的一部分，每周只挣400美元的最低工资。他在那里待了三年，这是他人生中最悲惨的时期。“我的老板很贪婪。他从来看不到你做的事情，只关注自己能从你这里得到什么。”为了感谢皮特的服务，皮特的一位保险客户送给他一个漂亮的圣诞花篮。他的老板是一位开奔驰上班的富人，看到了这个篮子，并立刻拿回了自己家：“我是老板，这东西是我的。”

皮特感觉好像要窒息了，于是决定辞职单干，成为一名独立的理财顾问。在单打独斗的第一年，他的薪水翻了4倍。但是5年后，他被另一个获取者利用了。他的一位友好的同事布拉德，当时工作不顺利，布拉德找到了另一份工作，第二周入职。他请求皮特帮自己一个忙，问皮特能不能提前两天买下自己的客户，这样他就可以准备离开了。作为一名付出者，皮特信任布拉德，立刻就答应下来。他购买了布拉德的客户，开始培养和他们的关系，帮助他们解决财务问题。

几年之后，皮特开始失去一些客户。奇怪的是，他们都是布拉德以前的客户。原来，布拉德重新回来当理财顾问了，他给每个当初卖给皮特的客户打了电话。他只想让客户知道，自己已经回来了，欢迎他们重新选择他的服务。布拉德悄悄地偷回了许多客户，没有付给皮特一分钱。皮特的生意大概损失了 10 000 美元。

如果皮特在一开始就能发现布拉德是一个获取者，他可能根本不会这样做。信任是付出者如此容易成为垫脚石的重要原因：他们习惯于从每个人身上看到最好的一面，因此会错误地认为每个人都是值得信任的，并依此行事。在一项研究中，研究者记录了美国人是否成为犯罪的受害者，比如欺骗、诈骗和身份盗用。与获取者相比，付出者成为受害者的可能性提高了一倍，这通常是信任获取者造成的直接后果。一位付出者慷慨地为一个朋友的汽车贷款签署担保；接下来在 5 年的时间里，朋友盗用他的身份申请了 3 张信用卡，偷走了超过 2 000 美元。

为了避免被人欺骗或利用，辨别真诚的付出者，将其和获取者以及骗子区别开来，这一点至关重要。成功的付出者需要知道，谁更有可能利用他们，这样他们就可以保护自己。我们在看到获取者的时候，能否把他们认出来？许多人相信，他们用一眨眼的工夫就可以判断出付出者和获取者。但实际上，他们的判断是非常不准确的。再眨一下眼吧！

我并不想暗示说，短暂的印象没法帮助我们把握全局。正如马尔科姆·格拉德威尔在《眨眼之间》(*Blink*) 一书中所揭示的，我们对他人做出的许多快速判断，经常能够达到令人惊讶的准确度。只看一眼，我们经常就能找出有热情的老师、外向的销售人员，或是闹冷战的夫妇。但是在猜测谁是真诚的付出者方面，我们遇到了非常大的困难。

在一项研究中，经济学家要求一组哈佛大学的学生预测好朋友和陌生人的付出和获取行为。朋友和陌生人都收到了 50 个筹码，每个价值 10~30 美分，他们被要求在自己和哈佛大学的学生之间分配这些筹码。哈佛大学的学生在预测朋友会给自己多少筹码方面，并不比预测陌生人的情况更准确。“他们正确地预期到了，与陌生人相比，朋友会给他们更多的筹码，”研究者写道，“但是他们并没有预期到，慷慨的朋友给他们的筹码要多于自私的朋友。”这是一个关键的错误，因为那些愿意付出的朋友最后做出的贡献要比那些获取者大一些。

当我们试图准确把握某人的交互风格信号时，很容易被大量的噪声弄得晕头转向。为了判断出谁是付出者，我们通常会依赖于性格线索，但这些线索实际上可能会误导我们。在半个世纪的研究中，心理学家已经找到了一种基本的性格特质，能够区分出人们在社交情境中的表现差别。这种特质被称为亲和性，而这正是皮特·奥代特会被布拉德愚弄的原因所在。就像布拉德一样，亲和力强的人看上去更加愿意合作、礼貌待人——他们希望与他人保持和谐的关系，给人留下温暖、和蔼和热情的印象。亲和力弱的人更有竞争性、挑剔和强硬——他们更习惯于制造冲突，给人留下多疑和挑衅的印象。①

我们倾向于刻板地认为，亲和力强的人是付出者，而亲和力弱的人是获取者。如果我们刚认识的某个人表现得和蔼可亲，我

① 最新的研究显示，这些倾向深刻地受到生物学因素的影响。在一项研究中，心理学家使用核磁共振成像技术扫描了人们的大脑，这些人通过问卷报告了自己的亲和倾向。加工他人的思维、感受和动机相关的脑区，比如后扣带回在亲和力强的人中体积更大。根据行为基因学家的研究成果，亲和性至少有 1/3，甚至可能超过一半来自遗传——可以归结到基因上。人们是否拥有亲和的性格，看上去至少有一部分是先天决定的。

们会很自然地得出结论，认为他有良好的意图。如果他表现出冷漠或是对抗性，这似乎就传递了一种信号，表明他不会关心我们的利益。[①] 在做出这些判断时，我们太过于关注这个人行为举止的外壳，却忽视了壳里装的究竟是珍珠，还是蛤蜊。付出和获取行为是基于我们的动机和价值观而做出的个人选择，与我们的性格是否具有亲和力没有关系。正如我们在第一章中介绍过的那位最初拒绝了戴维·霍尼克开出的合同条款的连续创业者丹尼·夏德尔所解释的："你是不是一个和蔼可亲的人，这和你究竟关注自己还是关注他人是两码事。它们是相互独立的，不是相反的两极。"如果你把外在的表现和内在的动机结合起来，亲和力强的付出者和亲和力弱的获取者只是世界上存在的四种组合中的两种。

我们经常会忽略亲和力弱的付出者：他们的行为举止粗野而强硬，但实际上他们更愿意付出自己的时间、专业技能和人脉。例如，夏德尔提到了麦克·霍默（Mike Homer），他在网景公司负责市场营销。"从表面上看，他脾气非常暴躁，但是他的内心却如金子一般。在紧要关头，他总能做出正确的事，而且他非常忠诚。"格雷格·桑兹（Greg Sands）是霍默的学徒，在一家私募公司做常务董事，他也同意这种说法。"你最关心的是，人们究竟是付出者还是获取者，但是你能看到的是另一面，那就是他们的和蔼

---

① 心理学家最初也犯了相同的错误，将诸如利他这样的特征包括在亲和性的宽泛特质里。近期的研究则表明：（1）同情和礼貌是亲和性的两个独立方面；（2）同情维度更多地与诚实和谦卑相关，而非亲和性；（3）亲和性可以与付出者的价值观区分开。贯穿本书始终，我主要关注那些直接调查付出、获取和互利行为的研究。但是，在少数几个地方，我引用了关于亲和性的研究，这些研究中问卷题目直接涉及了付出行为，如"我喜欢帮助他人"。

程度——他们基本的言谈举止是否受到他人的欢迎？霍默是个非常有棱角的人。如果他锁定了一条道路，那么阻碍他实现这个目标的事物都会被他一扫而光。但是他胸怀宽广，乐于助人。他看上去一点儿也不亲和，但是他付出的比谁都多。”霍默的另一位前雇员说，他“看上去像是一个获取者，因为他有非常高的期望和要求。但是到了最后，他真的非常关心别人。前一分钟，他会让我非常难受，因为我没达到他的期望。但是第二天，他会帮助我弄清楚，我在接下来的职业生涯中想做什么，对我来说下一份正确的工作是什么”。

另一种反直觉的外表和动机的组合，是亲和力强的获取者，也就是所谓的伪装者。就像安然公司的肯尼思·莱一样，这些人的交往表现令人愉悦，魅力四射，但是他们的目标通常是得到超过自己付出的东西。拥有识破亲和力强的获取者伪装的能力，可以保护付出者免于受到他们的利用。

付出者确实在真诚性的筛选中有一种本能的优势，尽管他们不一定总能很好地运用这种本领。研究显示，整体来看，付出者与互利者、获取者相比，更能准确地判断他人。付出者更加注意别人的行为，体会他们的想法和感受，这让他们有可能获得更多的线索——比如在描述成功时使用第一人称单数代词，用“我”而非“我们”。付出者也可以通过习惯性地信任别人，获得真诚特质的优势。这为他们创造了机会，可以看到其他人的能力范围。在一些时候，付出者会被获取者利用。在另一些情况下，付出者会发现，他们的慷慨可以得到回报，甚至超过了自己的付出。随着时间的推移，付出者对于个体的差异，以及亲和性强弱中间的灰色地带，变得更加敏感。

但是，如果付出者不能运用这种对于外表和动机之间差异精细把握的技能，就会成为别人的垫脚石。先付出后提问的倾向经常会影响到他们的真诚性筛选。在咨询领域，莉莉安·鲍尔（Lyllian Bauer）习惯于只要有任何人提出要求，就会清空自己的日程安排——不管对方是谁。当一个顾客要求做一些补充性的分析时，即使这不属于项目的技术环节，她也会照做，以此来取悦客户。当一位低级分析师需要建议时，她会立刻腾出日程，牺牲掉自己的个人时间。

在德勤，贾森·盖勒（Jason Geller）直觉地采取了与真诚性筛选类似的方法。盖勒在开始时会向每位新员工提供帮助，但是在最初的谈话中，他会注意辨别付出者和获取者。“在实践中，我不可能主动为每个人花时间，所以我会试图感受谁是真诚的，谁是不真诚的。一些人与我谈话是抱着学习的目的，另一些则会进来说：‘我想要被提升为高级咨询师，我应该做什么？’”盖勒认为这样的咨询师就是获取者。“他们关注的是要告诉我自己在做的事情，花 30 分钟的时间谈论他们想让我了解的东西，因为他们想让我知晓这些。他们并没有真的询问深刻的问题，他们问的问题都非常肤浅。我们谈得不深，没办法真正对他们有所帮助。”

随着时间的推移，莉莉安·鲍尔不断地牺牲自己的利益，她开始意识到，一些人是在用获取者的方式行事：“他们太以自我为中心，会拿走自己想要的东西，然后继续向前；有了这种认识，我帮助他人的方式开始变得更加系统。”她开始注意请求的人是谁，以及他们对待她的方式，并列出了一组拒绝的理由。为了持续且高效地付出，她把给项目经理和合作伙伴的建议写在纸上，这样就不需要再向获取者重复它们。“我发现，这是一种更有策略的做付出者的方式。”鲍尔说。①

一旦付出者开始运用他们在真诚性筛选方面的技能，鉴别潜在的获取者，他们就知道应该在何时提高警惕。但是有时候，这种意识来得太晚了：付出者已经忠诚于一位获取者。如果付出者已经陷入了一种交换关系，关心一个获取者的利益，此时他们应该如何保护自己，免于成为垫脚石？

## 慷慨地针锋相对：适应性的付出者

在布拉德偷走了皮特·奥代特的钱和客户的几年后，皮特与一位名叫里奇的商业伙伴一起工作。当他们刚刚开始搭档时，里奇表现得非常有亲和力，他非常热情和友善。但是一位同事反思说：“虽然一系列的支持举动让里奇看上去像是一个付出者，但他实际上是一个获取者。皮特是一个付出者，里奇从他身上榨取了每一分价值。”里奇享受着很高的工资待遇——年收入超过 30 万美元，但他对于公司的收入没做出任何贡献。他住在澳大利亚的黄金海岸，早上待在海滩，上午 10 点才到办公室，中午又去酒吧。“布拉德让我强烈地体会到了获取者是什么样子，所以我意识到里奇是一个绝对的获取者，”皮特叹息说，“我总是做额外的工作，里

① 在这一章，依据受访者的请求，我隐藏了几位主要人物的真实身份。莉莉安·鲍尔是一个假名，皮特·奥代特故事中的布拉德和里奇也是，还有萨米尔·贾恩，后面将提到这个人。

奇却完全是在榨取公司的钱。他根本不关心员工，也不为客户服务，他开始污染公司的文化。他在占我的便宜，利用我对他的忠诚，因为我们从零开始建起了这个公司。”

皮特一直隐忍，直到某个周一，里奇宣布他买下了黄金海岸一栋几百万美元的房子，他需要 10 万美元，于是直接从公司的账户里拿走了这笔钱。在这一天的董事会议上，里奇提早离开，去酒吧见朋友。对于皮特来说，这是压垮骆驼的最后一根稻草。他知道不能再信任里奇，于是向董事会保证说，他会让里奇负责任。但他还没有一个具体的计划——而且他感到愧疚和难受：“里奇对我来说，就像大哥一样。”一位同事说，“对于每个人来说，这都很困难，但是我认为这对于皮特尤其困难，因为他是一个付出者。他知道等待着里奇的是什么，他想要帮助他避免这样的结果。”

皮特是共情的受害者，这是一种强大的情绪，我们在想象另一个人的痛苦时，会体验到这种情绪。共情是渗透在付出行为背后的力量，也是一种主要的弱点来源。当布拉德工作不顺利，跳槽到新职位时，皮特感受到了他的痛苦，于是毫不迟疑地买下了他的客户。当皮特想到里奇被夺权会有怎样的感受时，他为里奇感到难过，不想将他扫地出门。

皮特落入了一种共情的陷阱，这种陷阱体现在一个经典的谈判研究中。研究者将人们分成小组，让他们开展谈判，交易电视机之类的电子产品。一半的谈判小组是陌生人，另一半则是约会的情侣。在每一组中，一位谈判者是卖家，另一位则是买家。一般来说，你觉得哪一组能达成更大的共同获益：陌生人还是情侣？

我的假设是，情侣的表现更好，因为他们更加信任彼此，分享更多的信息，并且更容易发现共同获益的机会。

但实际上，情侣的表现要比陌生人差得多，得到的共同收益更少。

在谈判之前，研究者询问了情侣们的爱有多深。结果是，爱得越深，他们的表现越差。

情侣（特别是处于热恋中的情侣）的表现就像无私的付出者。他们的默认做法是，为他们的伴侣需求而产生同情，并立刻做出让步，不顾自己的利益。对于搭档的关心带来的后果是，“不去努力找出综合性的解决方案，而是偏好那些更易达成，但是对两个人来说不那么令人满意的结果。”研究者写道，这导致了一种“温和的”问题解决方式。当研究者考察无私的付出者在谈判桌前的表现时，观察到了同样的模式。那些同意诸如“我总是将他人的需要置于自己的需要之前”这种句子的人，更担心将人际关系置于压力之中，所以会通过放弃价值的方式，顺从他们的谈判对手。

就像热恋中的情侣一样，共情让皮特变成了垫脚石——直到他发现了一种替代的做法，与共情一样，也符合他作为付出者的先天优势。皮特没有考虑里奇的感受，而是考虑了里奇的思维方式，这带来了一种深刻的洞见：里奇看上去喜欢应对新的挑战，因此皮特可以巧妙应用里奇的自私自利。“很明显，你不喜欢公司的日常运行工作，”皮特告诉里奇，“你何不让我来处理这些呢？我觉得我已经足够成熟了，可以承担起这些重任。”里奇同意了，并表达出了渴望，希望参与创业空间的一些特别项目，来为公司获得新的收益。皮特支持这个决定，开始召开董事会议。

皮特之所以能够完成策略，是因为他进入了里奇的头脑，而不是内心。哥伦比亚大学的心理学家亚当·加林斯基（Adam Galinsky）开展的一系列研究表明，当我们在谈判桌前产生共鸣时，过于关注我们对手的情绪和感受，会让我们面临着过度付出的风险。但是，如果我们换位思考，考虑对手的想法和利益，那么就更有可能找到办法满足对手，而不必牺牲自己的利益。皮特如果继续同情里奇，那么他就永远也不会找到这个解决方案。通过将他的注意力从里奇的感受转移到想法上，皮特得以从获取者的眼中看待问题，并据此调整自己的策略。

尽管他成功地让里奇进入了一个危害性较小的新角色，但皮特仍然没法放弃对于里奇的支持，以及帮助他成功的愿望。与此同时他也知道，里奇仍然有很大的空间来继续他的获取行为。皮特决定信任他，但以核实作为前提：他允许里奇自主开展特别项目，但是需要为自己的结果负责，每 90 天报告一次他的进展。“我给了他机会，让他衡量自己的贡献，同时让我们也可以这样做。”6 个月之后，里奇没做出什么成果。皮特开展了正式的分析，并撰写了一份董事会报告。“里奇最后没有做出任何贡献，而且不可否认的是，这都是他自己的责任。我们呈现了一些初步的证据，证明了他的获取行为多于付出行为。事实的真相最终令他离开，也让我不再受到他的困扰。”里奇被投票驱逐，带着他的股权离开了公司。

皮特不再是一块垫脚石，他扳倒了一位获取者。后来他了解到，里奇的获取者倾向超过任何人的预料：他从公司贷了一大笔钱，还欠了银行的钱。皮特不得不开支票结账，因为里奇没钱还债。皮特当上总经理一年之后，里奇离开了公司。15 个月之后，皮特的公司盈利一跃达到了 7 位数，员工的士气一飞冲天，支出骤然下降，而且他们正在为了经销商团体的年度公司奖项而努力运作。

一旦成功的付出者看到了真诚性筛选的价值，开始将那些亲和力强的获取者断定为潜在的伪装者，他们就可以通过调整自己的行为来保护自己。皮特的经历提供了一条线索，告诉我们付出者如何避免被利用，即在与获取者的交往中变成互利者。在开始的时候做一位付出者是明智的，因为有研究显示，信任很难建立，但很容易被摧毁。但是，一旦对方明显地表现出了获取者的行为，那么付出者就应该调整他们的互动风格，转向一种互利的策略——正如皮特所做的那样，他要求里奇通过为公司创造价值来获得回报。“不要给获取者太多时间，也不要把自己的时间浪费在他们身上，这已经成为我的本能。”皮特说。

在一项实验中，心理学家让人们有机会与搭档合作，这些搭档可能是竞争性的，也可能是合作性的。无论搭档是谁，获取者都会是竞争性地行事。付出者则会适应他们的搭档：当面对合作性的搭档时，他们也会合作；当面对竞争性的搭档时，付出者就会匹配他们的行为，用更具竞争性的方式做出回应。博弈论研究者称之为针锋相对（tit for tat），这是一种纯粹的互利者策略：开始时采取合作，并继续保持合作，直到你的对手表现出竞争态势。在你的对手做出竞争行为之后，用竞争来匹配这种行为。这是一种非常有效的匹配策略，赢得了许多博弈论的锦标赛。但是，针锋相对有一个“致命的缺陷”，哈佛大学的数学生物学家马丁·诺瓦克（Martin Novak）写道："它不够宽容，没法处理偶尔出现的事故。"

诺瓦克发现，更好的办法可能是在付出和互利之间切换。在慷慨的针锋相对（generous tit for tat）策略中，规则是"从不忘记一个好的回合，但有时要忘记一个不好的回合"。你以合作作为开始，并继续合作，直到对手表现出竞争态势。当对方竞争时，慷慨的针锋相对一般不会总是用竞争来回应，而是仅在 2/3 的情况下竞争，剩下 1/3 的情况则用合作来回应背叛。"慷慨的针锋相对策略可以轻松战胜一般的针锋相对策略，并防止自己被叛徒利用。"诺瓦克写道。慷慨的针锋相对策略可以达到一种强大的平衡，奖励付出行为，挫败获取行为，但不会惩罚过度。它的确有风险，慷慨的针锋相对策略鼓励大多数人像付出者一样行事，但是为获取者留下了机会，让他们可以在其他人都合作的时候，凭借着竞争的做法"东山再起"。但是，在一个人际关系和声望愈加透明的世界里，获取者再想利用付出者，也越来越难了。据诺瓦克说，"慷慨的策略占据了长久的优势"。

慷慨的针锋相对是一种利他且自利的策略。无私的付出者会犯下总是相信他人的错误；利他且自利的付出者也会将信任作为默认的假设和出发点，但是当对方的行为或声望表明他是一个获取者时，他们愿意调整自己的互动风格。利他且自利意味着，付出者通过后视镜关注自己的利益，注意将核实作为信任的前提。与获取者打交道时，转入互利者的模式是一种自我保护的策略。但是每三次之中最好留出一次回到付出者模式，给所谓的获取者救赎自己的机会。这正是皮特·奥代特对里奇做的事，他给了里奇保住自己饭碗的机会。利他且自利的付出者持有乐观主义的信念，正如兰迪·波许（Randy Pausch）在《最后一课》（*The Last Lecture*）中表达的："等待足够长的时间，人们会给你惊喜，令你折服。"

慷慨的针锋相对作为一种利他且自利策略的价值也体现在第一章中桑普森的故事里，体现在亚伯拉罕·林肯身上。林肯在伊利诺伊州参议员选举中主动放弃，这样莱曼·特朗布尔就可以击败詹姆斯·希尔兹。在此之后，特朗布尔因为试图妨碍林肯的事业，而遭到了众人的谴责。林肯的妻子玛丽·特德（Mary Todd）说，特朗布尔做出了"自私的背叛"行为，并与其妻子断绝了关系，她本是玛丽最亲密的朋友之一，玛丽曾在特朗布尔的婚礼上担任伴娘。但是，林肯更愿意宽恕。他表达了对于特朗布尔的信任："任何离间你我关系的努力都是无用的。"与此同时，为了保护自己免受背叛，林肯警告特朗布尔不要惹他："尽管我对于你的怀疑，并不多于我对世上最好朋友的怀疑，但我还是需要不停地与这类流言蜚语做斗争。"特朗布尔回报了林肯，在下一次参议员选举中支持了他。

1859 年，芝加哥市长约翰·温特沃思（John Wentworth）指责诺曼·贾德密谋反对林肯，来支持特朗布尔，并推进自己的政治生涯。尽管林肯的妻子从未原谅贾德（林肯提醒贾德"你确实通过给特朗布尔投票尔来反对我"），但林肯用一种宽宏大量的方式解读贾德的决定："我认为，并且表达过一千次，这对于我没有什么不公平的。"林肯帮助贾德调解了与温特沃思的冲突，但是也要求得到回报："对我来说，如果得不到伊利诺伊州代表团的支持，将会非常痛苦，”林肯写道，“在这件事上，你能否在你的后花园里帮我个小忙？”贾德满足了他的请求，在接下来的一周里，他在《芝加哥邮报》上刊登了一篇重要的社论支持林肯，确保共和党代表大会在芝加哥召开——那里有林肯的支持者，并把诋毁林肯的人安排在后排，限制他们的影响力。虽然林肯的默认做法符合付出者的风格，但是他也意识到了偶尔做出互利行为的价值，并从慷慨的针锋相对中获益。“林肯对于他人观点的敏锐洞察，让他在预测对手的行动方面有着不可思议的准确性”，他秘书的女儿解释说，“并且林肯可以使用这种预测来挫败对手。”

自从贾森·盖勒开始指导德勤的新员工，他就采取了一种慷慨的针锋相对策略。在与新员工首次会面之后，盖勒会给出一个提议：“如果这次谈话很有帮助，我愿意每月做一次。”如果这个人同意，盖勒就在他的日程表上安排每月一次的会面，没有终止日期。每月的会面除了为盖勒创造付出的机会外，也提供了额外的好处，帮助他弄清楚谁可能是获取者。“持续的对话有一部分价值在于，你可以很快分辨出谁在伪装，因为良好的谈话和良好的关系彼此互为基础，”盖勒解释说，“每6个月伪装一次很容易，但经常这样做就不容易了。这正是我鼓励人们安排这样的会面的部分原因。这可以让你分辨出谁是真诚的，同时产生最大的影响。”如果盖勒将一个同事鉴别为获取者，他会继续付出，但会越来越小心谨慎。“我不会减少对他们的帮助，但是帮助的方式会有所不同。我会倾听并保持专注，但我们不会进行对话；这里不会涉及多少指导和教诲。我并不会有意地减少对他们的支持，但是人性会让你将时间投入到回报最大的地方——对于我们双方来说都是如此。”

一开始，莉莉安·鲍尔并没有依据请求者的交互风格调整自己的付出行为。在开始筛选真诚性之前，她对于每个人都非常慷慨。她的改变发生在一位家族朋友向她寻求建议之后。这位朋友想要在一家顶级咨询公司获得职位。鲍尔用她代表性的慷慨风格做出了回应：她花了超过50个小时，在夜晚和周末指导这位候选人，并帮助她在自己的公司和几家竞争者的公司之间建立关系。候选人最终收到了鲍尔的公司和一家竞争者的入职通知，并加入了鲍尔的公司。接下来，尽管鲍尔和同事在雇用她的过程中投入了大量的时间和精力，但这位候选人请求调到位于另一个国家的分公司——这直接违反了公司的雇佣规则。鲍尔被一个亲和力强的获取者欺骗了。“所有的讨论都是关于她自己的利益。从她谈论这个决定的方式可以很明显地看出，这完全是关于她自己的；很明显，她会自取所需。”被人利用之后，鲍尔学会了小心地与获取者打交道。“在此之后，我对于她的感觉完全改变了，而且我不再愿意那么慷慨了。”

通过将真诚性筛选和慷慨的针锋相对策略结合起来，鲍尔得以避免在为获取者提供建议和教导时被当成垫脚石。但她还是没能克服障碍，学会挑战客户，拒绝他们的一些请求，而不是唯唯诺诺。“我依然对于客户说了太多的‘是’，没有做出抵抗。”付出者怎样才能变得更加果敢？

## 果敢性与辩护的困境

男性和女性能力相当，但是男性赚的钱明显更多。卡内基梅隆大学的经济学家琳达·巴布科克（Linda Babcock）面对着数据心怀沮丧。尽管已经进入了21世纪，但是她们学校男性MBA毕业生的薪水要比女性高出7.6%。卡内基梅隆大学是世界上最棒的科研机构之一，培养出了18位诺贝尔奖得主，其中经济学奖得主就有7位。当商学院的学生来到卡内基梅隆大学攻读MBA时，她们面临着一系列数量方面的挑战。卡内基梅隆大学提供了计算金融学、计量金融学和软件工程学的学位，而他们的MBA学生中超过40%的人接受了金融领域的工作。在这样一个强调数量的环境中，薪水统计表明，女性依然面临着“玻璃天花板”[①]。巴布科克通过计算发现，在一段35年的职业生涯中，这种差异意味着每位女性平均会损失超过100万美元。

但是，事实证明，性别差距并不是由“玻璃天花板”造成的。男性和女性收到了相似的初始提议，但是在他们签署最终录用协议的时候，差距就出现了。通过仔细检视，巴布科克发现男性和女性在要求更高薪水的意愿方面，存在着巨大的差异。超过一半的男性（57%）会试图协商他们的起薪，相比之下，只有7%的女性愿意这样做。愿意协商的男性数量是女性的8倍。那些确实协商了的学生（基本上是男性），薪水平均提高了7.4%，这足以解释性别的差异。

谈判意愿的差异并不限于卡内基梅隆大学MBA学生的量化世界。在另一项研究中，巴布科克和同事雇用了一些人来玩四轮拼字游戏，报酬在3~10美元之间。当他们完成游戏时，研究者以获

① “玻璃天花板”（glass ceiling），是指女性在职场中遇到的发展瓶颈。——编者注

取者的方式行事，只给他们最低限额的3美元，并问他们："3美元够不够？"结果再次表明，要求获得更多报酬的男性是女性的8倍。另一个研究结果与此类似，但研究者交给他们3美元时，没有询问他们是否足够。在这种情况下，没有女性提出要求获取更多的钱，而13%的男性主动要求获得更多的钱。在另一组受试者中，研究者交出3美元，并说"具体的报酬是可以商量的"。大多数男性（59%）抓住了这个机会，要求得到更多的报酬，而只有17%的女性这样做。总之，男性要求更多报酬的可能性是女性的8.3倍。在每种情况里，女性都成了垫脚石，让获取者可以任意欺负她们。研究显示，女性不会像男性那样果断地谈判，一个主要的原因在于，她们担心这会违反社会的期望，这些期望要求她们表现得温暖而和善。①

但是，女性并不是唯一在谈判桌上容易受控制的人。垫脚石效应是一种诅咒，对于两种性别的付出者都会产生影响。在几项实验中，男性和女性付出者都愿意做出很大的让步，仅仅为了达成协议来取悦谈判对象，即使他们有更好的选择。在圣母大学的

---

① 这引发了一个更宽泛的问题：女性是不是比男性更容易成为付出者？西北大学的心理学家艾丽斯·易格丽（Alice Eagly）和同事系统性地分析了几百项关于帮助、分享、安慰、指引、援救和保护他人的研究。结果显示，在行为研究方面，男性和女性有同样的可能成为付出者。只是他们付出的方式有所不同。一方面，在亲密关系中，女性倾向于比男性付出更多。平均来讲，女性比男性更愿意为家庭成员捐献器官，更愿意帮助同事和指导下属，而女医生与男医生相比，倾向于给患者更大的情感支持。另一方面，在面对陌生人时，男性更有可能表现为付出者。平均来讲，男性比女性更有可能在紧急状况中提供帮助，冒着自身生命的风险拯救陌生人。

蒂莫西·贾奇（Timothy Judge）教授开展的一系列研究中，将近4 000名美国人填写了付出者问卷，表明他们倾向于帮助、照顾和信任他人的程度。平均来讲，付出者与那些不那么倾向于付出的人相比，收入要低14%，年收入会减少将近7 000美元。针对性别差异进行统计时，男性的收入损失是女性的3倍。女性付出者比其他人少挣5.47%，差异的数额为1 828美元。男性的付出者平均少挣18.31%，差异达到9 772美元。

正如我们在“无力的沟通”那一章所看到的，付出者倾向于表现得谦卑，不习惯于直接肯定地表达自己的意见。在更加受控的条件下开展的研究显示，在零和的情境中，付出者经常会羞于争取自己的利益：在商谈自己的工资时，他们发出的请求要比互利者和获取者更温和，最终会接受不太有利的结果。这种对于果敢的不情愿，特别容易影响到亲和力强的付出者，让他们付出金钱的代价。[①]

---

① 尽管持续的研究证据表明，缺乏果敢性是付出者面临薪酬劣势的一个原因，但还有另一个因素也在起作用。付出者经常会选择报酬低的职业：他们愿意为了带来更多的改变而选择底薪工作。近期的一项研究重复了基本的发现，即使在控制了职业因素之后，付出者依然挣得更少，但这确实减少了劣势——表明部分差异是由于付出者接受了报酬更低的职业。作为说明，康奈尔大学的经济学家罗伯特·弗兰克（Robert Frank）发现，要求较高的社会责任感的职位，其雇员的年薪比中等社会责任感的职位雇员年薪低30%，比较低社会责任感的职位雇员低44%。私企雇员的年薪平均比政府雇员高21%，而后者又要比非营利组织的雇员高32%。猜一猜谁更容易进入政府和非营利组织工作？付出者。在一项有趣的研究中，弗兰克要求经济学专业的学生考虑在两个不同的组织中做一份相同的工作：其中一个有着很强的付出者价值，另一个……就差一些。学生报告说，他们愿意接受低一半的薪水，在美国癌症协会而非骆驼香烟公司做广告文案；愿意接受低17%（接267页）

在一家专业服务公司，有一位付出者，我管他叫萨米尔·贾因（Sameer Jain），他总是成为垫脚石效应的受害者。萨米尔在同级的员工中排名第一，在整个公司美国东北部的全部雇员中排名前10%，并且奉献出许多时间，帮助同事和指导年轻的员工。尽管他是一位明星员工，却眼睁睁地看着其他公司的朋友比自己更快得到升迁，赚到更多的钱，而他从没有为了自己的薪水谈判，或是要求晋升。有几次，他目睹果敢的同事，尽管表现得并不比自己好，却通过谈判赢得了加薪和升迁，在组织的阶梯中超过了自己。“我没有努力地推动这件事，让这样的事也发生在我身上。我不想让别人不舒服，或是超出我的限度。”

萨米尔在印度长大，从小就很容易被人影响，这让他成为家里的笑柄。他的父亲由于出身贫寒，学会了成为一个精明的谈判者，为所有的东西讨价还价，使他的家庭达到中产阶级水平。萨米尔在家庭的保护中长大，这让他不需要坚持自己的意见。他的服从性让他的妻子感到烦扰，她是一位强硬的谈判者。当他们刚开始约会时，萨米尔正准备租一个公寓。他的妻子插手干涉，代表他谈判，让年租金减少了600美元。他感到折服，但同时也感到尴尬。由此开始，每当他们买一样东西时，他都必须找妻子去谈判，因为他知道如果自己去，就会成为垫脚石。“实话实说，我

---

（接266页）的薪水，在一家艺术博物馆而非一家石化公司做会计，或是在和平工作团而非埃克森美孚做招聘人员；愿意接受低33%的薪水，为塞拉俱乐部而非美国步枪协会做律师。有趣的是，男性与女性相比，更不愿意牺牲他们的薪水。当然，受试者在真实的行为中是不是也会表现出这种倾向，这是另一个问题——但是我敢打赌，无私的付出者比利他且自利的付出者更愿意这样做。

因此而羞愧了很长时间。”他承认道。

在离开他的专业服务公司之后，萨米尔攻读了 MBA 学位，并收到了一家《财富》杂志 500 强医疗技术公司的工作邀请，这是他的理想雇主。他对于对方提议的条款并不完全满意，但是像往常一样，他不愿意谈判。“我感到尴尬。我喜欢我的老板，我不想让他不舒服。”让萨米尔更加处于弱势地位的是，经济危机爆发了，他的同事都没有谈判就签约了。

但是这一次有些不一样了。几个月之后，萨米尔通过谈判，让他的报酬提高了 7 万多美元。他经历了一段转变，从习惯性的垫脚石状态，变成了一个更加果敢、更加成功的谈判者。“我的太太震惊了，她称赞我作为谈判者的坚持和效率，”他说，“对于她来说，看到我作为一个成功的谈判者，是一种最终的见证。”是什么促使萨米尔开始行动？

我们可以从琳达·巴布科克和同事开展的一项巧妙的实验中找到这个问题的答案。这个实验的受试者是来自私营和公共组织的 176 位高管，头衔包括 CEO、COO（首席运营官）、总裁、总经理和主席。这些高管开始都得到了相同的信息：一家软件公司的一位员工即将晋升，他们在谈判协商新职位的薪水。扮演员工的男性高管平均得到了 146 000 美元的薪水，比女性的平均薪水 141 000 美元高出 3%。但是，仅仅通过一句话，巴布科克和同事就让女性高管的薪水平均值提升到了 167 000 美元，比男性高出 14%。

所有的区别在于——告诉她们现在扮演着不同的角色。女性高管不再想象自己是这位员工，而是根据要求将自己想象成这位员工的导师。现在，这些女性变成了为别人辩护的代理人。有趣的是，她们并没有设立更高的目标，而是更愿意通过努力推进来实现自己的目标，这为她们带来了更好的结果。在一项相似的研究中，研究者埃米莉·阿曼纳图拉（Emily Amanatullah）和迈克尔·莫里斯（Michael Morris）要求男性和女性商谈一个诱人的工作邀请条款。一半的人根据要求想象自己收到了邀请并开展谈判，另一半则想象自己正在为一位朋友推荐工作，现在代表这个朋友谈判。再一次地，所有的受试者都设定了相似的目标，无论是男还是女，无论是为了自己还是朋友去谈判。

但是，他们在谈判中的实际行为表现出了令人震惊的差异。无论是为自己还是为别人谈判，男性要求的起薪平均为 49 000 美元。女性则采取了不同的路径。当为自己谈判时，她们要求的起薪平均只有 42 000 美元——比男性低 16.7%；当代表朋友谈判时，这种差异消失了。作为代言人，女性的表现和男性一样好，要求的起薪平均也是 49 000 美元。

在另一项研究中，阿曼纳图拉和莫里斯在经验丰富的管理者身上也发现了同样的结果：男性管理者无论是为自己还是替别人谈判，都得到了相同的薪水，而女性管理者在替别人谈判时，表现得要比替自己谈判时好得多。范德堡大学的布鲁斯·巴里（Bruce Barry）和雷·弗里德曼（Ray Friedman）则发现，在短期的、一次性的谈判中，付出者的表现比获取者差，因为他们愿意把更大的一块蛋糕分给对手。但是，当付出者设定较高的目标，并坚持达成目标时，这种劣势就消失了——对于付出者来说，为别人代言时更容易做到这一点。

为别人代言是萨米尔成功转变的关键因素。当他羞于与最初的雇主谈判时，他是在考虑自己的利益。在《财富》杂志500强的医药技术公司中，他让自己进入了一种不同的思维框架：他代表的是家庭的利益。尽管在为自己负责时，他可能是一个垫脚石，但是做一名付出者，这意味着他不想让其他人失望。“我用这种思路作为对抗自己的心理武器，激励我自己，”萨米尔说，“解决办法就是，将我自己看成一个代理人，为了我的家庭代言。作为一名付出者，逼得太紧会让我感到愧疚，但是一旦我开始思考‘我在伤害自己的家庭，他们在这件事上依赖着我’时，我就不会再因为紧逼而感到愧疚。”

通过将自己视为代表家人的代理人，萨米尔有勇气要求更高的薪水和学费补助。这是一种利他且自利的策略。一方面，他做的事情对于付出者来说理所当然：为了别人的利益代言。另一方面，他有意地为自己的家人代言，他们的利益与自己的利益是高度一致的。与此同时，他并没有因为逼得太紧而成为一个获取者：他希望在满足家人的利益和公司的利益之间达到一种平衡。“我的价值体系意味着我不会做任何错误或不公平的事，”萨米尔解释说，“我不会尝试欺骗任何人，但我会努力推进到正确和公平的那个点。”

当萨米尔初次与他的新老板谈判时，他要求公司加薪，并报销他的MBA学费。这与其他公司的提议相当，但是老板从人力资源部带回了令人失望的信息：他们不能满足萨米尔任何一个要求。这个时候，萨米尔产生了退缩的冲动。他想要以付出者的方式对待他的老板，担心得到更多的钱会影响老板的绩效，或影响他的预算。但是，萨米尔欠了一大笔学生贷款，而且他首先感到要为家庭负责。他再一次提出要求，说服老板为他向人力资源部游说，提高薪水和签约奖励。他最后多拿到了 5 000 美元的薪水和 5 000 美元的签约奖励。到这个时候，他的 10 000 美元签约奖励已经过期了。萨米尔仍然向公司索要了这笔奖励，并得到了它。萨米尔的老板向他保证，这是自己所能做的一切。

萨米尔在第一年已经多拿了 20 000 美元，更不要说提高基本薪水能够产生的奖金，但是他没有就此止步。公司仍然没有为他报销学费，所以他决心找到另一种方法来赡养他的家人。在学校的最后一个学期，他有许多自由的时间，于是与公司商谈了一份咨询协议，为公司兼职工作。公司同意每小时支付他 135 美元，这为萨米尔在几个月的时间里带来了另外 5 万美元的收益。此时，他签署了合同，让他的总报酬提高了 7 万多美元。"我之所以能够保持推进，很大一部分原因在于'代理人'的身份，"萨米尔说，"如果我现在不推进，在得到另外一次晋升时又会怎样呢？我会变成那样的家伙，作为三个孩子的家长仍被人呼来喝去。将自己想象为代理人，这激励我始终保持前进。它让我多了一份胆量。"

尽管为家人代言帮助他取得了成功，但萨米尔依然担心，这会不会影响到他在公司的名声，或是影响他和老板的关系。谈判结束后，他的老板与他分享了一种令他非常惊讶的感受：老板欣赏萨米尔的果敢。"这正是老板想要我的部分原因，"萨米尔说，"我不会再任人随意摆布，这一点令他敬重。"付出者，特别是亲和力强的付出者，经常会高估果敢性可能让人不快的程度。但是，萨米尔并不只是靠谈判赢得了尊敬；他谈判的方式给老板留下了深刻的印象。当人力资源部最初拒绝了萨米尔的要求时，他解释了他的家庭面临的情况。“我现在担心的不只是付房租，我有一个家庭要养活，还有贷款要还。你能不能让这些变得轻松点？”通过以家庭的名义，而非以自己的名义提出要求，萨米尔维持了付出者的形象。他表现出自己愿意为了他人代言，这传递出了一种积极的信号，表明他在代表公司的利益时也会同样努力去争取。

巴布科克和同事称之为关系性解释（relational account）——在解释一个请求背后的原因时，强调对于他人利益，而非自己利益的关注。当女性要求更高的薪水时，她们面临着违反期望的风险，这些期望要求她们“关心他人、体贴，在性格上付出而非获取”，巴布科克与汉娜·赖利·鲍尔斯（Hannah Riley Bowles）写道。对于果敢性会违反性别规范的担心可能是女性所独有的，而两种性别的付出者都会担心违反自己的交互偏好。如果推进的力度太大，他们就会感觉自己像是获取者，而非付出者。但是，当付出者为了别人代言时，推进就与保护和促进他人利益的价值观相一致了：付出者可以把它归结为对于他人的关心。而且，通过提供关系性解释，付出者不仅将自己视为为他人代言的代理人，他们也把这一点表现了出来，这是一种非常有效的方式，可以维持他们作为付出者的自我形象和社会形象。

当莉莉安·鲍尔决定不再被客户当作垫脚石来对待时，这样的思路也发挥了作用。“我想要做一个慷慨的人，与客户建立信任，但是这并不意味着他们可以随便欺负我。”鲍尔解释说。为了拒绝客户提出的项目范围之外的请求，她将代言和关系性解释组合起来。一开始，她采用代言的策略，将自己视为她的咨询师团队的代理人。“付出者都有保护性的一面。在与客户谈判时，我感到自己对于我的团队负有很多的责任，这让我更愿意强硬地划清界限。”接下来，她养成了一种习惯，向客户解释这种责任：“当客户提出了一个不合理的请求时，我会解释说这会让我的团队很难办，或是会让我的团队花费太多的时间工作。客户知道，我会拼命为他们谋福利，所以当我反推回去时，确实能够产生更多的影响。这是一个很好的理由。”

## 不再做“软蛋”

莉莉安的进步引起了我的共鸣。刚进入大学的时候，我找到了一份工作，为旅行指南《我们出发吧》(*Let's Go*)出售广告位。《我们出发吧》完全由哈佛大学的学生撰稿和制作，据说这是一本穷游旅行者的“圣经”，能够与旅行指南系列丛书《孤独的星球》(*The Lonely Planet*)以及弗洛莫(Frommer)和里克·史蒂夫(Rick Steves)的旅行系列指南相匹敌，是去外国游玩必备的资料。第一天，经理交给我一份客户列表，对我说，“这些人去年花了大概 30 万美元在《我们出发吧》上登广告。给他们打个电话，说服他们再来登广告吧。”然后他就转身走开了。

当我意识到自己不会接受任何训练时，我开始感到害怕。我没有相关的产品知识，也没有相关的经验，而且我从没离开过北美。我当时只有 18 岁，从没向国际化大公司的高级副总裁做过推销。①

我鼓足了勇气，给一位《我们出发吧》的长期广告客户打电

① 后来我才知道，经理雇用我，是因为我的前任只工作了三个星期就辞职了，她急于找人来代替他。这个职位公开招聘了 22 天，我是唯一的应聘者。

话。他叫史蒂夫，经营一家旅行社。他一开始说话，就明显带着怒气。“开始的时候，我很高兴地看到，除了我的广告之外，书里也提到了我的旅行社，”他咆哮着说，“但后来我发现，上面给出的是失效的联系方式。所以，为了让你们的读者能够联系上我，我必须花几百美元，来保留旧的邮件地址和电子邮件账户。”我温柔地解释说，广告和编辑是不同的部门；我可以确保广告的准确性，但是没法影响到书的内容本身。史蒂夫并不关心这一点。他要求我给予他广告上的折扣，以此来补偿编辑的错误，并威胁说如果我不答应，就不会续签广告合同。由于同情他的遭遇，我给了他一个 10% 的折扣。这种做法违反了我的劳务合同中的一条规定，这条规定禁止我给出任何没有出现在我们的媒体资料包中的折扣，而这只是更多错误的开始。

与几十位客户联系之后，我给出了另外三项折扣，只签订了几份合同，后来我才知道《我们出发吧》的客户续签率是 95%，对此我感到懊悔不已。除了没有带来任何盈利之外，当一个客户要求为去年的广告退款时，我屈服了，于是成为第一位在书中已经刊登广告的情况下给客户退款的员工。出于对客户的怜悯，我努力用任何可能的方法满足他们的需求，为了帮助他们而付出了自己的代价——更不要提公司了。我是一个灾难，我准备好了离职。

这不是我作为付出者第一次犯下错误。14 岁的时候，我决定成为一名跳板跳水运动员。我决心掌握这门艺术，跃向空中，扭曲翻转，优雅地入水，不溅起一丝水花。但是，我几乎没有弹跳、翻腾和扭曲的能力，不敢尝试新动作；我的队友因为我的身体不灵活，给我起了个外号叫“弗兰肯斯坦”[①]。有一天，我的教练拿来一个节拍器，希望帮我改进对于时间的掌握。努力几个小时之后，他断言我完全没有节奏感。

接下来的 4 年里，我每天训练 6 个小时。最终，我两次入围州锦标赛决赛，两次参加青年奥林匹克运动会，并入选了全美最佳跳水运动员。我本可以继续留在哈佛大学校队，参加美国大学体育总会大学代表队的比赛。但是在此过程中，我牺牲了自己的成功。在我人生最重大的一次比赛之前的几个月，我自愿指导了两位竞争者。我教给他们新的动作，帮助他们改善姿势，并教给他们压水花的秘籍，向他们展示了如何在完成一套动作后悄然入水。

他们给我的回报是，在州锦标赛中以区区几分的优势击败了我。

在《我们出发吧》，我再一次为了让他人获益，而付出了个人的代价。尽管我帮客户省了钱，但是太过软弱，让公司遭受了损失，同时也损失了自己的佣金。但是，在第二周，我遇到了《我们出发吧》的一位新助理经理，他的职位之所以能够存在，正是由于我的前任创造的广告收益。这个职位让我的前任可以负担得起学费。这正是我所需要的激励：我意识到了，我的同事们在依靠着我。作为一名学生，我还没有妻子和孩子，但我可以将自己视为一个代理人，代表着那些找工作的大学生，他们希望通过工作来赚取学费，或是得到有意义的工作经历。当完全为了自己的利益游说时，我可能会成为一块垫脚石，但是当我代表了学生们

---

① 弗兰肯斯坦（Frankenstein），科幻小说中的人物，这个词后来用以指代“顽固的人”或“脱离控制的创造物”等。——编者注

的利益时，我愿意努力奋斗，保护他们。

在与一位冷酷无情，讨要折扣的法国老板展开激烈的谈判之前，我思考了这些广告收益如何能够支撑新的工作岗位，这给了我勇气来坚持自己的立场。我还加入了关系性的解释：如果我给了他折扣，为了公平起见，就不得不给予其他客户相同的折扣，但我有责任一视同仁。他最终同意全额付款。

4 个月之后，我打破了公司的纪录，为公司创造了 60 万美元的收益，这几乎是前任的两倍，而且其中有 23 万美元来自完全陌生的新客户。我卖出了公司历史上最大的广告套餐，我们的总裁在一次宴会上宣布，说我是公司“最好的广告助理之一”。在 19 岁时，我被提升为广告营销主管，掌管着超过 100 万美元的预算，并负责雇用、培训和激励我的员工。

就在我被提升之后，互联网的泡沫破裂了。十多名客户在我们的广告季开始之前就破产了，而我们 10 位大客户中的 6 位告诉我说，因为广告预算被削减，他们不会续约了。当所有这一切结束之后，《我们出发吧》损失了 22 位忠实的客户，总预算比前一年缩水了 43%。最大的打击来自我们最大的客户。学生旅行社的副总裁迈克尔给我们打来了电话，正是他们在前一年购买了创纪录的广告套餐。“我很抱歉告诉你们这个消息，因为我们喜欢你们的产品，很看重这段合作关系。”迈克尔深吸了一口气说，“但是，由于预算的限制和旅游市场的衰退，我不确定我们今年还有没有钱登广告了。我们需要一笔很大的折扣，才会开始考虑这件事。”

我知道，许多职位都依赖于迈克尔公司的收益，于是我成为一个代言人，试图打消他这个念头。我告诉迈克尔，因为他们的对手正在撤下广告，所以这是一个好机会，可以在竞争中拔得头筹——而且，还有什么时间要比萧条时期更适合投资呢？他说他会和自己的老板确认，然后再和我联系。下周，他打电话过来，告诉了我一个坏消息：他无权在我们的书中刊登广告，除非他能以三折的价格获得与去年相同的广告套餐。这会将他的开支从接近 12 万美元缩减到 4 万美元以下。

当我试图计算出我们可以承受多大的折扣力度时，我担任了一次跳水练习的教练。坐在游泳池边，我渐渐意识到，跳水和《我们出发吧》之间有一个巨大的差别。单人的运动项目涉及零和竞争，帮助竞争者获胜，就意味着我更有可能失败。但是，在商业领域，双赢确实是可能的。客户的利益并不与我的利益相违背。当我开始思考迈克尔的利益时，我意识到，他可能会看重那些在他的店中免费发放的产品。我从同事那里了解到，我们的出版合同授予《我们出发吧》权利，可以销售或者授权不超过 20 页的任何内容。于是，我向他建议了一个新产品的赞助权——20 页的《我们出发吧》小册子，可以发放给他的客户。客户会喜欢免费的旅行小贴士，可能因此在店里待得更久，或是更愿意当回头客。因为这笔经费来自他的发行预算而非广告预算，所以他能够考虑这种可能性。当我进一步思考迈克尔的利益时，我意识到，如果他能够独家赞助这些小册子，上面不出现其他公司的广告，那么这些小册子对他会更有价值。我们就独家赞助权达成了一份双赢的协议，他最后花费了超过 14 万美元，打破了我之前的纪录，这成为公司历史上最大的广告套餐。

代理身份和关系性解释让我在零和谈判中变得更果断；而换位思考，则帮助我在双赢的谈判中把蛋糕做大。最终，尽管互联网泡沫破灭了，这种做法却使得超过一半的续约客户增加了广告套餐的投入。我们的团队获得了超过 55 万美元的收益，让我们可以扩大员工的规模，开展新的营销活动。在花了几个月的时间追讨客户的欠款之后，我成为近年来仅有的一位让全部客户交清了款项的经理，没有留下一笔坏账。我被选入了公司董事会，因为领导力、组织认同感和商业敏锐度，当选了年度经理。在《我们出发吧》学到的东西一直伴随着我，我决定将余下的职业生涯用来指导其他的付出者，向他们传授我发现的克服“垫脚石效应”的方法。

多年来，研究者已经清楚，成功的谈判者倾向于用利他且自利的方式行事。荷兰心理学家卡斯滕·德·卓依（Carsten De Dreu）对 28 项不同的研究进行了综合性的分析，发现最佳的谈判者不是获取者，也不是无私的付出者。获取者关注于攫取价值，他们将谈判视为零和游戏和输赢的竞赛，不信任他们的对手，因此咄咄逼人地进行谈判，忽视了通过理解对手的利益所在来创造价值的机会。无私的付出者则做出了太多的让步，为了让对手获益，付出了个人的代价。效率最高的是利他且自利的谈判者，他们对于自己和对手的利益，都表现出了较高的关注。通过寻找让他人和自己共同获益的机会，利他且自利的付出者能够进行更加复杂的思考，找到获取者和无私的付出者都错过的双赢解决方案。利他且自利的付出者没有像无私的付出者那样拱手送出价值，而是首先创造价值。当他们开始分馅饼时，整个饼已经足够大了，能够给自己留下很大一部分，他们可以付出更多，同时获取更多。

这种把蛋糕做大的概念，也可以概括莉莉安·鲍尔的事业转折点。尽管她学会了拒绝客户，限制了花在教导和帮助获取者的时间，但是她并不愿意放弃帮助付出者和互利者。如果年轻的同事需要帮助，而他们看上去不是获取者，那么她会更加无私地付出，不顾自己的日程安排和需求，牺牲过多的个人时间。

贾森·盖勒采取了一种更加利他且自利的做法：他找到了一个办法来尽可能地多付出，同时又不多占用他的时间。盖勒会找别人一起分担工作量，创造机会让他们也成为付出者，同时避免自己超负荷。作为一位高级经理，当初级的分析师向他寻求帮助时，盖勒会提议一起吃午餐，并邀请两位新入职的经理加入。这种方式为这些经理创造了机会，让他们也可以找到他，同时也让他们可以为初级分析师提供指导。“这是一种很棒的方法，让他们可以赢得下级人员的支持。”他说。他没有让自己完成所有的付出行为，而是让初级分析师和几位导师建立了联系，他们可以提供更广泛的知识基础和建议。

在被告知她太过慷慨之后，鲍尔采取了一种与盖勒类似的做法。她发起了团体而非一对一的指导环节：

> 我问自己，“我是否真的是唯一能在这种情况下提供帮助的人？”我努力不把自己看成是唯一的资源，开始让人们相互联系，彼此提供帮助。现在，我对于接受我指导的人非常直接。我告诉他们，“人们为我做了这些事，你也需要为别人做这些事。我们期望你收到来自别人的善意之后，把它传递

下去，以此作为回报。”

通过不独自承担重担，鲍尔把蛋糕做大，让自己的付出行为拥有了更大的影响力，同时也保护了自己的时间。“如果你的公司里一开始就混杂着付出者、获取者和互利者，”鲍尔说，“你可以做许多事情，来放大付出者的倾向，压制更有侵略性的获取者倾向，并让互利者转向付出。这会带给你能量和满足感。这件事本身就非常让人上瘾。”

成功的付出者没有假设自己注定会做垫脚石，而是意识到他们每天做出的选择，会影响他们在竞争性、对抗性的环境中得到的结果。付出行为本身就存在风险，而在所有的人际交往和关系中都坚守着单一的互动风格，就会遇到更大的风险。正如心理学家布赖恩·利特尔（Brian Little）所说的，尽管我们的第一本能是付出，但我们是否有能力取得成功，则取决于我们能否习惯于采取互利者的做法，让它成为我们的第二本能。尽管许多成功的付出者开始都默认相信别人的好意，他们也会非常小心地检索周围的环境，排查潜在的获取者，总是做好准备，从感受获取者的情绪转向分析获取者的思路，并从无条件地付出转向一种更加审慎的做法，采取慷慨的针锋相对策略。当他们想要做出让步时，成功的付出者做好了准备，从自己对那些重要的人的承诺中汲取力量，让自己变得更加果敢。

对于莉莉安·鲍尔来说，这些策略的转变让她不再做一个笨蛋。鲍尔学会了通过为他人代言，以及解读他人的动机，来调节自己的先天优势。她调整了自己的行为，在那些能产生最大影响力的人身上付出，并鼓励他们也做出付出行为。这些效果积累起来，让她从一块垫脚石转变成了一个成功的付出者。尽管她的慷慨最初阻碍了她成为合伙人的脚步，但她最后还是提前达成了目标。莉莉安是他们这一届同学中最早成为合伙人的咨询师之一。

# 第八章　守财奴的转变

## 为什么一支足球队、一个指纹和一个名字就可以让我们转向利他

无论一个人有多么自私，很显然，他的天性中有一些原则，让他对别人的命运产生兴趣，并把他们的福祉当成自己的必需品，即使自己从中得不到任何东西，除了见证的喜悦。

——亚当·斯密，经济学之父

1993 年，克雷格·纽马克（Craig Newmark）在 IBM（国际商业机器公司）工作了 17 年之后，跳槽到了位于旧金山的嘉信理财公司，担任电脑安全方面的职务。作为一个刚刚搬到湾区的单身汉，他想找到一些办法丰富自己的社交生活。1995 年早期，他开始给朋友发电子邮件，分享本地的艺术和科技活动信息。经过口口相传，人们开始将信息发布的范围扩大，包括招聘会、公寓和杂物的拍卖。到了 6 月份，邮件列表已经增长到了 240 人。这个规模太大了，不方便直接发邮件，于是克雷格将它转到了一个列表服务器上。1996 年，一个名叫“克雷格列表”（Craiglist）的网站诞生了。2011 年年底，全世界 700 多个地方都拥有了克雷格列表的站点。仅仅在美国，每个月大约有 5 000 万人访问克雷格列表，它成为全美最受欢迎的十大网站之一，也是全球访问量最大的 40 个网站之一。

克雷格列表之所以取得成功，是因为它诉诸了我们的互利者本能。它可以促成交换，让买方和卖方商量出一个公平的价格，依据物品和服务的价值进行交易。从根本上讲，克雷格列表所做的，就是让人们彼此直接地交易价值，创造出一种付出和获取的平衡。这种平衡正是互利者所偏好的。“我们不是利他主义的，”纽马克写道，“从某种角度来看，我们就像是一个跳蚤市场。”

像这样的一个系统，能否完全基于付出而非匹配来运作？

2003 年，俄亥俄州一位名叫德隆·比尔（Deron Beal）的本地人决定试一试。就像克雷格·纽马克一样，比尔新来到一座城市，缺少相关的信息，于是他在朋友间建起了一个邮件列表。以克雷格列表为指导，比尔的目标是建立一个本地的网络社区，让所有的访问者可以在上面相互交流，将那些需要某样东西的人和那些愿意给出这样东西的人联系起来。但是，与典型的克雷格列表完全不同的是，比尔设立了一个非同寻常的基本规则：不允许涉及金钱或交易。这个网络被命名为“Freecycle”（免费循环），上面所有的物品必须免费送出。

比尔想出 Freecycle 的点子时，正在为亚利桑那州一家名叫“图森崛起”（Rise in Tucson）的非营利性组织工作，负责开发和运行一个回收项目。当地的企业给比尔送来了一些二手物品，比如电脑和桌子，这些物品状况良好，却是不可回收的。比尔希望将这些物品送给有需要的人，于是他花了很多时间打电话，将它们捐给慈善组织，但是进展甚微。与此同时，他有一张床，也想送出去，但是旧货商店不愿意接收。他意识到，如果建立一个在线社区，让捐赠者和接受者更有效率地匹配起来，他也许可以同时解决这两个问题。

比尔发出了第一封邮件，向 40 位朋友宣传 Freecycle，邀请他们加入并将信息传递给别人。当一些最早的 Freecycle 成员开始在上面发布准备送出的物品时，比尔感到猝不及防。一位女性发布了一瓶用了一半的染发剂，还有几个小时就要过期了，“得尽快用掉它，”她写道，“如果谁有染成黑发的冲动，今晚就动手吧。”一位来自得州的男子发布的东西稍微靠谱儿一些——一套渔具——但是还有一个附加条款：他只愿意把它送给渔具被偷的人。“34 年前，我还是个小孩子的时候，偷走了一套渔具。现在我没法再找到这个人来弥补我的过失，所以我希望能做一件可以弥补的正确事情。”一些人在寻找匹配系统中的漏洞，另一些人则试图送出垃圾，看上去 Freecycle 注定要失败了。

但是比尔相信，“一个人的垃圾是另一个人的宝贝”。一些人在 Freecycle 上送出了真正的宝贝，这些东西本来可以很容易地在克雷格列表上出售。一个人捐了一部状况良好的相机，至少值 200 美元；其他人则捐出了电脑、平板电视、儿童汽车座椅、钢琴、真空吸尘器和健身器材。Freecycle 在 2003 年 5 月启动时，拥有 30 名会员。一年之内，Freecycle 以惊人的速度成长，在全世界 360 个城市中拥有超过 10 万名会员。到了 2005 年 3 月，Freecycle

的会员是原来的 10 倍，达到了 100 万名。

最近，社会科学家罗伯·怀尔、弗兰克·弗林和索尼娅·扎克（Sonya Zak）决定研究驱使人们加入交易系统的原因。社会科学家们展开了激烈的辩论，他们希望找到答案。许多人认为，发生在克雷格列表上的这种直接交易，是最理想的资源交易方式。这种交易系统利用了大多数人都是互利者这一事实，允许人们自由地来回交易价值。但是，另一些专家则预期，类似 Freecycle 这样的系统会出现快速的增长，人们在这里送东西给一个人，又从另一个人那里收到东西，从不与同一个人相互交易价值。这些研究者相信，尽管这样一个普通的互惠系统依赖于大多数人的付出者倾向，并且可能被获取者利用，但是在促进物品和服务的交换方面，它与直接的匹配一样有效。

直觉的解释是，这两种系统吸引了不同类型的人。也许互利者会被吸引到克雷格列表上，而付出者则会集中到 Freecycle 上。[①]正如德隆·比尔告诉我的，“如果世上只有获取者，Freecycle 就不会存在。”但是，怀尔的团队发现，事实并非如此。

尽管 Freecycle 的发展在一定程度上是因为它吸引了那些已经拥有强烈付出倾向的人，但它还取得了其他一些更令人赞叹的成就。通过某种办法，Freecycle 成功地鼓励了互利者和获取者以付出者的方式行事。为了弄清楚 Freecycle 是怎样运作的，怀尔的团队从同时是克雷格列表和 Freecycle 的成员中随机抽取了一些样本，接受问卷调查。他们从这两个交易组织的成员中收集了 1 000 多份

① 许多克雷格列表的网页确实有一个专门的版块，主要针对免费送出的物品，但是它的受欢迎程度远远不及那些交易版块。

问卷，这些成员来自美国各地的十几个社区。问卷调查了这些成员在总体上究竟是偏好于最大化自己的利益，还是最大化对别人的贡献；通过一系列的问题，测量了他们的互动风格。付出者在Freecycle上平均捐出了21件物品。获取者本可以什么也不捐，但是他们在Freecycle上也平均捐出了9件物品。

有趣的是，人们加入Freecycle实际上是为了获取，而非付出。“人们听说的Freecycle经常被认为是一个可以得到免费东西的渠道”一半的人加入时会这样想。“我不用付出，就可以得到点什么，”比尔说，“但是后来就出现了范式的转移。我们有一大波新晋父母处在困难之中，需要帮助。他们收到了婴儿车、婴儿汽车座椅、婴儿床和高脚凳。后来，他们没有把这些东西放到克雷格列表上卖，而是把它们捐了出去。”

是什么原因让人们怀着获取的目的加入组织，最后却做出了付出行为？

这个问题的答案为付出者提供了另外一条途径，让他们可以在成功的阶梯上免于垫底。在与人打交道时，付出者进行真诚性筛选，在与获取者交易时采取互利者的方式，通过这些做法来保护自己，这是完全合理的。但是，在群体当中，还有另外一种做法，可以让付出者确保自己不被人利用：让群体中的每个人都用付出者的方式行事。这种策略在贾森·盖勒和莉莉安·鲍尔的故事中已经有所预示，他们直接要求接受过他们指导的人，将这种做法传递下去，继续指导更加年轻的同事，以此来作为回报。在前面的章节里，那位被《财富》杂志评为最佳网络构建者的硅谷付出者亚当·里夫金，在他的整个人际网络里做了相同的事情。他邀请那些从他的付出行为中获益的人去帮助关系网络中的其他人，由此形成了一种付出的规范。正如我在第一章中所说的，人们很少会只将一种单一的交互风格应用在生活的每个领域。如果一个群体发展出了一种付出的常规模式，成员就会遵守这种常规模式，做出付出行为，即使他们在其他地方更倾向于做获取者，或是互利者。这减少了付出的风险：当每个人都做出贡献时，蛋糕就更大了，而付出者做出的贡献，也不会总是远远大于他们得到的回报。

群体究竟有什么样的力量，能够让它的成员向付出者的方向转变？在本章的末尾，我会向你介绍一种极具影响力的活动，一些世界领先的公司和商学院已经开始用它来激发获取者、互利者以及付出者的付出行为。但是，首先通过观察 Freecycle 在激励互利者和获取者付出方面取得的成功，我们可以更深刻地理解个人和组织可以通过做哪些事来激发出更高水平的付出。首先，我们从一个疑问入手，为什么人们在一开始会付出？

## 利他主义的争论

在接近 40 年的时间里，世界上最杰出的两位心理学家针锋相对，争论付出的决定是出于纯粹的利他主义，还是出于自私的本质。他们没有开展哲学辩论，而是挥舞着更加致命的武器——心理学实验——投入了战斗。

纯粹利他的辩护者是 C. 丹尼尔 · 巴特森（C. Daniel Batson）。他相信，当我们为另一个人的需求感到共情时，就会做出真正无私的付出行为。对方的需求越强烈，我们感到与对方关系越紧密，我们体验到的共情也就越多。当我们同情对方的遭遇时，就会集中自己的能量和注意力，来帮助他或她摆脱困境——这不是因为助人为乐，而是因为我们真的关心他们。巴特森认为，尽管一些人的怜悯心要比别人更强、更频繁，但几乎所有人都有共情的能力——即使是那些亲和力弱的获取者。正如亚当·斯密在几个世纪前所说的："我们因为他人的痛苦而感受到的情绪……并不限于有德之人，也不限于仁慈之人，尽管他们对于痛苦的感受也许最敏锐。即使是最残忍的暴徒，社会法律最公然的违反者，也会有共情的体验。"

魔鬼的代言人是罗伯特·西亚迪尼（Robert Cialdini）。他争辩说，没有所谓的纯粹利他主义。他相信，人类经常会做出慷慨、付出和关心的行为。但是他不认为这些行为完全起源于利他主义。他相信，当其他人痛苦时，我们也会痛苦——这激励了我们帮助他人。西亚迪尼对于巴特森的观点的第一个质疑是，共情引导我们伸出援手的原因并不是想让他人最终获益。他提出，当他人深陷困境时，我们感到痛苦、悲伤或愧疚。为了减轻自己的负面感受，我们会伸出援手。西亚迪尼收集了大量的研究证据，表明当人们因为另一位处于困苦中的人而感到痛苦、愧疚或是悲伤时，他们就会提供帮助。

巴特森的反击是：有时，一些人为别人提供帮助，确实是为了减轻自己的负面感受，但这不是唯一的原因。此外，负面感受并不总是激发助人行为。当我们感到痛苦、悲伤或愧疚时，我们最终的目标是减轻这些负面感受。在一些例子中，助人是我们的策略。但是在许多例子中，我们可以用其他的方式降低自己的负面感受，比如分散注意力或是干脆逃离悲伤境遇。巴特森想出了一个聪明的办法，来区分出共情驱使我们助人，究竟是为了减轻另一个人的痛苦，还是减轻自己的痛苦。如果目标是减轻我们自己的痛苦，那么我们应该会选择任何一种办法来舒缓我们的感受；如果目标是减轻另一个人的痛苦，那么即使代价很大，我们也应该会提供帮助，而且也有其他的办法可以让我们感觉良好。

在一个实验中，巴特森和同事给了人们选择的机会：观看一个女性遭受电击，或是退出实验来避免痛苦。不出意料，75% 的人选择了退出。但是，当他们感受到了这位女性的痛苦时，只有 14% 的人选择离开，剩下的 86% 留了下来，表示愿意替她接受电击。在这些留下来的人中，那些共情感强烈的人与共情感不强的人相比，愿意承受 4 倍强度的电击。巴特森和同事在十多个实验中得出了相同的趋势。即使人们可以通过逃离情境来减轻自己的负面情绪，但如果他们感到共情，就会留下来提供帮助，不惜以个人的时间和痛苦为代价。基于这项研究，巴特森总结说，减轻负面感受并不是人们助人的唯一原因，并且相关的 85 项不同研究的综合性分析也支持了他的观点。

作为我们这个时代最伟大的社会思想者之一，西亚迪尼并没有被击败。他承认，共情确实可以激发出助人行为。关心和同情确实可以激励我们不惜付出个人代价为了他人的利益行事。但是，他并不认为这反映的是纯粹的利他主义。他争辩说，当我们为了一位窘困的受难者感到共情时，我们会产生情感上的依附，能够体验到与对方一致的感受。我们将受难者融入了自我感觉当中，在他们身上看到了更多的自己，这就是我们伸出援手的原因，即我们实际上是在帮助自己。再一次引用亚当·斯密的话："通过换位思考的假想，我们想象自己经历了全部相同的痛苦，好像自己进入了他的身体，在某种程度上变成了一个人，由此形成了对于他的感觉，甚至是感受的一些认识。"

西亚迪尼和同事开展了许多实验来支持这种观点。共情导致了一种同一性，或是自我和他人的重叠，这进一步激发了更多的助人行为。巴特森的团队提出了另一项反驳：这就是利他主义。如果我们的共情太过强大，以至于将自我认同和他们整合到一起，那么我们就会像关心自己一样关心他们。因为我们不再将自己的利益置于他们之上，因此帮助他们的行为就是出于纯粹的利他主义。

此事陷入僵局。

两个阵营都同意，共情引发助人行为。两个阵营都同意，同一性是背后的一个关键原因。但是，他们根本性的分歧在于，同一性究竟是自私的还是利他的。我相信，这里存在一种折中的解决办法，这正是德隆·比尔很早就发现的。当他建立 Freecycle 时，他不想将二手的物品送进垃圾堆，而是送给那些想要它们的人。但是，他也有一些个人利益牵涉其中。在他的回收项目中，他有满满一仓库不可回收的废弃物品，而他的老板想要清空这个库房。此外，比尔也想处理掉他的一张旧床垫。他的朋友都不需要它，而且体积太大了，不方便扔掉。为了扔掉它，他需要借一辆卡车，把床垫运到垃圾场，在那里他需要缴纳处理费。比尔意识到，如果能够在 Freecycle 上把它送出去，会更加省事，也更加划算。

这就是获取者和互利者也开始在 Freecycle 上送出东西的原因。

这是一种有效的方式，可以处理他们既不想要又没法在克雷格列表上出售的东西。但是很快，比尔从个人的经验了解到，那些最初怀着私心送出东西的人，也开始关心起他们帮助的人。和接受者商量好了交接床垫之后，比尔感到非常激动。“我原以为，通过给出这个床垫，我会是从中受益的人，”他说，“但是当他出现在我家门口，对我表示感谢时，我的感觉非常好。这种行为只有一部分是自私的，我在帮助另一个人，这令我感到开心。我的感觉如此之好，于是开始送出其他的东西。”

经过 10 年的研究，我得出了一个结论，比尔的经历不是一个例外，而是一种普遍的现象。同一性是利他且自利的。在大多数情况下，我们的付出行为背后都混合了让他人和自己受益的动机。当感觉可以同时促进他人和自己的利益时，获取者和互利者最有可能做出付出行为。正如灵长类动物学家弗朗斯·德·瓦尔（Frans de Waal）在《共情的时代》（*The Age of Empathy*）一书中写道：“自私和无私的区分可能是不必要的。为什么我们要试图把自我从他人中剥离出来，或是把他人从自我中剥离出来？其实将二者混合在一起，才是我们合作天赋背后的秘密。”

比如维基百科，这部在线百科全书是由 300 万名志愿者免费撰写的，其中超过 10 万人经常做出贡献。当被问到为什么为维基百科撰稿时，很少有志愿者会报告自利的原因，例如建立新的人际关系、建立名声、减少孤独感，或是寻求自我价值和被需要的感觉。但是，相对利他的助人动机，也不是他们强调的唯一因素。维基百科的作者并不一定在生活的所有领域都是付出者，却自愿投入了大把的时间，来详尽地总结和交叉引用维基百科的词条。

这是为什么？在一项调查中，有两个最主要的原因：他们认为这很有趣，并且相信信息应该被免费分享。对于许多志愿者来说，撰写维基百科词条是一种利他且自利的行为：它可以令个人感到愉悦，同时令他人受益。

比尔相信，Freecycle 的利他且自利架构，是它能够如此快速成长的主要原因之一。送出我们不需要的东西，在此过程中令他人获益，这是一种馈赠经济，等同于亚当·里夫金的 5 分钟帮忙：较低的个人成本与可能很高的他人受益结合在一起。值得注意的是，Freecycle 的官方宗旨是“发起一个全球性的馈赠运动，减少浪费，节省珍贵的资源，减轻垃圾场的负担，同时使得我们的成员从一个更大的社区优势中获益”。这一宗旨强调了两类收益：会员们可以为别人做出贡献，自己同时获得收益。

除了这种利他且自利的架构之外，Freecycle 社区还有一个核心的机制，激励着人们开始付出。关于这种机制的一些线索，体现在一位法国咨询师的故事里，他为了赢得一位潜在客户的信任而挣扎多年——直到他意识到了社区感的力量。

## 从敌人到盟友

在 2008 年的全球经济危机中，有一家遭遇困难的法国公司，我称之为纽沃尔（Nouveau）。纽沃尔的总部坐落在法国中部的一个小城市，这座城市有一支受人热爱的足球队。创始人选择这座城市作为总部所在地，是希望重塑这座城市的辉煌；但是，城市的人口正在缩减，公司盈利也在下降，他们面临着搬迁到更大城市的压力。纽沃尔的高管们决定通过大规模重组来挽救这个总部。CFO（首席财务官）向咨询公司发出邀请，寻求外部的援助。纽沃尔愿意与任何一家提出最佳方案的公司合作，只有一个例外：有一家特别的咨询公司不被信任。这家公司已经与纽沃尔的主要竞争对手合作了多年。纽沃尔的管理层担心，内部信息可能会被不小心泄露出去，甚至可能被一个获取者偷走。

这家受到质疑的咨询公司的首席合伙人——我称他为菲利普——希望为公司赢得这笔生意，他意识到了纽沃尔高管并不信任他们公司。菲利普的公司曾经给纽沃尔提交过提案，但是都被拒绝了。咨询师们反复解释过公司严格的保密政策，但是纽沃尔的高管并不买账。最终，咨询师们得出结论，继续提交提案纯粹是浪费时间。但是，菲利普确实想帮助纽沃尔取得成功，于是带领自己的团队，准备并提交了一份重组议案。之后他们坐在一起，开始进行头脑风暴：我们怎样才能向纽沃尔证明自己是可信的？

菲利普的公司并不是唯一一家向纽沃尔推销的公司。菲利普带着 5 位咨询师一起到达纽沃尔的总部参加推介会议。他们被领入一间大房子，在那里 10 位纽沃尔的高管与他们面对面坐着。菲利普的团队展示了议案，而纽沃尔的高管们并没有被打动。“我们喜欢你们的议案，”一位高管说，“但是我们不信任你们。为什么我们要和你们展开合作关系？我们如何能确信，你们会把我们的利益置于首位？”菲利普重申了公司的保密政策和荣誉守则，并补充说，公司的声望取决于为客户坚持最高标准。但是他的承诺没有效果。

菲利普说不出什么别的道理了，于是打出了自己的最后一张王牌。他打开手提箱，从里面掏出了这座城市著名足球队的蓝色围巾。以这条围巾作为家乡荣誉感的象征，他做出了请求："多年来，我们一直试图说服你们，可以信任我们的保密政策。既然没法用语言表达这一点，我们想要用另一种方式表明我们的承诺。"菲利普团队的其他 5 位成员跟随他一起将足球围巾系在了脖子上。

纽沃尔的高管们感到惊讶。他们问哪一位合伙人会负责这个项目。菲利普站了出来："我会负责，我们会在 8 月的假期开始工作。我可以全身心投入这项工作，因为你们的总部就在我家旁边。"

几个小时之后，菲利普的公司拿下了这个项目。

纽沃尔的高管之前并不知道菲利普来自本地。"这是一个重组任务，"菲利普解释说，"让一个关心这座城市和市民的人加入，对于员工和公司来说都是一种优势。这里有一些共同的基础。"

共同的基础在付出行为中是一种主要的影响因素。在一项实验中，英国的心理学家招募了曼联球队的球迷参加实验。这些球迷在从一栋建筑走向另一栋建筑的时候，看到一个跑步的人滑倒在草地上，捂着膝盖痛苦地尖叫。他们会帮助他吗？

这取决于他穿着什么。当他穿着一件普通 T 恤时，只有 33% 的人会帮忙；当他穿着一件曼联球队的 T 恤时，92% 的人会帮忙。耶鲁大学的心理学家杰克·多维迪奥（Jack Dovidio）称之为"激活共同的身份认同"。当人们与他人共享了一种身份认同时，为这个人付出就有了一种利他且自利的属性。如果我们帮助了自己所在群体的成员，我们也是在帮助自己，因为我们让整个群体变得更好。[①]

共同的身份认同，正是 Freecycle 快速成长，以及高水平付出行为背后的关键因素。加州大学伯克利分校的教授罗伯·怀尔比较了克雷格列表和 Freecycle 的会员，考察了每个群体体验到的认同感和凝聚力程度。成员的认同感越强，他们就越多地将克雷格列表或 Freecycle 视作自我形象中重要的一部分，认为它们体现了自己的核心价值观。成员报告的凝聚力越强，就越能从克雷格列表或是 Freecycle 的社区中感受到价值。成员从克雷格列表和 Freecycle 中感受到的认同感和凝聚力，哪一个更强？

答案取决于成员从网站中收到的物品数量。对于那些收到或是买下了几件物品的会员来说，他们对于克雷格列表和 Freecycle 的认同感和凝聚力没有差异。这两个网站对于人们有着同等的吸引力和联系程度。但是，对于那些收到或是买下了许多物品的成

① 当跑步者穿着敌对球队——利物浦足球俱乐部的 T 恤时，有 30% 的人提供了帮助。这个结果向心理学家提出了疑问，是否有可能让人们帮助竞争对手。在遭遇这个紧急场景之前，球迷们首先写下了喜爱曼联球队的原因、支持球队的时间、观看球队比赛的频率，以及球队胜利和失败时的感受。这些球迷将自己视为曼联球队的支持者，所以大多数人并不愿意帮助自己的敌人。但是，心理学家玩了一个花招儿。在另一个版本的研究中，球迷们没有写下他们为什么热爱曼联球队，而是写下了他们为什么喜欢足球、这对他们来说意味着什么，以及他们与其他球队的球迷有哪些共同点。当跑步者扭伤膝盖时，如果他穿着曼联球队的 T 恤，球迷们仍然有可能伸出援手（80%），可能性大于跑步者穿着普通 T 恤的情况（22%）。但是当他们穿着敌对的利物浦球队的 T 恤时，也有 70% 的人愿意帮忙。当我们将对手视为与我们相同的足球迷，而非敌人时，我们可以感受到对于他们的认同。许多时候，我们没有对别人产生认同，因为我们思考他们——或是自己——的方式太过具体，或是太过狭隘。如果我们更宽泛地看一看彼此之间的共同点，就更容易将付出行为视作利他且自利的。

员来说，存在着明显的差别：成员对于Freecycle的认同感和凝聚力显著高于克雷格列表。即使是在掌握了成员的付出倾向之后，这种差异依然存在：无论是不是付出者，那些经常参与的成员对于Freecycle都拥有更强的依附感。为什么人们会对一个在其中免费付出的社区，而非一个公平匹配的社区，有更强烈的认同感和联系呢？

怀尔的团队提出，广义的付出系统与直接的匹配系统之间的接收体验主要有两个区别。第一个区别在于交换的规则。在直接的匹配中，交换就是直接的经济交易。当成员在克雷格列表上购买一样东西时，他们知道，卖家通常会试图最大化自己的收益，很少关注买家的利益。与此相反，在广义的付出系统中，付出者并没有从接受者那里得到任何有形的回报。当成员从Freecycle上接收一样物品时，他们是在接受一位付出者的馈赠，没有附加条款。根据怀尔研究团队的研究结果，这"意味着付出者会为了接受者的利益，而非自己的利益行事"，这"向接受者传达了一种关照，超过了物品本身的利用价值"。与经济交易相比，馈赠饱含着价值。

第二个区别是，你获得的好处究竟与谁有关。当你在克雷格列表上买东西时，如果你以便宜的价格得到了一样东西，你可以将它归结为自己谈判者的本事，或是一位个体卖家的慷慨（也许是淳朴）。你是在与另一个人做交易。你没有从克雷格列表的社区中得到任何东西。"结果就是，参与直接交易的人更不容易对团体产生认同，因为他们不太可能从团体成员身份中获得情绪体验。"怀尔的团队写道。在广义的付出中，社区是你接受馈赠的来源。

一个有效的广义付出系统，通常涉及交易的轮转：A 为 B 付出，B 则为 C 付出。当 Freecycle 的成员从不同的人那里收到不同的物品时，他们将收益归功于整个群体，而非单独的成员。

这两种力量综合在一起，使成员们建立起了一种对于 Freecycle 的情感联结。人们不是从另一个人那里购买一样东西，而是感觉自己接受了来自社区的馈赠。这种感激和好意会让他们对社区产生认同感，将自己视为 Freecycle 的成员。一旦这种认同感培养起来了，人们就更愿意免费为那些同样有 Freecycle 身份认同的人付出，这激励了社区成员给出自己不需要的物品来回应他人的请求。由于给出的东西是自己不需要的，获取者不会感觉自己损失了任何价值，但是仍然维持了付出的规范，这样他们仍然可以在想要的时候得到免费的东西。对于互利者来说，因为没有回报的方法，所以将付出行为传递下去是最好的选择——何况他们帮助的人与自己相似。这正是家长们送出婴儿用品的原因：他们通过向其他处于相似情况的家长捐赠自己不需要的东西，维持了一种交互甚至交易的感觉。

如果人们认为自己属于社区的一员，那么就会更愿意为他人付出。但是，并不是所有的个人和群体都同样容易形成这种认同感。Freecycle 的社区还有其他一些特点，帮助培养了认同感——这个因素我们在亚当·里夫金的故事中已经有了透彻的了解。

## 寻找最优的独特性

当我第一次与亚当·里夫金见面时，我请求他给我介绍他的人际网络中最有趣的人。“我最喜欢的一个人，”他回答说，“是亚当·里夫金。”

他说的并不是他自己。亚当·里夫金与另一个名叫亚当·里夫金的人建立起了深厚的联系，这位里夫金是一位好莱坞编剧、导演、制片人和演员，在诸如《摇滚城市底特律》（*Detroit Rock City*）、《希曼》（*He-Man*）这样的电影中做出了重要的贡献。为了避免混淆，我将他称为好莱坞亚当，而将他令人喜爱的同伴称为熊猫亚当。

1992 年，好莱坞亚当刚刚开始他的事业，而熊猫亚当也搬到了洛杉矶，开始在加州理工学院攻读博士学位。人们和好莱坞亚当联络时，可能会意外地拨打熊猫亚当的电话。熊猫亚当希望联系上好莱坞亚当来澄清这种混乱，于是将自己的电话号码放到了网上。在 3 年的时间里，没有人给他打电话。1996 年，好莱坞亚当在纽约时，一位朋友向他展示了熊猫亚当的网站。“我对于互联网一无所知，他创造的东西让我印象深刻。我也有好几次被误认成他，所以我立刻给他打了电话。”

此时是东岸的早晨，西岸则处在黎明过后。电话铃声惊醒了睡梦中的熊猫亚当。

熊猫亚当（迷迷糊糊地）：“喂？”

好莱坞亚当：“亚当·里夫金，我是亚当·里夫金。”

熊猫亚当：“这个电话我等了一辈子。”

从表面上看，他们没有什么共同点。在他俩所知的范围内，他们没有什么血缘关系。熊猫亚当在纽约长大，好莱坞亚当则在芝加哥长大。熊猫亚当是一个软件工程师，好莱坞亚当则在电影行业工作。但是，当他们第一次见面时，他们立刻感到了一种联结。“好莱坞亚当是一个非常有吸引力的人，”熊猫亚当说，“他在好莱坞的事业和我在硅谷的相似之处比我想象得还要多。任何时候，如果有人问我有没有认识好莱坞的人，我通常会首先找到他。好莱坞亚当为了帮助我认识的人，做了无数次引荐。许多在好莱坞的人都是自恋和以自我为中心的，但是好莱坞亚当却和蔼可亲。我们有着相同的人生哲学。”

“熊猫亚当是一个很棒的家伙，”好莱坞亚当说，“我们有着相似的幽默感。我们彼此帮助，从不计较。我们两个人都没有想过要求回报，我们只是在帮忙。”熊猫亚当向好莱坞亚当介绍了社交网站推特（Twitter）。当好莱坞亚当为 Showtime 频道制作了一部名为《张望》（*Look*）的电视剧时，熊猫亚当邀请他来到加州北部，在 YouTube 和推特上试播。为什么这两位亚当对于彼此有如此强烈的认同感？

如果你认为这是姓名相同的结果，有数据表明你是正确的——至少在一定程度上是这样的。布雷特·佩勒姆（Brett Pelham）是布法罗大学的心理学家，他注意到，我们似乎更喜欢那些与自己有关的人物、地点和物品。因为我们如此强烈地将自己的名字和身份认同联系在一起，我们可能会被那些让我们想起自己名字的重大决定所吸引。为了说明这一点，佩勒姆和同事开展了一系列不可思议的、充满争议的研究。

在 5 项不同的研究中，他们发现，人们更可能生活在与他们的名字相同的地方。在一项研究中，佩勒姆的团队在美国最大的 40 个城市中进行了检索，查询了前 100 个头 3 个字母与城市名相同的常用名。接下来，他们调查了这些名字在不同年龄群体中的受欢迎程度。结果显示，名叫杰克（Jack）的人与名叫菲利普（Philip）的人相比，尽管他们名字的普遍程度相同，但前者生活在杰克韦尔（Jackville）的可能性是后者的 4 倍（“菲利普”们则更倾向于搬到费城（Philadelphia），他们在那里的人数超过了“杰克”们）。而且，这些地名不是因为他们来命名的，只是人们更有可能搬到与自己的名字类似的地方，如“佐治亚”（Georgia）搬到佐治亚州的概率是随机水平的两倍）。

对于职业来说也是如此。1990 年，丹尼斯（Dennis）在美国男性常用名中排名第 40 位，杰里（Jerry）排在第 39 位，沃尔特（Walter）则排名第 41 位。

在美国有 270 位名叫杰里的牙医。

在美国有 257 位名叫沃尔特的牙医。

猜一猜有多少位名叫丹尼斯的牙医？

从统计上讲，这个数字应该在 257~270 之间。

实际数字是 482 位。

如果你的名字是丹尼斯，与同样普遍的杰里和沃尔特相比，你成为牙医的概率会提高一倍。其他的研究表明，姓劳耶（Lawyer）的人更有可能成为律师（lawyer）而非医生（doctor），比偶然概率提高了 44%；对于姓道克特（Doctor）的人来说情况则正好相反，他们有 38% 的可能性成为医生。在与我们建立起联系的产品和人方面，这种吸引力也同样存在。佩勒姆和同事发现，人们更喜欢带有自己名字字母的巧克力、饼干和茶叶，并且更喜欢拥有相同首字母的潜在约会对象，即使他们坚持说这种相似性不会影响到他们的喜好。此外，研究证据显示，相似性可以影响到我们的帮助对象。研究者杰夫·加拉克（Jeff Galak）、德博拉·斯莫尔（Deborah Small）和安德鲁·史蒂芬（Andrew Stephen）研究了在线小额贷款机构 Kiva.org 上超过 23 000 名借款人收到的超过 289 000 笔贷款。这是一家小额贷款网站，人们可以给出最低 25 美元的贷款，帮助发展中国家的人脱离贫困，创立企业。人们更愿意借钱给那些与自己的名字首字母或是职业相同的人。①

看起来，自我相似性可以促进吸引，当人们遇到能让他们联想到自己的人时，热情、友善和心态开放的程度都会提高一些。这就是两位亚当·里夫金首次见面时的情况。他们因为一种表面的

---

① 对于这些研究结果，还有许多其他的解释。沃顿商学院的教授尤里·西蒙逊（Uri Simonsohn）仔细观察了数据，尽管他相信姓名的相似性可以影响到我们的决策，但他给出了令人信服的理由，说明这些令人激动的研究发现受到了其他因素的影响。例如，他发现名叫丹尼斯的人不仅当牙医，在律师中同样具有较高的比例。但是，这不能解释为什么随机、受控的实验中人们会帮助那些名字相似的人购买与自己的名字首字母相匹配的产品，并且他们会受到名字首字母相同的人的吸引，这也不能解释近期的一些关于名字如何妨碍成功的研究。心理学家发现，平均来讲，名字首字母是 A 或 B 的人与首字母是 C 或 D 的人相比，取得的成绩更高，进入了排名更高的法学院；而名字首字母是 K——代表三振出局——的职业棒球运动员，比队友三振出局的比例高出 9%。这里的推测是，如果负面结果与自己有微妙的关系，那么他们会更容易接受这样的结果。其他的研究在一定程度上支持了这种想法：首字母是 D 的运动员、医生和律师，要比首字母是其他字母的人死得更早。拥有积极首字母（A.C.E、J.O.Y、W.O.W）的棒球运动员，要比拥有消极首字母（B.U.M、P.I.G、D.U.D）的人平均多活 13 年。在加利福尼亚州 1969—1995 年的统计中，与中性首字母相比，拥有积极首字母的女性平均多活 3.4 年，拥有积极首字母的男性则平均多活 4.5 年，而拥有消极首字母的男性平均早死 2.8 年。有一种观点认为，首字母还会影响到我们关心照顾自己的方式，与此相一致地，拥有积极首字母的人有更低的事故率和自杀率，拥有消极首字母的人这两项的指标则更高。

相似性而相遇，这让他们有机会基于真正的相似性建立起联系并开始相互帮助。

但是，两位亚当·里夫金之间的联结不只限于相同的名字。为了说明这一点，想象一下你与一位大学生一起参加了一项研究。研究的目的据说是考察指纹和性格之间的关系，于是研究者提取了你们的指纹。你们都填写了一份性格问卷。准备离开的时候，大学生从背包里抽出了一张纸，说："我选修的英语课要求我找一个不认识的人，帮我批改论文。我想知道你是否愿意读一下这份 8 页纸的论文，帮我写一页的评语，说明我的论述是否有说服力，以及背后的理由是什么。我需要在明天这个时候之前获得反馈。"你愿意帮助她吗？

你属于心理学家杰里·伯格（Jerry Burger）开展的一项研究的对照组，在你这组里有 48% 的人愿意帮忙。在另一组里，研究人员引导受试者相信，他们与做出请求的大学生存在一些共同之处。在填写问卷之后，研究者看了一下指纹评测表，评论说，"很有意思，你们两个人都有 E 型指纹。"

现在，你是不是更愿意提供帮助？

这取决于相似性是如何表述的。在一半的情况下，研究者提到，E 型指纹是非常普遍的，大约 80% 的人都有这类指纹。在另一半情况下，研究者提到，E 型指纹非常稀有，只有 2% 的人拥有这类指纹。

当相似性非常常见时，55% 的受试者提供了帮助——比对照组高不了多少。但是当相似性非常稀有时，82% 的受试者提供了帮助。并不是任何相似性都会驱使人们成为付出者，只有非同寻常的相似性才有这样的效果。在佩勒姆的研究中，姓名相似性会影响到我们在哪里生活、选择什么职业，以及与谁结婚，但是这些效应在那些名字少见的人身上，要比在名字常见的人身上更强。我们被那些与自己有着非同寻常相似性的人、地点和产品所吸引。这正是两位亚当·里夫金首次见面时的感受。亚当·里夫金是一个稀有的名字，这种非同寻常的相似性可能促进了吸引的过程。确实，佩勒姆的研究显示，你的名字越独特，你就越会认同与你名字相同的地点。

为了解释为什么非同寻常的相似性有这种影响力，心理学家玛丽莲·布鲁尔（Marilynn Brewer）提出了一套有影响力的理论。一方面，我们想要融入人群，我们寻求关系、凝聚力、社区、归属感、包容感，以及与他人的亲密关系；另一方面，我们又想要与众不同，我们寻求独特性、区别性和个体性。当我们在社会中探索时，这两种动机经常会发生冲突。我们对于一个团体的归属感越强，失去独特性的风险就越大。我们越是努力地将自己与别人区别开，失去归属感的风险就越大。

我们如何能调和这种矛盾？解决方案就是，既追求一致，同时保留差异。布鲁尔将这种原则称为最优的独特性（optimal distinctive）：我们寻找融入的方法，同时保持与众不同。要想追求最优的独特性，普遍的方法就是加入一个独特的群体。加入一个拥有共同兴趣、身份认同、目标、价值、技能、性格或经验的团体给了我们一种联系感和归属感。与此同时，加入一个与其他群体明显不同的群体，也可以给我们一种独特感。研究显示，人们对于那些享有独特相似点的人和群体，有着更强烈的认同感。越罕见的群体、价值观、兴趣、技能或经历，其联结的形成就越容易。此外，研究还表明，人们在提供最优相似性的群体中更加快乐，这可以同时给他们一种包容感和独特感。正是这些群体，让我们感到最骄傲，感受到了最多的凝聚力和价值。

Freecycle 最初通过它对于环境保护的强调，提供了一种最优独特性的感觉。它的核心目标与大部分回收运动不同：不是将旧材料重新加工成新材料，而是让成员找到接受者。他们需要的物品不能被重新回收利用，所以没法送到垃圾场。这个共同的目标在 Freecycle 社区中创造了一种共享的身份认同感，在多元的意识形态中建立了一种联系感。在图森，最初的一批 Freecycle 志愿者中包括一位对于环境可持续发展充满热情的自由派民主党人，以及一位想要赋予人民权利，而非依赖于政府支持的自由主义者。随着时间的推移，会员数量不断增长，并且变得更加多元化，每个 Freecycle 社区都提供了一个渠道，让人们可以依据自己的兴趣，调整付出的形式。例如，在纽约，一个本地团体养成了一个习惯，关闭某个城市街区，举行 Freecycle 馈赠活动。

通过培养一种共同的身份认同，并提供独特的自我表达机会，Freecycle 得以组建起一种基于广义互惠的付出系统：你向社区里的其他人提供帮助，你知道社区中的某些人也会为你付出。但是，怀尔的团队发现了一个微妙之处：这样的系统依赖于达到一个“收益交换的关键数量”，这“可以创造出对于群体的积极情绪，这种情绪促使人们继续做出贡献”。换句话说，人们只有在得到了足够的好处，感到全体在帮助他们后，才会对一个广义付出群体产生认同。对于 Freecycle 来说，这不是必然的结果，如果网站中的付出者被搭便车的获取者淹没，整个网站就不可能成功运行。那么，Freecycle 是怎样积累起最初的关键数量的付出，并阻止搭便车行为的？

## 为什么超人会带来负面影响，为什么人们会节约电能

当 Freecycle 刚刚启动时，有一位早期的成员，他是一位 98 岁的老人。他收集了自行车的修理零件，把它们送给当地的孩子们。他是一位“不可思议的榜样”，德隆·比尔回忆说。图森的市民将这位老人认同为本地的居民。当他们看到他付出时，由于他属于他们独特社区的一员，因此他们感到更有义务以他为榜样。纽约大学的心理学家乔纳森·海特（Jonathan Haidt）称之为仰视（elevation），这是我们被他人的付出行为打动时体验到的温暖感受，它“似乎可以触发心灵上的‘重置按钮’，将我们的讥诮感受一扫而空，将它们替换成……一种道德启示感”。当我们仰视时，海特和心理学家萨拉·阿尔戈（Sara Algoe）写道，“我们感觉自己（在此刻）变得更加无私，并且想要有所行动”。

但是，这位老人之所以成为一位令人仰视的模范，不只是因为共同的身份认同。请参考一下心理学家利夫·尼尔森（Leif Nelson）和迈克尔·诺顿（Michael Norton）开展的一项实验，他们将人们随机分组，一组列出一位超级英雄的 10 个特点，另一组则列出超人的 10 个特点。当被邀请登记加入社区服务志愿者队伍时，列出超级英雄特点的那组受试者，答应成为志愿者的可能性要比超人组高一倍。三个月之后，尼尔森和诺顿邀请两组受试者

参加一次会面，启动他们的志愿服务。超级英雄组的受试者出席的可能性是超人组的 4 倍。人们三个月前思考一位超级英雄，支持了他们三个月之后的付出行为。与此相比，思考超人则阻碍了付出。为什么会这样？

当人们思考超级英雄的一般特质时，他们列出了一些令人欣赏的特点，这些特点可以与自己联系到一起。例如，在这项研究中，人们会写出超级英雄会如何帮助他人和承担责任，而他们希望亲自表达出这些付出者的价值观，于是同意参加志愿服务。但是，当人们具体思考超人时，他们想到的就是一系列不可能达成的标准，比如大受欢迎的电视剧《超人的冒险》（*The Adventures of Superman*）中表现的："比高速子弹更快，比火车头更有力，可一跃跳上高楼。"没有人能够达到这样的强壮或勇敢程度，因此为什么要尝试呢？

在 Freecycle，付出者设立了一个看起来可以达到的标准。当成员们看到一位 98 岁的老人为孩子们修理自行车时，他们知道自己也可以做些什么。当成员们看到有人捐出衣服或旧电子产品之类的东西时，他们感觉自己也很容易就能做出相同的行为。Freecycle 上发起的这些微小的付出行为，让其他人更容易也更愿意付出少量的东西。确实，西亚迪尼发现，如果在请求后面加上一句"即使是一分钱也会派上用场"，人们就更愿意为慈善事业捐钱。有趣的是，这句话增加了捐钱的人数，却没有减少他们捐钱的数额。认可微小的贡献，这会吸引获取者加入，让他们更难拒绝。如果拒绝了，他们会感到更尴尬。同时这样做也不会让付出者捐献的数量出现显著下降。

尽管大多数人加入 Freecycle 是为了获得免费的东西，但这并不意味着获取就是他们主要的交互风格。当人们加入一个群体时，他们会寻找线索，找出什么是合适的行为。在 Freecycle，当新成员看到与自己相似的人也做出了低成本的付出行为时，对于他们来说，效仿这些行为是自然而然的事情。通过让付出行为变得可见，Freecycle 让人们更容易看到付出的规范。

这是非常重要的一课，当我们意识到付出行为的可见性可以影响到交互风格时，尤其如此。在生活的许多领域，因为不知道他人的一举一动，人们往往变成了获取者。Freecycle 启动几个月之后，西亚迪尼与一组心理学家一起调查了超过 800 位加利福尼亚人，询问了他们的能源使用情况。他们询问这些加州人下列因素对于他们节约能源的重要性：

省钱

保护环境

有益于社会

许多人都这样做

这些加州人持续地报告说，最重要的因素是“保护环境”。“造福社会”处在第二位，排第三位的是“省钱”，最后一位则是“效仿他人的行为”。西亚迪尼的团队想要弄清楚，人们对于自己动机的判断是否准确，于是设计了一个实验。他们造访了加州圣马科斯将近 400 个家庭，并随机发给他们挂在门上的标语。这些标语可能是下列 4 种中的一种：

节约能源，节省金钱：加州圣马科斯的研究者发现，在夏天使用电扇而非空调制冷，你可以每月节省 54 美元。

节约能源，保护环境：加州圣马科斯的研究者发现，在夏天使用电扇而非空调制冷，你可以每月少排放 262 磅[①]温室气体。

节约能源，造福后代：加州圣马科斯的研究者发现，在夏天使用电扇而非空调制冷，你每月的用电量可以减少 29%。

节约能源，邻里同行：近期在你所在的社区开展的一项调查中，加州圣马科斯的研究者发现，77% 的圣马科斯居民在夏天经常会使用电扇而非空调制冷。

在不知道他们拥有哪种门挂标语的情况下，西亚迪尼的团队对每家进行了入户访谈。当问起这些标语有多大的激励作用时，那些得到了“节约能源，邻里同行”标语的居民报告了最低的动机。他们报告的节约能源意愿，要比拥有“保护环境”标语的居民低 18%，比拥有“造福后代”标语的居民低 13%，比拥有“节省金钱”标语的居民低 6%。

但是，当西亚迪尼的团队检视居民的能源账单，观察人们实际的行为时，他们发现了一些令人惊讶的结果：居民对于自己动机的判断是错误的。在两个月的时间里，那些拥有“邻里同行”标语的居民，实际上节约了最多的能源。平均来讲，“邻里同行”标语让每日的用电量下降了 5%~9%，其他的三种标语都没什么效果。知道别人都在节约能源是一种最好的办法，可以让居民们相

---

① 1 磅 ≈0.454 千克。——编者注

继效仿。

但是，也许这是因为社区中已经在节约电能的居民做出了最显著的回应，弥补了电能获取者的不作为。为了考察分享邻居的节能信息是否会激励那些电力消费较高者的节能行为，西亚迪尼的团队开展了另一项研究，调查了加州地区超过 3 00 户的居民。这一次，他们发给居民的门挂标语上含有反馈信息，表明这些居民过去两周中的电力消费情况与社区中相似家庭的电费比较情况。这些门挂标语表明了这些居民消耗的电力是比邻居少（付出）还是比邻居多（获取）。

在接下来的几个星期中，电力获取者的能源消费出现了显著的下降，平均每天减少了 1.22 千瓦时。了解到自己的获取行为高于社区的平均水平，这激励了他们减少自己的能源消费，努力赶上平均水平。[①] 但是，只有在人们与邻居比较时，这种做法才有效果。正如西亚迪尼的团队解释的：

> 关键的因素在于他人是谁——其他的加州人，同一座城市里的其他人，还是他们自己社区里的人。人们最容易受到相似的他人的影响。与此一致的是，参照群体与居民的联系越紧密、越相似，那么社会规范的影响力也就越强。那些与决策者最相似的人——他们自己所在社区的居民——对于节

① 讽刺的是，这些信息对于那些以付出者的方式节约能源的人，却出现了反面效果。一旦他们知道自己的电能使用量低于平均水平，他们感到自己应该获取更多，于是每日使用量平均提高了 0.89 千瓦时。心理学家通过在这些家庭的反馈信息旁边画上一个笑脸，成功地避免了这种影响。很显然，这样微小的一个社会认可的信号，就足以激励人们继续以付出者的方式行事。

约能源的决策有着最强的影响。

受到这项研究的启发，能源行业服务公司欧宝（Opower）向60万户居民寄去了家庭能源报告，其中随机选择了一半人，让他们看到了自己的能源使用和社区居民的比较情况。再一次地，获取者——那些消耗能源最多的人——在看到自己获取的数量之后，节省了最多的能源。总体来看，仅仅是向人们呈现其与本地标准的比较，就会在能源节约方面带来巨大的改善。这种反馈信息带来的能源节约数量，与电价提高28%的效果相当。

人们经常会做出获取行为，因为他们不知道自己偏离了常规。在这种情况下，向他们展示规范就能激励他们转向付出——尤其是当他们具备互利者的倾向时。Freecycle的部分美妙之处就在于，成员可以持续地了解到规范的内容。某位成员每次主动送出什么东西，其消息是透明的，大家都能看见。其他人可以看到付出行为的频率，于是想要效仿。因为Freecycle的组织是基于本地的社区，所以成员们可以看到社区成员的付出情况，这可以为他们提供反馈信息，让他们了解到自己的付出行为相对于本地常规的情况。无论人们是付出者、获取者还是互利者，他们都不想违反社区成员设立的标准，于是他们会匹配常规的行为。

据雅虎统计，如今只有两个与环境有关的术语搜索量超过了Freecycle：全球变暖和回收。截止到2012年的夏天，Freecycle已经在110个国家和地区拥有了超过900万名会员，每周增加8 000名，许多人仍然怀着获取者的心态加入，希望得到尽可能多的免费东西。但是，从一组本地的居民那里得到好处——这些居民在微小的善行方面树立了榜样——这继续为 Freecycle 的社区建立起了一种共同的身份认同，推动许多成员向付出者的方向倾斜。Freecycle 的成员每天总计会捐出超过 3 万件物品，重量接近 1 000 吨。如果你把去年捐出去的物品叠起来，总高度是珠穆朗玛峰的 14 倍。正如查尔斯·达尔文曾写到的，如果一个部落中有许多人以付出者的方式行事，他们“总是准备好彼此帮助，并愿意为了共同的利益牺牲自己，那么这样的部落就能够战胜其他大多数部落；这就是自然选择的过程”。

了解到 Freecycle 成功的秘密后，我开始好奇，这些原则能不能在我们的日常生活中，在一个与环保无关的组织里发挥作用。应该怎样做才能在一家公司里或一所学校里维持这种付出系统？

## 互惠之环

当我刚刚加入沃顿商学院（世界上历史最悠久的大学商学院）时，我决定在课堂上尝试一个付出实验。我宣布说我们将要进行一项练习，名叫“互惠之环”（reciprocity ring），是由密歇根大学的社会学家韦恩·贝克和他在 Humax 工作的妻子谢丽尔一起开发出来的。每个学生会在课堂上提出一个请求，其余的学生将努力运用他们的知识、资源和人际关系来满足这个请求。这个请求可以是关于他们的职业或者个人生活的任何有意义的事情，比如求职线索或旅行建议。

几分钟之后，我面对着一排学生——一些人持怀疑态度，另一些人则感到焦虑。一位学生说，这项练习不会成功，因为沃顿商学院没有付出者。付出者会去学习医学或是社会工作，不会来学商科。另一个人承认说，他愿意从经验更丰富的同学那里获得建议，来增强自己作为咨询工作候选人的实力，但是他知道，他们是不会帮自己的，因为他们会和他竞争这些职位。

这些学生心怀疑虑，眼睁睁地看着他们的同学开始运用自己的关系网络互相帮助。一位名叫阿里克谢的低年级学生说，他喜欢游乐园，他来到沃顿商学院是希望将来有一天能够管理六旗游乐园[①]。他不知道应该从哪里开始，有没有谁能帮助他进入这个行业？一位名叫安德鲁的同学举起了手，说他与六旗的前任 CEO 保持着微弱关系。安德鲁冒着风险和他联系，几周之后，阿里克谢收到了来自前 CEO 的宝贵建议。一位名叫米歇尔的高年级学生说，她有一位朋友因为健康问题而发育不良，找不到合适的衣服穿。另一位学生杰西卡有一个叔叔从事时尚产业，她向叔叔寻求帮助。三个月之后，一套特制的衣服被送到了米歇尔朋友的家门口。

从通用电气到百时美施贵宝[②]，韦恩·贝克在许多家公司开展了互惠之环练习。很多时候，他会将同一行业内相互竞争公司的领导者和经理召集到一起，邀请他们提出请求并彼此帮助。有一次，一位制药公司的高管准备向一家外部的供应商支付 5 万美元，来合成 PCS 型生物碱的菌株。这位高管询问有没有人能帮他找到更便宜的来源。团体中的一个成员恰好在实验室里有一些空闲的时间，于是免费帮他合成了出来。

互惠之环可以成为一种非常强大的体验。巴德·埃亨（Bud

① 六旗游乐园（Six Flags），全球最大的游乐园连锁品牌。——译者注

② 百时美施贵宝（Bristol-Myers Squibb），美国生物制药公司。——译者注

Ahearn）是美国建筑和工程咨询公司 CH2M HILL 的集团主席，他注意到自己公司里的领导者“都肩负着重担，不仅因为几十万美元的年产值，还因为在改善我们‘整体’生活方面的巨大潜力”。贝克让他们估计一下参加互惠之环的两个半小时可以为他们节省多少金钱和时间。30 位来自建筑和工程咨询公司的人估计，节省的数额超过了 25 万美元，节省的时间为 50 天。15 位来自某家全球性制药公司的工作人员估计，节省的数额超过了 9 万美元，节省的时间为 67 天。

从个人来讲，在组织来自 IBM、花旗集团、雅诗兰黛、UPS（美国联合包裹服务公司）、诺华和波音这类公司的领导者、经理和员工开展互惠之环之后，我被完成的请求震惊了——这些请求包括在谷歌公司获得一份令人艳羡的工作、找到一位导师以及获得一份有童年时代最喜欢的职业橄榄球选手签名的大事记，等等。在此之前，就像我在沃顿商学院的学生一样，许多参加者会提出疑问，认为其他人不会真的给出他们需要的帮助。每一次作为回应，我都会问他们，是不是低估了他们中的付出者。

在研究者弗兰克·弗林和瓦妮莎·伯恩斯（Vanessa Bohns）开展的一项研究中，人们被要求接近纽约市里的陌生人，请求他们填写一份问卷。参加者估计每 4 个人中只有 1 个陌生人会答应。实际上，当他们真的做出请求时，每 2 个人中就有 1 个答应了。另一项在纽约市开展的研究中，当参加者接近陌生人，并向他们借手机时，参加者估计有 30% 的人会答应，结果 48% 的人回应了请求。当人们接近陌生人，说他们迷路了，希望对方把自己带到附近的一个体育馆时，他们预期会有 14% 的人会这样做，但实际上有 43% 的人都这样做了。而当人们需要为慈善事业筹集几千美元的善款时，他们估计自己需要询问 210 个人才能完成筹款目标，平均每个人的捐款不会超过 50 美元，但实际上他们只需要接近一半的人——平均来讲只需要 122 人，并且每个人的捐款超过了 60 美元。

为什么我们会低估愿意付出的人的数量？根据弗林和伯恩斯的研究，当我们试图预测他人的反应时，我们的注意力都放在答应的成本上，却忽视了拒绝的成本。拒绝一个小的帮助请求，会令人不舒服、容易引发愧疚，令人尴尬。此外，心理学研究也指出了另一个因素——影响力同样强大，并且深深根植于美国文化中——会让人们相信周围并没有多少付出者。

工作场所和学校经常被设计成零和的环境，通过强制排名，并要求分数曲线，以此来让团体成员彼此展开输赢的竞争。在这样的环境中，人们很自然地就会假设其他人倾向于当获取者，因此人们会限制自己的付出。这种做法减少了实际上发生的付出行为的数量，使人们低估了对于付出感兴趣的人数。随着时间的推移，因为付出者看上去非常少见，所以那些拥有付出者价值观的人会开始感觉自己是少数群体。

结果就是，即使人们确实做出了付出行为，也会担心自己违反了常规，会遭到社会的孤立，因此他们会将自己的付出行为隐藏在纯粹的自利动机后面。早在 1835 年，从法国去美国访问之后，社会哲学家亚历克西斯·德·托克维尔（Alexis de Tocqueville）写道，美国人“喜欢用自利的原则解释自己生活中的几乎每一个行为”。他看到美国人“彼此帮助”并且“为了所在州的利益，免费地贡献他们的部分时间和财富”，但是“美国人很少愿意承认”这些行为是出于帮助他人的真诚渴望，这个事实令他感到震惊。“我认为由于这种做法，他们没有得到应有的赞赏。”他写道。一个半世纪之后，普林斯顿的社会学家罗伯特·伍斯诺（Robert Wuthnow）访谈了许多从事助人职业的美国人，比如心血管专家和救护人员。当他要求他们解释一下自己为什么会做好事时，他们给出了自利的理由，比如“我喜欢我救助的人”或是“这让我可以走出家门”。他们不想承认自己是真的乐于助人、和善、慷慨、关心他人，或是富有同情心。“我们有一些社会规范，让人不能表现得太慷慨，”伍斯诺写道，“我们会把太过慷慨行事的人称为‘软心肠’‘改良家’。”

在我的经验中，这也发生在许多公司和大学里。许多人持有付出者的价值观，但是基于错误的假设，他们认为身边的人并不具有类似的价值观，所以压抑了这种价值观，或是将其伪装起来。正如心理学家戴维·克雷奇（David Krech）和理查德·克拉奇菲尔德（Richard Crutchfield）许多年前解释的，这创造了一种环境，“没有人相信，但大家认为每个人都相信”。比如 2011 年开展的一项关于哈佛大学新生的调查，他们持续地报告说，同情心在自己的价值观中的排名很靠前，但是在哈佛大学的价值观中几乎处于垫底水平。如果许多人自己信奉付出，却假设其他人没有这种信仰，那么团队或公司的整体规范就会远离付出行为。“理念可能产生非常深远的影响，即使它们是错误的——即使它们不过是意识形态而已。”心理学家巴里·施瓦茨写道，“这些影响之所以会产生，有时是因为人们依据意识形态行事，他们不经意地影响了周围的环境，将现实变得与意识形态一致。”当人们假设其他人都不是付出者时，他们的行为和言谈方式就会让其他人打消付出的念头，从而创造出一种自我实现的预言。

作为付出行为的结构化形式，互惠之环的目标就是打破这种自我实现的预言。第一步就是保证人们确实会寻求帮助。研究显示，在工作中，人与人之间出现的大多数付出行为都来自于直接的帮助请求。在一项研究中，经理描述了他们帮助别人和被别人帮助的经历。在所有发生的付出行为中，有 90% 都始于受助者的帮助请求。在许多时候，我们会感到尴尬：我们不想让自己看起来没有能力，或是需求太多，也不想给别人增添负担。正如一位沃顿商学院的主任解释的，“学生们把它叫作‘比赛脸’（game face）。他们对于要时刻表现出成功印象感到压力重重。他们的盔甲上不能有裂痕，而打开心扉会将他们的弱点暴露出来。”

在互惠之环中，因为每个人都在提出请求，所以没理由尴尬。通过直接而具体的请求，参加者为潜在的付出者提供了清晰的指引，告诉他们如何能够有效地做出贡献。正如在 Freecycle 一样，互惠之环经常始于一个付出者走到台前，成为做出贡献的楷模。但是在每个互惠之环中，都有许多互利者，还有一些人更喜欢做获取者。对于一个广义的付出系统，比如 Freecycle 来说，为了达到足够的效率，这些互利者和获取者也需要做出贡献。否则，付出者就会帮助所有的人，却得不到任何回报，将自己置于精疲力竭或是被利用的风险之中。互利者和获取者会站出来吗？

因为在互惠之环中，人们经常会提出有意义的请求，所以许多互利者会由于共情而被吸引进来。当我听到位高权重的 CEO 为了战胜一种少见的癌症用颤抖的声音寻求建议和人际关系时，整个房间里的共情是显而易见的。“我为自己帮助别人的意愿感到惊讶，”一位金融服务高管透露，“我的工作需要我以任务为重，以金钱为导向。我没有预料到自己会这么关心别人，特别是对一位我从未见过的陌生人。但是，我真的感受到了他的需求，我想要做出任何我能做的事来帮助他实现请求。”

即使当他们没有产生共情的时候，互利者依然会做出很多贡献。在互惠之环中，很难完全以互利者的方式行事，因为你帮助的人和能够满足你请求的人，不太可能是同一个人。因此，对于互利者来说，最容易的办法就是，尽量让自己做出的贡献数量与其他人持平。互惠之环创造了一个迷你版本的熊猫亚当·里夫金的人际关系网络，鼓励参加者对团体内的任何人提供 5 分钟的帮助。为了确保每个请求都会被满足，参加者需要做出多次贡献，即使是为了那些没有直接帮助过他们的人。通过付出比自己获取的更多的东西，参加者让每个人的请求被满足的可能性更大，就像熊猫亚当在他的人际网络里建立的“用传递来回报”的规范一样。

但是获取者又会怎样呢？许多人担心获取者会利用机会获得帮助，却不做出贡献来回报。为了检验这种风险，韦恩·贝克和我调查了超过 100 人，测验了他们的付出者和获取者价值观。接下来，他们参加了互惠之环，我们统计了他们做出贡献的次数。与预期一致，付出者做出的贡献明显多于获取者。每个付出者平均做出了 4 次贡献。

但是，令人惊讶的是，获取者也非常慷慨，每人贡献了 3 次。尽管他们对于权力和成就的看重程度远远大于帮助他人，但他们的付出是得到的 3 倍。互惠之环创造了一种情境，鼓励获取者像付出者一样行事，而这里的关键就在于付出行为的公开性。获取者知道，在公开的环境中，他们会因为慷慨地分享自己的知识、资源和人际关系，来获得名声上的好处。如果他们不做出贡献，就会显得吝啬而自私，而他们自己的请求也不会得到太多帮助。“利他经常被视为‘善良的’，贪婪或自私则不是，”杜克大学的行为经济学家丹·艾瑞里（Dan Ariely）与两位同事写道，“因此付出就是一种信号，向别人表明自己是善良的。”

研究显示，付出者无论是在公开场合还是私下的场合，都会做出贡献，获取者则更有可能在公开场合做出贡献。在一项关于头脑风暴的研究中，如果别人可以看到自己的结果，获取者在头脑风暴中会贡献出许多想法。但是，当他们的结果被隐藏起来时，获取者就贡献了较少的价值。其他研究表明，获取者的环保行为就是一场作秀。当做出秘密的决策时，与绿色产品相比，他们更偏好奢侈品；但是当做出公开的决策时，他们就会选择绿色产品，希望通过保护环境来赢得地位。我在沃顿商学院的学生中也看到了相似的趋势。每周的课堂上，我都会让几个学生提出请求，并邀请全班同学来做出贡献。在 11 月的一个早晨，5 位学生提出了请求。我震惊地看到，一位将自己描述为获取者的学生帮助了其中的 4 位。一旦他在同伴中的声望取决于付出行为，他就会做出贡献。通过让贡献变得可见，互惠之环创造了一个机会，让任何交互风格的人都可以利他且自利地行事：他们可以一边做好事，一边展现自己善良的一面。

## 认同转移和交互反转

这引出了一个根本的问题：像 Freecycle 或是互惠之环这样的广义付出系统，究竟是激励了获取者成为更好的伪装者，还是真的将他们变成了付出者？在某种意义上，我认为动机并不重要，重要的是行为本身。如果获取者的行为让他人受益，那么即使动机主要是自私的而非无私或利他且自利的，他们也在做出贡献，将广义的付出看作是一种交易形式。

不过，如果我们完全忽略了动机，那么就可能承担风险，获取者可能一旦走出了聚光灯，就会减少自己的付出行为。在一项中国研究者开展的研究中，超过 300 名银行柜台出纳正在接受晋升的考核。经理评定了每位柜台出纳做出付出行为的频率，比如帮助工作负担重的同事、自愿完成不属于本职工作要求的任务。基于付出行为，经理提拔了 70 名柜台出纳。

在接下来的三个月里，经理对所提拔的柜台出纳中超过一半的人员感到后悔。在 70 位晋升的柜台出纳中，有 33 位是真诚的付出者：他们在晋升后维持了他们的付出行为。另外 37 位柜台出纳的付出行为出现了急速的衰退，他们是伪装者：在晋升前三个月，他们知道自己正在被评估，所以会努力帮助别人，但是在获得晋升之后，他们的付出行为平均减少了 23%。

怎样才能将人们推向付出者的方向？哈佛大学的教务长托马斯·丁曼（Thomas Dingman）发现哈佛大学的学生看重同情心，但是认为其他人不这样想。他决定采取一些措施来解决这个问题。在学校创建 400 年来，哈佛大学的新生首次受到邀请，在一个服务社会的誓词上签字。誓词总结说：“从我们进入哈佛大学开始，我们承诺坚持学院的价值观，让这里成为所有人都能繁荣发展的场所，让善意的行为与智力的成就享有同等的地位。”

丁曼信奉公开承诺的力量，他决定除了邀请学生在誓词上签名之外，再向前推进一步。为了鼓励学生坚持下去，他们的签名被挂到了校园宿舍的走廊上。很快就出现了反对的声音，尤其是哈里·刘易斯（Harry Lewis），他是一位计算机科学教授和哈佛大学的前任教务长。“善意的呼吁是完全合适的，我承认，在这个社区中，个人的善意行为非常稀缺。”刘易斯在自己的博客上回应道，“但是对于哈佛来说，‘邀请’人们宣誓做出善举，这不是一种明智之举，并且开创了一个可怕的先例。”

刘易斯是对的吗？

在纽约大学的心理学家皮特·格尔维茨（Peter Gollwitzer）开展的一系列实验中，人们公开表达了自己的意愿，希望做出一种与身份认同相关的行为，但实际上人们做出这种行为的可能性要明显低于那些意图没有公开的人。当人们将他们的身份认同计划公之于众时，他们不用实际做出这些行为，就可以占有这种身份。通过签署善举誓词，哈佛大学的学生可以建立起付出者的形象，而不需要真真切切地以付出者的方式行事。

丁曼很快就放弃了公开张贴签名的念头。但是即使这样，有研究证据显示，私下签署善举誓词也可能会产生负面的效果。在一项实验中，西北大学的心理学家随机分配受试者，让他们写下关于自己的描述话语，可以使用付出者的词汇，比如关心、慷慨、和善，或是使用中性的词汇，比如书籍、钥匙、房子。在受试者填写完另外一份问卷之后，研究者问他们是否想要向他们选择的慈善组织捐款时，那些用中性词语描述自己的受试者，与那些将自己描述为付出者的受试者相比，捐钱的数量平均多了2.5倍。“我是一个愿意付出的人，”他们告诉自己，“因此我这次不需要捐钱。”善举誓词对于哈佛大学的学生来说，也可能产生类似的效果。当他们在誓词上签字时，就获得了自己作为付出者的凭证，这给了他们一种心理上的许可，认为自己可以少付出、多获取。

当我们试图影响他人时，我们经常会采取一种与哈佛誓词类似的做法。我们开始改变他们的态度，希望他们的行为也会朝相同的方向改变。如果我们让人们签署了一项声明，让他们以付出者的方式行事，他们就会相信付出行为是重要的，于是他们就会付出了。但是，大量心理学研究表明，这种推理的逻辑弄反了。实际上，相反方向的影响力要大得多。首先改变人们的行为，然后他们的态度经常会跟着发生改变。为了将获取者变为付出者，我们经常需要说服他们开始付出。随着时间的推移，如果条件适宜，他们会将自己也视为付出者。

这种变化没有出现在中国的那些银行柜台出纳身上。即使花了三个月的时间帮助同事，一旦他们获得了晋升，就会停止付出。在过去的35年中，巴特森和同事开展的一项研究显示，当人们付出时，如果他们受到外部因素的影响，比如晋升，那么他们就不会将自己视为付出者。但是，如果人们反复地做出个人选择，帮助他人，他们就会开始将付出行为内化为自我认同的一部分。对于一些人来说，这种变化产生于一种积极的认知失调过程：一旦我自愿做出了付出的决定，我就没法改变这个行为，因此为了保持一致和避免伪善，最简便的办法就是认为自己是一个付出者。对于其他人来说，这种内化过程是从观察他们自己的行为中学到的。借用作家 E.M. 福斯特（E. M. Forster）的一句话："除非我看到自己的所作所为，否则我怎么能知道自己是个什么样的人？"

关于志愿行为的研究支持了这种观点，研究表明，即使人们一开始加入一个志愿者组织是为了推进自己的事业，但是服务的时间越长，付出的时间越多，他们也就越容易将志愿者的角色视为自我认同的重要方面。一旦产生了这种变化，他们就开始从自己帮助的人身上体验到一种共同的身份认同，在这个角色里他们变成了付出者。在公司里，研究人员也发现了一种类似的过程。当人们自愿做出决定，在工作职责的范围之外帮助同事和客户，他们就开始将自己视为组织公民。①

Freecycle 和互惠之环背后的一部分智慧在于，这两种广义付出系统都在保留自由选择感的同时鼓励人们采取付出行动。尽管存在着强大的付出规范，但每位参与者完全可以自行决定付出的内容，以及帮助的对象。当我在沃顿商学院的课堂上进行互惠之

① 有趣的是，尽管任何交互风格的人都可以内化一种付出者的身份认同，在付出者和获取者之间依然存在着一种差别。在关于一家《财富》杂志 500 强企业的研究中，我与同事简·达顿（Jane Dutton）和布伦特·罗素（Brent Rosso）发现，当人们帮助同事时，他们更容易将自己视为乐于助人的、慷慨的、关心他人的人。这正是出现在真正的付出者身上的模式，一般来说，反复的自愿助人行为，有助于建立起一种付出者身份认同。但是，对于获取者来说，这样建立起的付出者身份认同，可能没法迁移到其他的角色或组织中。他们可能会在 Freecycle 上成为一名付出者，但是当他们加入另一个组织时，就会重拾获取行为，直到他内化了组织的身份认同。正如我们之前看到的，一个组织越能提供一种最优独特性的感觉，成员就能越快地对它形成认同。

环活动时，随着不同的学生选择自己的付出方式和帮助对象，一种独特的共同认同建立了起来。“这是沃顿商学院里一个独特的团体，大家彼此关心。”一位学生说。尽管学生们在竞争管理咨询和投行中的相同岗位，但是他们会彼此帮忙准备面试，分享经验并提供建议。在课程结束之后，一组学生主动建立了一个校友通讯录，这样他们就可以继续相互帮助。据一位学生说，“因为我们共同的社区强调了付出和助人的益处，当我从其他校友团体里随机找一个人，向他寻求帮助时（可能确实可以接收到），我也会感到更加自在，也更有可能这样做。”

在学期结束时，那位心存疑虑的学生悄悄地找到我。最初他怀疑沃顿商学院是否存在一名付出者。“不知怎么回事，”他说，“班里的每个人都发自内心地愿意付出，在课堂之外也是如此。”

# 第九章　走出阴影

## 有一批数量令人惊讶的付出者处于顶端的位置

有些人，如果帮了别人一个忙，就总是寻找获得回报的机会。有些人不会这样，但是他们仍然会惦记着它——将它视为一笔债款。还有一些人不会这样做，他们就像一颗葡萄树，结出葡萄，却不求任何回报……在帮助了别人之后……他们只是转头去做别的事情……我们都应该这样。

——马克·奥勒留，罗马皇帝

数年之前，一位体格健硕的人物在世界体育史上留下了自己的印记。德里克·索伦森（Derek Sorenson）身高约183厘米，体重200磅，他是一位强硬的、咄咄逼人的竞争者，让对手心惊胆战。他带领着他的美国大学体育总会联队打进了全国锦标赛，后来成为一位职业选手。当他的事业因为伤病终止之后，他效力于这个项目最棒的职业队伍，成为一名合同谈判者。他会与运动员和经纪人斗智斗勇，希望打造一支世界级的队伍。

为了磨炼自己的谈判技巧，德里克在一家顶尖的商学院选修了一门谈判课程。在每堂课上，他都有机会练习谈判，扮演不同的角色，从试图买下一间工厂的制药公司高管，到与木匠展开激烈争论的公寓开发商。在早期的一次谈判中，德里克买下了一处地产作为不动产投资，在此过程中展现了顶尖的获取者风范，说服了卖方经纪人以很低的价格出售，这直接损害了其客户的利益。

在一个冰冷的冬日夜晚，德里克扮演了一位渔民，与其他三位渔民展开了商业竞争。由于过度捕鱼，资源变得稀缺，于是他们坐下来讨论如何解决眼前的困境。一位谈判者建议说，他们应该将总的鱼量平均分成 4 等份。另一个人提出了不同的方案，基于公平而非平等原则进行匹配：因为其中一些人捕鱼的规模超过了其他人，他们应该将自己的捕鱼量减少一半。大家都同意，这是一个公平的解决方案，于是休会了。现在，每个谈判者都要做出一个个人决策，决定是否遵守协议，并商定捕鱼的数量。

两位谈判者遵守协议，将捕鱼量减少了 50%。第三位以付出者的方式行事，将捕鱼量减少了 65%。整个团体都准备保存鱼类资源，但是德里克选择不去减少自己的捕鱼量。他尽可能多地获取，实际上提高了自己的捕鱼总量，伤害了另外三个人。在团体会谈之前，德里克在 4 个人中收益最低。在会谈之后，他得到了远远超过自己的份额，其利润比付出者高出了 70%，比另两个人高出了 31%。当其他人找他对质时，德里克回应说："我想要赢得谈判，摧毁我的竞争对手。"

仅仅几个月之后，德里克的事业开始腾飞。他受雇于一支职业运动队，成为一名所向披靡的谈判员，组建起了一支队伍，这支队伍后来赢得了世界冠军，而他在这其中发挥了关键性的作用。德里克在非常短的时间内得到了升迁，被认为是他所在的运动项目中最有权威的 100 个人之一——尽管他当时只有 30 多岁。

完成了职业谈判师的工作后，德里克的任务变成管理预算、鉴别顶级天才、与经纪人商谈合同、签约新的运动员，并留下现有的运动员。因为资源紧张，像一个获取者一样讨价还价会为他带来优势。德里克开始寻找被忽略的天才，他在一个小联盟发现了一块璞玉。他与这名运动员的经纪人坐到一起，开始商谈合同。一如既往地，德里克虚报了一个非常低的价格。经纪人感到很沮丧，几名类似的运动员都拿到了更高的薪水。经纪人指责德里克欺负他，要求更高的价格，但德里克忽视了这种要求，不为所动。最终，经纪人屈服了，同意了德里克的条款。对于德里克来说，这是一场胜利，为他的运动队节省了几千美元。

但是当德里克晚上回到家时，他感到心神不宁。“通过谈话我可以感觉到，他非常失望。他几次提到了其他类似的运动员，但是在谈判白热化的时候，我可能没有注意聆听。他是带着非常不好的印象离开的。”德里克决定，他想愉快地结束与这位经纪人的交易。于是，他撕毁了协议，接受了经纪人最初的报价，为这名运动员向他多支付了几千美元。

这是一个明智的决定吗？德里克花的是运动队的钱，还可能为之后的谈判开创了一个先例。而且，交易本来已经结束了，经纪人已经同意了他虚报的低价，德里克达成了他的目标。回头反悔看起来不像是一个聪明的举动。

实际上，这个决定比乍看上去要聪明得多。当范德堡大学的研究者布鲁斯·巴里和雷·弗里德曼研究谈判时，他们认为，犀利的谈判者会得到更好的结果，因为他们可以搜集和分析更多的信息，同时关注多个议题，并且可以提出隐蔽的解决方案。在一项研究中，巴里和弗里德曼收集了将近100名MBA学生的智力数据，使用的是一项在商学院广泛使用的严谨测验，测量了学生的数理、语言和分析能力。受试者组成小组开展谈判，或者扮演一个新商场的开发商，或者扮演即将进驻商场的商店代表。谈判结束之后，他们提交了最终的结果，然后两位专家评定了这笔交易对于每一方的价值大小。

正如预期的，当双方都非常聪明时，共同的收益最高。巴里和弗里德曼切分每一方的收益，期望发现更聪明的谈判者会为自己赢得更好的结果。但是他们没有为自己赢得更好的结果，而是为他们的对手赢得了更好的结果。

“更聪明的谈判者似乎能够理解对手的利益所在，因此可以给他们提供更好的议案，自己也不用付出任何代价。”巴里和弗里德曼写道。你越聪明，就越会帮助你的对手取得成功。德里克向小联盟运动员的经纪人支付更多的钱，就是在做这样的事。他是在用一种利他且自利的方式付出，对于自己来说成本很低，对于经纪人和运动员来说却收益颇丰。几千美元对于他的运动队来说只是小菜一碟，但是对于运动员来说非常重要。

是什么让德里克转向了付出者的方向？与经纪人谈判之前不久，德里克有机会了解到了一些事情，这给他带来了深深的困扰：他的名声。在谈判课结束后，每个人都提交了谈判奖项的投票。

德里克在最佳合作奖、最佳创意奖和最佳道德奖上的得票都是零。实际上，他只在一个奖项上得到了选票。在这个奖项上他得到了大多数的选票，他以压倒性的优势赢得了“最冷酷无情奖”。

但是，德里克在这一周还取得了一些更值得纪念的成就。他成为这家商学院历史上第一位在没有学过的课程中赢得“最冷酷无情奖”的学生。在他选这门课的时候，还在学另一门谈判课。另一个班的学生中，没有人曾和他面对面地坐在谈判桌前。一些人根本没见过他，但是他的名声传播得如此之快，他们还是授予他“最冷酷无情奖”。

德里克的谈判方式是每个获取者都会采取的做法。作为一名职业运动员，他学到了，如果自己不尽可能多地占取价值，就有可能成为垫脚石。“团队与队员是对立的。团队总是想要从我的口袋里把钱拿走，所以我将谈判视为一个战斗的过程，会产生一个赢家和一个输家，”德里克说，“我必须努力争取更多的利益。”在被他的同学——以及一群陌生人——授予“最冷酷无情奖”之后，德里克开始反思自己在谈判桌前的交互风格。“虽然我通过获取行为，在短期内得到了收益，从长远来看却付出了代价。我与同事的人际关系被毁掉了，这损害了我的名声。”他说。在与经纪人谈判时，他撕毁了合同，给了对方更多的钱。“这种做法建立了良好的印象。那名经纪人非常感激，”德里克回忆说，“当运动员成为自由球员时，这个经纪人会打电话告诉我。现在回头看看，我真的很高兴自己这样做了。这确实改善了我们的关系，帮助了我的组织。也许最冷酷无情的人正在变得成熟。”

实际上，我认为德里克的转变并不应该被描述为成熟。成熟暗示着一种成长和发展的过程，但是从某种意义上讲，德里克实际上从谈判桌前后退了一步，更多地表达出了自己在其他领域多年持有的核心价值观。在他开始用获取者的方式谈判之前很久的一段时间，他的同伴将他视为一个慷慨的、乐于助人的人，任何人请求帮助，他都会贡献出自己的时间。他花了无数个小时，为有意投身体育管理事业的同事提供建议，并指导那些愿意追随他脚步的年轻运动员。在成长的过程中，他几乎在自己所在的每一支队伍里都被选为队长，从小学到高中，一直到大学都是如此。他甚至还是一名新人时就成为自己的第一支职业运动队的队长——他致力于将团队的利益置于自己之上，即使年龄比他大一轮的队员，在这一点上也尊重他。

在谈判桌前，德里克的转变并不是因为获得了一组新的价值观，这是因为他建立起了自信和勇气，将一组旧的价值观在一个新的领域里表达了出来。我相信，这一点对于大多数在职业领域以互利者的方式行事的人来说都是适用的。而我的希望是，其他像德里克这样的人不要等得到一个“最冷酷无情奖”之后，才开始在工作中想办法，为了他人的利益而行事。对于那段时期的德里克来说，标志性的付出行为，就是帮助对手的队伍收集关于运动员的信息。即使他们是在一个零和的运动项目里相互竞争，他依然会与敌对的队伍分享知识，帮助那些曾经在自己的队伍里待过的运动员做出更好的决策。“在场上，我希望击败对面的队伍。但是在场下，我总是试图帮助他们。”

在今天，德里克将他建立起一支冠军队的成就归功于他从获取向付出的转变。但是，他仍然担心，如果圈外的其他人发现了他的转变又会发生什么事情。事实上，德里克是一个假名。在分享他的故事之前，他要求我隐藏他的身份。“我不想让别人知道，我曾经付给一个运动员的钱超过了我需要给的数目。”他说。

这种恐惧普遍存在于很多成功的付出者身上，但这并不是无法逾越的。试想一下夏立安·普莱斯，第一章里介绍过的那位金融服务公司高管。她隐瞒了她最大的优势：和善和同情心。当初我邀请她讲述自己的故事时，像德里克一样，她只同意在匿名的情况下接受采访。6个月后，她改变了主意。“我发起了一项地下运功，让付出者们表露自己的身份，”她说，“做一名付出者，为我带来了个人和职业的成功。能够谈论这一点让我感到被解放了。我不再害怕了。”

是什么改变了她的主意？当夏立安首次意识到自己的付出者特质时，她把注意力放在了风险上：人们期望她是强硬的和结果导向的，付出可能会被视为一种软弱的信号。但是，当她开始更仔细地观察自己的公司时，她震惊地意识到，她崇敬的职业模范都是付出者。突然间，她的参照标准变了，她不再从底端看付出者，而是认识到，有一批数量令人惊讶的付出者处于顶端的位置。当我们远远地观看成功人士时，这并不是我们经常能注意到的。大体来说，因为倾向于发表强势的讲话，并抢占功劳，成功的获取者经常会占据聚光灯的中心位置。但是，如果你开始在自己的工作场所留意交互风格，我预测你会发现有许多付出者取得了你渴望的成功。

就个人来讲，我欣赏的大多数成功者都是付出者，而我也感到自己有责任努力将我从他们身上学到的东西继续传播下去。当我刚到沃顿商学院的时候，我的职责是指导一些世界上最优秀的、有善于分析头脑的人士，让他们成为更好的领袖、管理者和谈判者。我决定向他们介绍交互风格，提出在本书第一章中提过的一个问题：你们认为谁会落在成功阶梯的末端?

回答几乎是一致的：付出者。当我问谁会升到顶端时，一半的学生认为是互利者，另一半认为是获取者。因此，我决定传授一些在他们眼中离经叛道的东西。“你们可能低估了付出者的成功。”我告诉他们。确实有一些人持续地帮助他人，不期望任何回报，最后落到了底端。但是同样是这种付出的取向，经过一点儿调整，也可以让人们上升到顶端。“集中注意力和能量，为别人的生活带来改变，成功就会作为一种副产品伴随而来。”我知道，我在打一场硬仗，因此我决定证明他们是错的。

这本书就是证据。

尽管我们中的许多人持有强烈的付出者价值观，但我们经常不愿意在工作中把它们表达出来。但是随着团队合作、服务性工作和社交媒体的增加，新的机会源源不断，这让付出者可以建立起人际关系和名声，从而加速和放大他们的成功。我们已经介绍了各种研究证据，表明付出者可以令人惊讶地在工程、医学以及销售等多种行业中取得成功。还记不记得那位来自澳大利亚，浪费了几个小时的时间开车去帮助一位穷困的废金属工人管理钱财的财务顾问皮特·奥代特？实际上这位客户非常富有，拥有一家废金属公司，为皮特的公司带来了大量的收入——但故事并没有到此结束。

皮特了解到，这位废金属经营者忙于管理公司，没时间去度假，所以想要帮助他。几个月之后，另一位客户告诉他，她不满意自己在一家汽车商店的经理工作。皮特向废金属经营者推荐了她，他需要她的技能，而实际上她住的地方离废金属回收站只有 5 分钟的路程。她开始在那里工作。三周以后，客户时隔多年终于有机会带着他的妻子去度假。“这两个客户都非常高兴，感谢我顾及了他们生活的全部，而不仅仅是他们的投资，”皮特说，“我提供的帮助越多，我就变得越成功。但是我衡量成功的方式是，它为我周围的人带来了什么。这是一种真正的赞美。”

在付出者的眼中，成功的定义本身就有所不同。获取者认为超越别人就是取得成功，互利者认为成功就是达到个人成就的平衡，付出者则会采取皮特的做法，认为能够对他人产生影响的个人成就就是成功。如果认真采取这种成功的定义方式，我们就需要彻底地改变组织雇用、评估、奖励和提升员工的方式。这意味着我们不仅要将注意力放在个人的生产力上，还要关注其生产力引起的涟漪效应。如果我们拓宽自己对于成功的理解，在个人成就之外加上对于他人的贡献，那么人们就可能受到鼓励，将他们在职业中的互动风格转向付出。如果成功要求我们为他人谋求利益，那么获取者和互利者就有可能更愿意采取利他且自利的方式，同时推进自己和集体的利益。

这本书里介绍的每一位付出者的成功故事都体现出，个人和集体的成功是息息相关的。

作为一位创业者，亚当 · 里夫金通过帮助他遇到的人，建立起包含了有影响力的人物关系网络，创建了成功的公司，并在这个过程中让几千名同事找到了工作、培养了技能、开展了非常有成效的业务。作为一名风投资本家，戴维·霍尼克在有利可图的公司身上投资，通过帮助有抱负的创业者创建更好的推介方案，为他们的创业筹集资金，强化了自己的名声。作为一位喜剧编剧，乔治·迈耶赢得了艾美奖，获得了好莱坞最有趣编剧的名声，同时也提升了在《军人》和《辛普森一家》中与他合作的同事的效率，为他们打通了道路。

在课堂里，C.J. 斯肯德赢得了几十个教学奖项，同时激励了新一代的学生，发现了他们的潜力，并激励他们实现这种潜力，而康利·卡拉汉则维持了她的能量，并创建了一个非营利性的组织，帮助出身贫寒的孩子们为读大学做好准备，并因此在一次全国性的教学奖项评选中获得了提名。在健康护理领域，基尔代尔·埃斯科托和南希·菲尔普斯通过努力帮助患者，在公司的销售业绩中名列前茅。在咨询领域，贾森·盖勒和莉莉安·鲍尔通过在教导和培养他人方面的贡献，不仅提早成为合伙人，还进一步丰富了年轻同事的知识。在政治领域，亚伯拉罕·林肯通过帮助对手赢得了垂涎已久的政治位置，成功当选了总统，并作为世界历史上最伟大的领导者之一留下了一笔丰富的遗产。

这就是成功的付出者最令我感到神秘的一点：他们攀升到了顶端，但是在此过程中并没有将别人打倒，而是找到了将蛋糕做大的办法，让自己和周围的人都能从中获益。在一群获取者中，成功是一个零和游戏，但是在一群付出者中，整体可能要大于部分之和。

怀着这种认识，我看到许多人成为更有策略的互利者，帮助他人，并希望以此来建立起必需的人际关系和声望，以推进他们的成功。人们究竟能否以获取作为主要动机，通过付出手段取得成功？在本书的开始我曾提到，从长远来看，答案可能是否定的。

在付出和聪明的匹配之间存在着一条微妙的界线，而我们定义互动风格的方式，究竟是通过行为本身、行为背后的动机，还是二者兼而有之，这种选择会让这条界线变得模糊。这是一个深刻的哲学问题，对于究竟应该如何评价策略性的互利者，我们可以很容易地看到许多不同的观点。一方面，即使他们心怀多种动机，助人行为本身通常会为别人增添价值，增加社会系统中付出的总量。另一方面，正如我们在肯尼思·莱身上看到的，行为会泄露动机。如果付出行为的接受者和见证者开始质疑背后的动机是不是自私的，那么他们就更不可能用感激或是仰视的方式做出回应。当策略性的互利者主要是出于个人获利的目的，而不是出于帮助他人的意愿时，他们可能会搬起石头砸自己的脚。其他的互利者可能会不愿意帮忙，散播负面的声望信息，或是找到其他的方式来惩罚获取者。

为了避免这些后果，潜在的互利者最好使用让自己感到愉悦的方式，向那些认为福祉对自己来说很重要的人付出。通过这种方式，即使互利者没有得到直接的或是因果的回报，仍然可以以付出者的心态行事，让他们的动机看起来——并且实际上变得——更加纯粹。最终，通过反复选择为了他人的利益行事，策略性的互利者可能会发现，自己培养起了付出者的身份认同，在交互风格方面渐渐倾向于付出者的一端。

我们大部分的时间都花在了工作上。这意味着，我们在工作中做的事情，会塑造自己的部分形象。如果我们只在个人生活中采取付出者的价值观，那么会在职业生活中损失什么东西呢？即使是轻微地向付出者的方向倾斜，我们可能就会发现，自己在工作中可以取得更大的成功、更重大的意义，以及更持久的影响力。

## 采取行动，产生影响

如果你有兴趣将本书介绍的原理应用到你的工作或生活中，我整理了一套你可以采用的实践方法。这里的许多方法，都是基于成功的付出者策略和习惯，在每个例子中，我会提供一些资源和工具，用来评估、组织或拓展付出行为。一些步骤强调在日常行为中融入更多的付出行为；其他则强调了一些方法，让你能够精细地调整自己的付出行为，发现其他付出者，或是让他人做出付出行为。

### 1. 测试你的付出指数

我们的生活经常缺乏反馈，不知道自己的行为如何影响到了别人。为了帮助你记录影响力，评估你的自我觉知，我设计了一系列免费的在线工具。请访问 www.giveandtake.com，接受免费的测验，测量你的付出指数。除了自己填写问卷，你也可以邀请人际网络中的其他人来评估你的交互风格，这样你就可以获得数据，表明你在他人眼中的付出者、获取者和互利者的倾向。

### 2. 开启互惠之环

如果在你的组织中，人们每周可以花 20 分钟的时间，在团体中提出请求并互相帮助，你们会取得怎样的成就——可以建立起怎样的付出规范？关于如何在你的组织中开启互惠之环，请访问谢丽尔和韦恩·贝克的公司 Humax（www.humaxnetworks.com），他们为个人和组织提供了一套社交网络工具。他们编制了用于开启面对面互惠之环的材料，以及在网上开展 Ripplleffect 的工具。人们通常会聚集成 15~30 人的小组。每个人向组员们提出一个请求，组员们负责做出贡献。他们使用自己的知识、资源和人际关系，帮助满足这个请求。另一个创业公司 Favo.rs（http://favo.rs）建立了一个在线市场，人们可以提出请求或满足别人的请求。

**3. 帮助其他人打造他们的工作——或是打造你自己的工作——纳入更多的付出**

人们经常会从事与自己的兴趣和技能不相符的工作。一种强大的付出方式，是帮助别人致力于更加有趣、更有意义或是更有教益的任务。2011 年，一家大型跨国零售商有一位名叫杰的副总裁，他给每位员工发邮件，告诉他们即将宣布一项顶级机密，将通过一对一的面谈透露必要的细节。当员工分别来参加会面时，杰将机密的项目公之于众。他问他们喜欢做什么别人也会感兴趣的事情。他询问了他们的爱好和个人兴趣，以及在公司里他们更愿意花时间做什么事情。接下来，他派他们进入公司完成任务，有三个规则：①这件事情必须至少让另外一个人感兴趣，②成本很低或为零，③由他们自己来发起。

在一整年的时间里，杰不断跟踪秘密任务的进展情况。大约有 2/3 的员工至少投入了一些努力，试图让他们的愿景变为现实，而大约有一半员工成功地启动了它们。杰最喜欢的一个任务是为公司建立了一个读书俱乐部，员工们在那里阅读书籍，并讨论与个人兴趣和工作相关的话题。“在我询问那个问题之前，所有这些事情是完全被允许的，”杰思考过后说，“但是出于某种原因，在我问出那个问题之后，我相当于给了人们一种许可，让他们可以用一种前所未有的方式追求个人的兴趣。这埋下了种子，其中有一部分发展成了真正的行动。”这些种子让他的许多员工从中收益，对杰自己来说也是如此。2012 年，他被选为公司一个主要部门的人力资源副总裁，管理超过 45 000 名员工。

在这项秘密任务中，杰鼓励他的员工打造工作，这是耶鲁大学的管理学教授阿米·沃森纽斯基（Amy Wrzesniewski）和密歇根大学的管理学教授简·达顿提出的一个概念。打造工作就是为工作添加创新元素，创造性地加入和调整任务与职责，以此来匹配个人的兴趣和价值观。一种普遍的担心是，人们打造工作的方式，可能不利于为组织做出贡献。为了解决这个问题，阿米、贾斯丁·伯格（Justin Berg）和我一起，与珍妮弗·科科斯基（Jennifer Kurkoski）以及布赖恩·怀尔（Brian Welle）合作。他们在谷歌公司管理一家人力和创新实验室。在一项横跨了美国和欧洲的研究中，我们随机指派了在销售、金融、操作、会计、市场和人力资源部门工作的员工，参加一个关于打造工作的工作坊。员工们创建了一个计划，表明他们希望如何调整自己的任务，将自己的工作打造成一个更加理想，但仍然贴近现实的版本，与他们的兴趣和价值观相符合。

6 周之后，根据他们的经理和同事的评定，他们明显更加开心，同时也更有效率。许多谷歌公司的员工找到了办法，把更多的时间花在他们感兴趣或觉得有意义的任务上；一些人将不愉快的任务委托出去；其他人则调整了自己的工作，将自己想培养的新知识和技能纳入其中。总体来说，谷歌公司的员工发现，他们的工作变得更愉快，也更有动力取得更好的表现，而且在一些例子中，这些效果持续了 6 个月之久。工作打造对于各种交互风格都有效。付出者、获取者和互利者都变得更有效率。付出者将工作打造视作一个机会，借此拓展他们的影响力，这样他们就可以想出新的办法，为他人和公司创造价值，比如教导年轻的同事，为客户创造更好的产品，或改善对于新员工的培训。互利者很高兴能有机会追求有意义和有趣的工作，并用更努力的工作来回报。即使是获取者也认识到，为了推进自己的事业，他们需要打造自己的工作，让公司和自己都能从中受益。

为了帮助人们打造他们的工作，贾斯丁、阿米和简开发了一套工具，叫作工作打造练习。这是我们在谷歌公司工作坊使用的工具，首先建立一个“打造前草稿”，描述目前自己是如何分配时间和精力的，然后建立一个“打造后图表”，说明希望如何调整自己的工作。相关的小册子可以在网上（www.jobcrafting.org）订购。在团队中或是独自完成这项活动，可以帮助朋友和同事对他们的工作做出有意义的调整。

**4. 建立一个传播爱的机器**

在许多组织中，付出者没有得到认可，领导者和管理者很少能看到这些付出，为了克服这个问题，许多组织正在引入同辈认可项目来奖励人们的付出。美世咨询的一项研究发现，在 2001 年，大约 25% 的大公司设立了同辈认可项目，而到了 2006 年，这个数字增长到了 35%——包括谷歌公司、西南航空和在线服装销售网站 Zappos 这样的著名公司。

林登实验室（Linden Lab）是虚拟世界《第二生命》[①] 幕后的公司，他们开发了一套吸引人的方法，名叫“传播爱的机器”。在一个高科技企业中，许多员工会保护自己的个人时间，紧紧地守护信息，而不是与同事分享自己的时间和知识。传播爱的机器旨在克服这种倾向，鼓励员工向同事寻求帮助，发出一条爱的信息。别人也可以看到这些爱的信息，因此可以将付出行为和地位以及声望联系起来，奖励和认可这些行为。一位内部人士认为这种做法可以“让科技狂人们展开竞争，看看谁提供的帮助最多”。“爱可以帮助人们意识到是谁完成了任务，这些人有时会被忽视。例如，我们的支持团队经常会收到最多的爱，”林登的前任经理克里斯·克罗西（Chris Colosi）说，“一旦你将一定比例的获取者纳入你的系统中，你就需要考虑一下，一种奖励机制会带来什么样的效果，但是我喜欢这个想法，让某人因为完成职责之外的任务而得到爱。”

要想在你的组织中试一试传播爱的机器，你可以查找一个名叫 SendLove 的电子工具。你可以从 LoveMachine（www.lovemachineinc.com）公司得到它，这是一家新的创业公司，它首先要求你选择一段认可的时期。团队成员可以彼此发送短消息来认可付出行为，这些信息全都是公开可见的。

### 5. 5 分钟帮忙

如果你参加了“106 英里”的一个见面会（www.meetup.

---

① 《第二生命》（*Second Life*），基于互联网的线上虚拟世界，玩家在其中可以像在日常生活中一样完成各种活动。——译者注

com/106miles），你也许能见到处于最佳状态的熊猫亚当·里夫金。他是 5 分钟帮忙的大师，你可以追随熊猫的引领，询问别人需要什么并找到办法，以最小的个人成本提供帮助。里夫金最喜欢的两项提议，一个是给出诚实的反馈，另一个是帮忙引荐。例如，这里有一个简单的练习，可以帮助你成为一个联系人。首先看看你的名片簿、LinkedIn 或是 Facebook 网络，找出那些拥有非同寻常的共同点的人。接下来，每周选择一对，通过电子邮件为他们相互引荐。里夫金也推荐人们重新与休眠的关系建立联系——不是为了得到什么，而是为了付出。每月一次，与一个你已经多年没有说过话的人联系，弄清他们现在在做什么，询问你能否帮上什么忙。若要查询相关详情，你可以访问 Venture Blog（www.ventureblog.com）来学习戴维·霍尼克的付出方式。

**6. 练习无力的沟通，但要成为一名代言人**

要想习惯于无力的沟通，并培养相关的技能，需要改变你的习惯——从讲话转向聆听，从自我推销转向建议寻求，从宣传变成询问。吉姆·奎格利（Jim Quigley）是德勤的一位高级合伙人，曾经当过 CEO，他决定锻炼自己的无力沟通能力。他设立了一个目标，在会议中的讲话时间不超过 20%。"我的目标之一是聆听。在许多时候，如果你知道该问什么，而非该说什么，你可以产生更大的影响。在我讲话时，我没有学到任何东西。当我聆听时，我学到了许多。"奎格利告诉我。当他从回答转向提问时，奎格利发现，自己对于他人的需求有了更深刻的理解："不是每个人天生就能做到这一点，这是一种习惯，你可以养成这种习惯。"关于无力的沟通力量，更多信息请访问苏珊·凯恩（Susan Cain）的网站（www.thepowerofintroverts.com）和珍妮弗·卡恩维勒（Jennifer Kahnweiler）的博客（www.theintrovertedleaderblog.com）。

与此同时，很重要的一点是，当为了别人和自己的利益代言时，要确保无力的沟通方式不会带来果断性的损失。GetRaised 是一个免费的资源，为人们在商谈提高薪水方面提供了建议。据联合创始人马特·瓦尔特（Matt Wallaert）透露，如果你现在没有得到应得的报酬，那么平均的薪水增长可以达到 6 726 美元。大约有一半的男性用户成功加薪——成功的女性用户则达到了 3/4（https://getraised.com）。

**7. 加入一个付出者的社区**

为了找到其他的付出者，加入一个 Freecycle 社区，来捐出物品，了解别人的需求（www.freecycle.org）。另一个激励人心的付出者社区是 ServiceSpace（www.servicespace.org），它是一系列馈赠活动的发源地，由尼庞·梅塔（Nipun Mehta）创建。ServiceSpace 的总部位于加利福尼亚州的伯克利，拥有超过 40 万名会员，每年发出超过 5 000 万封电子邮件。尽管如此，它们依然基于三项规则来运作："没有员工，没有筹款，没有附加条款。"通过 ServiceSpace，尼庞建立了一个平台，让人们提高他们的付出指数。付出可以分为三种类别：馈赠经济项目、鼓舞性内容和志愿及非营利支持。馈赠经济项目之一是"命运厨房"，在这里菜单上没有标价。当账单送到你面前时，上面标着 0 美元，还有两句话："你的膳食来自之前某人的馈赠。为了让馈赠的链条传递下去，我们邀请你提前为后面来用餐的人支付账单。"另一个馈赠经济项目是 HelpOthers.org，它收集了人们付出的故事：匿名为别人做一些事，留下一张微笑卡片，邀请他们将这种行为传递下去，以此作为回报。

尼庞讲述了在一家《财富》杂志 500 强公司工作的一位女性，如何从自动售货机买了一瓶饮料，然后把找的零钱放回去，并留下了一张便条："你的饮料已经被一个你不认识的人支付过了。将爱传递下去。"接下来，她买了甜甜圈，留下另一张微笑卡片。"有个人注意到了这种趋势，他给整栋大楼的人发了电子邮件，"尼庞笑着说，"这个人写道，'我已经花了很长的时间追踪他们，我认为他们在第二层或第三层。'现在每个人都有了行善的意识，许多人开始实践它。"在 ServiceSpace 网站上，你可以订购微笑卡片，支持非营利的事业，订阅每周简讯，或是阅读一份发人深思的付出方式列表，比如为你后面的人支付通行费，或是为帮助了你的人写一份感谢信给他的老板。"你付出得越多，你就越想这样做——你周围的人也是如此。这就像是去健身房一样，"尼庞说，"如果你一直锻炼你的善意肌肉，它就会变得更强壮。"

另一个令人印象深刻的活动是 HopeMob，这里被宣传为一个"让慷慨的陌生人联合起来，为全世界那些面临着迫切需求的人带来直接的希望"的地方（http://hopemob.org）。关于如何组织你自己的群体，以及如何做出偶然为之的善行，可以看一看"极度善意"（Extreme Kindness）在加拿大开展的活动（http://extremekindness.com）以及"善意的攻势"（The Kindness Offensive）在英国开展的活动（http://thekindnessoffensive.com）。"善意的攻势"是一个组织，里面的人努力提供积极主动的帮助，组织了人类历史上最伟大的一些善举。他们为伦敦一家医院里的每个孩子提供了一个玩具，捐出了25万张烤薄饼，在英国各地的庆典中分发了成吨的物资，为有需求的家庭提供免费的医疗物资和房屋支持，为老年人举办茶话会，为一位10岁的小男孩儿提供了一把电吉他，并为一位想要给女儿惊喜的父亲在莫斯科马戏团找到了免费的前排座位，并提供参观幕后训练的机会。也许不是巧合，这个组织的创立者名叫戴维·古德费洛（David Goodfellow）。

你可能还会有兴趣看一看BNI（www.bni.com），这是伊万·米斯纳（Ivan Misner）建立的商业网络组织，信条是“付出者盈利”。还有Go-Giver社区（www.thegogiver.com/community）——这群人阅读了鲍勃·伯格（Bob Burg）和约翰·戴维·马恩（John David Mann）的畅销书《付出的力量》（*The Go-Giver*），并相信付出是一种强大的方式，可以运用于他们的职业生活当中。

**8. 启动一个个人慷慨实验**

如果你更愿意自己付出，试一试GOOD 30天挑战（www.good.is/post/the-good-30-day-challenge-become-a-good-citizen）。在一个月的每一天，GOOD会建议一种不同的付出方式。更多偶然为之的善行例子，可以参考萨沙·迪希特（Sasha Dichter）的30天慷慨实验（http://sashadichter.wordpress.com）和瑞安·加西亚（Ryan Garcia）为期一年的每日随机善行（www.366randomacts.org）。迪希特是睿智基金[①]的首席创新官，他开展了一项为期一个月的慷慨实验，在这段时间里，他会答应别人提出的每一项请求。

---

① 睿智基金（Acumen Fund），一家非营利性组织，通过筹集慈善捐款资助相关组织以对抗贫困问题。——译者注

加西亚是 ZocDoc 的一位销售经理，正在进行每日一善的实践，准备坚持一年，并开设了一个博客，记录自己从担任导师到感谢客户服务代表的经历。正如我们在第六章看到的，如果你每周花 2~11 小时的时间行善，那么将它们集中到一起——每周一次完成几件善行，而非每天做一件善行，这项慷慨实验将带来更加丰厚的心理回报。

**9. 资助一个项目**

许多人正在为了自己的项目寻求资助。在世界最大的创意项目筹款平台 Kickstarter 上，你可以发现人们为了设计和启动电影、书籍、电子游戏、音乐、绘画，以及其他的产品和服务而寻求帮助。在 www.kiva.org 上，你可以找到机会提供 25 美元或更大数额的小额贷款来资助发展中国家的企业家。这两个网站都给你提供了机会，让你追踪自己帮助过的人的进展。

**10. 更多地寻求帮助**

如果你想要其他人也变成付出者，最简单的办法之一就是求助。当你寻求帮助时，你不一定是在给别人增添负担。一些人是付出者，通过向他们寻求帮助，你为他们创造了机会，让他们能表达自己的价值观，赋予他们价值感。通过请求一次 5 分钟的帮忙，你只是增添了一个相对比较小的负担——而如果你询问的是一个互利者，你可以期待日后提供回报。韦恩和谢丽尔·贝克注意到，人们可以“通过提出请求以及帮助他人点燃互惠的火花。慷慨地帮助别人，不要考虑回报，但是也要经常问自己需要什么”。

# 致 谢

这本书的写作源自我的祖父母弗洛伦斯和保罗·波洛克，他们不知疲倦地在别人身上投入自己的时间和精力，不期待任何回报。在成长过程中，我的父母苏珊和马克激发了我对心理学的好奇心，并让我着迷于工作和生活的质量问题。我的跳水教练埃里克·贝斯特，向我展示了心理学是成功背后的一个主要因素，向我介绍了付出在培养他人方面的力量，并鼓励我追求一项结合了心理学和写作的事业。多亏布赖恩·利特尔，我找到了这项事业，他的智慧和慷慨改变了我的人生道路。布赖恩体现了人性的光辉，而正是由于他丰富的知识、对于学生的投入，以及捕获听众的能力，我才成为一名教授。当我开始学习组织心理学时，我从简·达顿、苏·阿什福特、理查德·哈克曼、埃兰·朗格和里克·普莱斯的教导中受益良多。尤其是简，她不断激励支持我，让我更深入地思考，并鼓励我拓宽视野，努力做出可以带来改变的研究。

有人说写一本书需要一支军队，我这本书也不例外。我感到非常幸运，能够与一支付出者的军队一起工作，他们在每一页上留下了自己的印记。先锋人物是理查德·派恩，他拥有一名作者希望自己的经纪人拥有的每一项特质。理查德拥有真正的天赋，能够看到有潜力的人和想法，技巧娴熟且充满热情，能够使用书面语言将人们的想法紧密地联系在一起，让整个世界变得更加美好。从帮助我找到自己的写作风格，学会为普罗大众写作并把握主题，到提供对于问题本质的敏锐洞见，以及鉴别出我们之中的成功付出者，理查德对于这本书以及我的生活都有着不可磨灭的影响。

本书幕后的另一位主创是杰出的编辑凯文·道格坦。在他做出的许多贡献中，值得提及的一项，正是凯文让我注意到了乔治·迈耶，并让我认识到了付出者的成功有一个特性，那就是让他人变得更好。凯文从他的个人经历中了解到了这一点，而且这也体现在他的成功对于他的作者的影响上。他深入、全面地反馈意见，打磨了本书的结构，加强了书中的论证，并让故事和研究更加丰富——还鼓励我重写了前三章。除了影响本书的每个句子之外，凯文的指引从根本上改变了我的写作方式。

在维京出版社，里克·柯特的独到见解、敏锐目光，以及在社会资本和管理工作方面提供的帮助，远远超过了他的职责范围。能从他的支持中获益，我感到非常幸运。此外，凯瑟琳·博伊德、皮特·查特斯基、尼克·布罗姆利、瑞莎·丘宾斯基、凯洛琳·科尔伯恩、维尼·德·莫亚、安德鲁·邓肯、克莱尔·费拉罗、亚力克西斯·赫尔利、惠特尼·皮琳、林赛·普莱威特、布兰妮·罗斯、杰夫·谢尔、南希·谢泊德、迈克尔·西格勒、丹尼斯·斯威姆、珍妮特·威廉姆斯以及 Napa 集团有限责任公司的付出者们也为本书的编辑、宣传以及营销做出了巨大的贡献。

当我刚开始考虑写这本书的可能性时，许多同事都提供了睿智的建议。我特别感谢珍妮弗·阿科尔、特蕾莎·阿马比尔、丹·艾瑞里、苏珊·凯恩、诺阿·哥德施泰因、巴里·施瓦茨、马蒂·萨利格曼、理查德·谢尔、鲍勃·萨顿，以及丹·平克——他不止提供了宝贵的建议，而且帮忙想出了标题。这本书的想法本身来自和杰夫·扎斯洛的一场讨论，并在与贾斯丁·伯格的谈话中渐渐清晰，他的视野和专业立刻改进了本书的形式和内容。

在辨别草稿上的反馈意见方面，我感谢安·唐、凯瑟琳·迪安、加比·法卡斯、阿里克谢·费希曼、阿丽莎·吉尔科夫、凯尔西·希尔布里奇、凯蒂·埃米尔斯卡、曼希·简恩、瓦伦迪诺·金、菲尔·列维尼、帕特莱斯·林、尼克·罗巴格里奥、米歇尔·陆、萨拉·路西安、林德西·米勒、斯塔利·彭、安德鲁·罗伯茨、丹妮莉·罗德、苏鲁西·斯丽坎斯、乔·滕南特、瑞安·维兰纽瓦、盖·维尔纳、贝基·沃德、特蕾莎·王、凯瑟琳·魏和汤米·殷。在故事线索和与受访者联系方面，我诚挚地感激下面这些人的帮助：卡梅隆·安德森、戴恩·巴恩斯、雷尼·贝尔、塔尔·本－萨哈、杰斯·贝罗蒂、格蕾丝·陈、克里斯·克罗西、安杰拉·达克沃思、比尔·费瑟、朱丽特·盖尔蒂、汤姆·格里蒂、莱阿·海姆森、戴夫·海克曼、达拉·柯丽泽、亚当·拉辛斯基、劳伦斯·雷玛丽、马特·马龙尼、凯德·马赛、戴夫·马扎、克里斯·迈尔斯、梅里迪斯·迈尔斯、简·奥莱万、鲍勃·波斯特、乔恩·里夫金德、加文·里盖尔、克莱尔·罗伯逊－克拉夫特、斯考特·罗斯纳、鲍比·希尔腾、马特·史蒂文斯、布兰登·萨特、杰夫·桑普森、麦克·乌西姆、杰里·温德、阿米·沃森纽斯基、乔治·曾，以及 www.rileyprods.com 那些匿名的超乎寻常的付出者。

在访谈中分享智慧、知识和经验方面，除了本书列出的那些人，我还要感谢安东尼·安德鲁斯、皮特·艾维斯、贝尔尼·班克斯、柯林·巴雷特、马尔高科西·伯根、鲍勃·布鲁克斯、拉诺·波汉诺瓦、吉姆·坎内尔斯、弗吉尼亚·卡尼奥、鲍勃·卡佩尔斯、布赖恩·楚、鲍勃·柯汉、马蒂·孔蒂、马里奥·迪特拉帕尼、亚图尔·杜蓓、尼可拉·杜普利、马克·埃利奥特、斯西拉·艾尔沃斯、马克·法伦、麦克·范伯格、克里斯蒂·弗拉甘、麦克·福萨西卡、安娜·高希尔、杰里米·吉利、凯西·加班尼克、米歇尔·吉尔斯–麦克唐纳、克里斯滕·霍尔登、比克·霍威尔、汤姆·吉尔利、黛安娜、保罗·琼斯、里克·琼斯、米兰妮·凯泽曼、柯林·凯尔顿、理查德·拉克、拉里·拉福利、埃里克·利普顿、特蕾莎·罗斯、尼克·蓝普、丹·李昂斯、塞吉奥·玛吉斯蒂、苏珊·马修、蒂姆·麦克康纳尔、戴维·麦克穆伦、德比·麦克温尼、里克·米勒、罗伊·内夫、兰迪·尼尔森、斯考特·奥尼尔、吉安娜·奥斯博恩、克里斯·潘西戈、鲍勃·波斯特、拉里·鲍威尔、凯特·里奇夫、曼弗雷德·列斯克、乔恩·里夫金德、拉里·罗伯茨、克莱尔·桑德森、丽贝卡·施维德、比尔·谢尔曼、斯考特·谢尔曼、约翰·西蒙、隆·斯克塔克扎克、马利金·斯佩乐宾、戴维·斯瓦特、克拉格·斯托克、苏珊妮·萨特、帕特·斯维尼、维维克·蒂瓦里、维基·托利维尔、阿什利·瓦伦丁、托尼·威尔斯、马修·威尔金斯、雅埃尔·尤拉姆、约申·翟茨和法蒂玛·佐尔萨托。

瑞秋·卡朋特和艾丽卡·康内利为宣传本书贡献了许多有创意的想法，并组织了一个生产理念环节，在那里艾利森·布卢姆–费诗巴赫、佐伊·爱普斯坦、肖恩·格里芬、亚德里亚·侯、凯瑟琳·霍威尔、伊安·马丁内斯、斯考特·麦克纳尔迪、安妮·迈耶和贝基·沃德都非常慷慨地做出了贡献。在花费一周的时间写付出者日记方面，我感谢乔希·伯曼、查尔斯·伯恩鲍姆、亚当·康佩恩、基南·科顿、本·弗兰克斯、吉安·李、乔希·李普曼、查理·莫塞尔、菲尔·内夫、玛丽·佩蒂特、马特·波尔森、吉尔利·罗宾斯、克里斯·塞金特、卡拉·夏米、卡尔利尼·苏和妮娜·瓦尔西斯花费一周的时间帮助我写付出者日记。

许多其他的朋友、同事、学生和家庭成员，也为了本书的框架和内容开展了头脑风暴，包括萨姆·阿布扎戈、戴维·阿德尔曼、鲍勃·阿德勒、塞巴斯蒂安·亚格拉、坦纳尔·阿尔蒙德、迈克尔·阿尔索夫、丹·贝克尔、兰吉尔·巴尔博萨、多米尼克·巴希尔、迪帕·巴特、比尔·波洛夫、安德鲁·布罗德斯基、阿妮塔·布塔尼、刘易斯·程、康斯坦迪诺斯·科迪法里斯、科迪·达希尔–伊尔普、凯瑟琳·德卡斯、阿里克谢·埃德曼、梅蒂·艾尔·哈乔伊、马克·埃利奥特、杰罗德·恩格尔伯格、戴夫纳·伊龙、杰基·弗莱希曼、米歇尔·加斯特、克里斯蒂娜·吉尔乌丁、吉尔赫姆·基瑟曼、罗斯·格拉瑟尔、马特·格雷西、布雷特·拉维利·格雷格卡、丹·格鲁伯尔、谢银娜·哈基姆、霍华德·席福纳、格雷格·亨内西、戴夫·霍夫曼、维多利亚·霍尔坎普、里克·霍尔根、约翰·胡、戴维·贾夫、阿曼达·杰弗森、尼凯米亚·凯奇丹、乔纳森·卡梅尔、梅丽莎·卡敏、艾丽·基、杰夫·基德曼、阿努·科里、本·克鲁辛纳、阿明·拉克哈尼、切斯特·李、阿曼达·利波雷特雷、尼可拉·利姆、林德西·马修·帕德里诺、阿米·马特苏诺、劳伦·米勒、扎克·米勒、约瑟芬·莫格罗夫、劳伦·莫罗尼–伊格纳缇奥斯、戴维·莫尔斯、布赖恩·内米洛夫、塞莱斯特·伍、丹·欧佩蒂萨诺、马特·波尔森、乔治斯·波特沃洛斯基、德里克·普雷斯顿、维亚斯·拉姆亚楠、戴维·里德尔、戴维·罗伯茨、杰里米·罗斯纳、胡安·帕布罗·萨尔达里亚加、弗朗西斯·施恩戴尔、克里斯汀·施密特、玛格特·李·施莫拉克、阿里·施维德、柯特·史密斯、斯考特·索恩申、麦克·陶尔米纳、帕尔默·特鲁尔森、乔纳森·塔格曼、埃里克·图拉、麦克·范·佩尔特、詹姆·瓦利斯、迈克尔·伍尔夫、兰尼·亚达夫、劳伦·亚菲、安德鲁·亚金德和阿什利·尤基。

感谢我的姐姐特拉西，我的祖父母杰和马里昂·格兰特，我的姻亲亚德里安妮和尼尔·斯维特，以及影响力实验室，感谢他们多年来的鼓励。最重要的是，没有妻子艾利森的支持，我不可能写作这本书。她花费了无数的时间来出谋划策、阅读、讨论和检索，她的爱对于我的意义无法用语言表达。每一次我坐下来写作，我都从她树立的榜样中汲取灵感。在家庭领域的付出方面，她是最伟大的楷模。我们的女儿乔安娜和艾莲娜，是我生命中最大的快乐和意义的源泉。我非常为她们骄傲，我希望本书能够为她们这一代人如何看待成功的意义提供一种全新的视角。